高效推进知识产权强国战略丛书

专利审查实践与
专利权获取

国家知识产权局专利局专利审查协作广东中心◎组织编写

李冠琼◎编

知识产权出版社
全国百佳图书出版单位
—北京—

图书在版编目（CIP）数据

专利审查实践与专利权获取/李冠琼编. —北京：知识产权出版社，2023.1
ISBN 978 - 7 - 5130 - 8444 - 4

Ⅰ.①专… Ⅱ.①李… Ⅲ.①专利—审查—研究—中国②专利权法—研究—中国
Ⅳ.①G306.3②D923.424

中国版本图书馆 CIP 数据核字（2022）第 205795 号

内容提要

本书全面梳理专利权获取的整体审批流程，简要介绍专利初步审查、专利实质审查以及专利复审等关键审批程序，重点论述专利法重要法条的立法宗旨，以案说法，充分阐释重要法条在审查实践中的运用。本书有助于加深研究机构、创新主体等对我国专利审查制度、专利审批流程以及专利法重要法条的立法宗旨和审查实践的理解。

责任编辑：李 潇 刘晓琳 　　　　　　责任校对：谷 洋
封面设计：杨杨工作室·张 冀 　　　　责任印制：刘译文

高效推进知识产权强国战略丛书
专利审查实践与专利权获取
国家知识产权局专利局专利审查协作广东中心　组织编写
李冠琼　编

出版发行：	知识产权出版社有限责任公司	网　　址：	http：//www.ipph.cn
社　　址：	北京市海淀区气象路 50 号院	邮　　编：	100081
责编电话：	010 - 82000860 转 8133	责编邮箱：	3275882@qq.com
发行电话：	010 - 82000860 转 8101/8102	发行传真：	010 - 82000893/82005070/82000270
印　　刷：	三河市国英印务有限公司	经　　销：	新华书店、各大网上书店及相关专业书店
开　　本：	720mm×1000mm　1/16	印　　张：	20.25
版　　次：	2023 年 1 月第 1 版	印　　次：	2023 年 1 月第 1 次印刷
字　　数：	322 千字	定　　价：	98.00 元

ISBN 978 - 7 - 5130 - 8444 - 4

总　序

在我国进入新发展阶段的时代背景下，知识产权作为国家发展战略性资源和国际竞争力核心要素的作用更加凸显。2018 年 4 月 10 日，国家主席习近平出席博鳌亚洲论坛 2018 年年会开幕式并发表主旨演讲，强调加强知识产权保护是完善产权保护制度最重要的内容，也是提高中国经济竞争力最大的激励。2020 年 11 月 30 日，习近平总书记在十九届中央政治局第二十五次集体学习时指出，知识产权保护工作关系国家治理体系和治理能力现代化，关系高质量发展，关系人民生活幸福，关系国家对外开放大局，关系国家安全。

我国的知识产权事业经过多年发展已经取得了长足进步，特别是党的十八大以来更是加速发展，日新月异，成绩喜人，但总体而言，如习近平总书记所指出，我国正在从知识产权引进大国向知识产权创造大国转变，知识产权工作正从追求数量向提高质量转变。新时代迫切需要大作为，以早日实现上述两个转变。

中共中央、国务院在 2021 年 9 月印发的《知识产权强国建设纲要（2021—2035 年）》（以下简称《纲要》），是以习近平同志为核心的党中央面向知识产权事业未来十五年发展作出的重大顶层设计，是新时代建设知识产权强国的宏伟蓝图，是我国知识产权事业发展的重大里程碑。建设知识产权强国是建设社会主义现代化强国的必然要求，是推进国家治理体系和治理能力现代化的内在需要，是推动高质量发展的迫切需要，是推动构建新发展格局的重要支撑。《纲要》明确了 6 个方面 18 项重点任务，其中将开发一批知识产权精品课程，开展干部知识产权学习教育作为"营造更加开放、更加积极、更有活力的知识产权人才发展环境"的重要一环。

国家知识产权局专利局专利审查协作广东中心（以下简称"审协广东中心"）是经中央编办批复，于2011年9月成立的具有独立法人资格的公益二类事业单位，隶属国家知识产权局专利局。受国家知识产权局专利局委托，审协广东中心主要履行发明专利审查和知识产权服务两大职能。成立以来，审协广东中心人员队伍不断壮大，现有员工近2 000名，审查员中研究生以上学历占比90%以上，已形成一支覆盖机械、电学、通信、医药、化学、光电、材料等各个专业技术领域的高素质人才队伍，为高质量专利审查和高水平创新服务提供了坚实的人才保障。截至2021年10月，审协广东中心秉持"保护创新，让创造更具价值"的使命和"开放、包容、务实、创新"的理念，累计完成了超过120万标准件发明专利的实质审查。2021年的年审查量占全国的六分之一左右，成为我国专利审查事业的一支依靠力量。此外，审协广东中心按照"立足广州、辐射华南、示范全国"的思路和追求积极开展知识产权服务工作，包括战略新兴产业导航预警、分类检测、重大项目咨询、助力科技攻关和"卡脖子"技术突破、知识产权培训等多方面知识产权服务，累计已完成数百个项目，取得丰硕成果和良好的社会效益。十年来，审协广东中心在知识产权服务方面已在华南地区乃至全国具有较大影响力。

作为规模和能力已经凸显的国家专利审查和知识产权综合性服务机构，审协广东中心有责任利用自身优势和资源在做好发明专利实质审查的同时服务区域经济，依托十年来结晶而成的智慧和经验开发一批知识产权精品课程，以利开展知识产权学习教育，增强全社会在新形势下做好知识产权工作的能力，为构建新发展格局做出有益贡献。

为此，审协广东中心遴选优秀的工作人员成立"高效推进知识产权强国战略"丛书专项工作组，并组成由中心领导班子成员牵头的编委会。工作组成员均具有较高的理论修养、丰富的实践经验以及贡献自身智慧和经验的热情，有的成员还是丛书中相关成功案例的直接参与者和重要贡献者。同时，各分册的内容均按照撰写加审稿的模式进行双重把关，以保障书籍内容的正确性和可靠性。该套丛书集审协广东中心智慧，按照"注重实效、重点突出、开阔思路、全球眼光"的原则，历时一年多，精心编撰而成。

在全国上下深入贯彻落实《纲要》的总体要求和重要部署的背景下，审协广东中心组织编写本套丛书可谓正当其时。丛书包括十个分册，分别从知识产权政策、高价值专利创造与培育、专利申请与布局、专利代理与服务、专利审查实践与专利权获取、专利文献检索、专利导航与预警分析、专利运营、专利技术转化和运用案例、知识产权保护与维权等方面对知识产权的创造、运用、保护、管理和服务等重要链条结合相关工作的最新进展进行了充分阐述，回答了如何培育高价值专利、如何对创新成果进行布局、如何从审查角度看专利代理、如何把握专利审查标准、如何进行专利文献检索、如何在产业上提前导航和预警、如何对成果进行运营和转换、如何护航创新主体"走出去"等重要问题。

本套丛书具有如下特点。一是坚持问题导向，丛书结合业界目前存在的不足给出有针对性的解决方案。二是坚持全面性原则，十个分册从不同方面涵盖了知识产权的创造、运用、保护、管理和服务等从创新到保护的全链条。三是坚持实用性原则，丛书紧扣实际案例，强化可参考性。四是坚持时效性原则，丛书将知识产权工作的最新进展纳入进来，以利于业界了解知识产权发展的最新动态。

本套丛书有助于全社会充分了解和认识知识产权在新时期的重要价值，有助于科技攻关、创新护航、政府管理和企业赋能，有助于进一步推进知识产权强国建设。期望本套丛书的出版能为来自政府、高等院校、研究机构、创新主体、知识产权服务机构等的管理、研究和从业人员提供有力参考，使得审协广东中心和业界共同谱写我国知识产权工作的辉煌新篇章。

在丛书编写过程中，工作组得到了国家知识产权局领导的热情鼓励，审协广东中心领导的大力支持和专项工作组同事的齐心付出是丛书得以问世的重要保障。知识产权出版社编辑同志精益求精的工作作风和严格把关的质量意识推动了丛书的高质量出版，在此一并表示衷心的感谢。

前　言

　　随着经济全球化不断深化发展，知识产权在全球大分工中成为世界各国谋求发展的重要利器，其在如今主要依靠创新驱动经济发展的知识经济时代的地位日益凸显。伴随着我国建设知识产权强国目标的确立，创新驱动发展战略和国家知识产权战略的实施，自主创新的活力不断释放，大众创业、万众创新的热情得到了空前的激发，各产业、各行业对知识产权在发展中的战略意义的认识得到了进一步的提升，对知识产权创造、管理、保护、运用能力提高的需求更是迫在眉睫。

　　专利权作为知识产权的重要组成部分，其市场作用明显增强，随着形势发展将不断促进全社会专利意识的提升，继续引发专利申请量及其相关业务量较高的增长，更大程度地激发社会各界，尤其是创新主体对专利制度及其运行的关注度。其中，专利申请审查既是专利制度及其运行的基础，也是专利保护的源头，只有合法合理的专利申请审批流程和客观高效的专利审查工作，才能及时催生相对合理而稳定的专利权，妥善地平衡专利权人和公众的利益，使专利制度更好地发挥"保护发明创造专利权，鼓励发明创造，有利于发明创造的推广应用，促进科学技术的发展"的作用。

　　本书面向来自政府、研究机构、创新主体等高级管理和研究人员，立足审查实践，以案说法，深入浅出，旨在加深相关人员，尤其是创新主体等对我国专利制度及其运行，以及对获取专利权所需历经的整个审批流程与专利审查关键环节的了解和掌握。本书将对上述内容进行逐一介绍。其中，本书第一章简要梳理世界各地的专利审查制度，重点介绍我国专利申请从受理到专利权获取的整个审批流程，以及一些特殊审查程序，包括优先审查、知识产权保护中心快速预审、专利审查高速路、集中审查与延迟审查等；第二章简要论述专利初步审查的基本原则、内容和范围以及基本流程；第三章简要介绍了发明专利实质审查的基本原则和主要内容；第四章为本书重点和核心，简要介绍发明专利实质审查的基本原则和内容，主要以审协广东中心历年来审查实践的相关典型案例为载体，重点展开阐述实质审查中实质性法条的法条释义与法条审查；第五章简单概述专利复审程序的基本流程和内容。

希望本书的编撰出版有助于深化研究机构、创新主体等高级管理和研究人员对我国专利审查制度、专利权获取的审批流程以及专利法实质性法条的立法宗旨和审查实践的认识和理解，为创新主体等提供专利审查实践的专业指导，以催生高水平的发明创造、高质量的专利申请，为知识产权强国建设打好质量基础。

目 录

第一章

专利审查流程

第一节　专利审查程序

一、专利审查制度

专利审查制度作为专利制度的重要组成部分，属于公共行政范畴，是国家或地区专利行政管理部门依照相关法律规定的程序和标准，对其所受理的专利申请进行审查的制度。只有良好的专利审查制度与高效的审批程序才能确保创新主体能够及时获取相对合理而稳定的权利，有效平衡专利权人与公众之间的利益，从而更好地鼓励发明创造，推动发明创造的广泛应用，提高创新能力，促进科学技术和经济社会的发展。

对世界各地专利审查制度的发展进行梳理，按照审查内容的深入程度，专利审查制度可分为形式审查制和实质审查制。

1. 形式审查制

形式审查制，顾名思义，是指专利行政管理部门仅对专利申请形式进行审核，形式审查合格后进行授权公告。其中，形式审查制主要涵盖登记制和文献报告制。

（1）登记制，也称不审查制。在世界专利制度发展的初期，登记制是各国普遍实行的专利审查制度。根据该审查制度，专利行政管理部门仅需对专利申请的申请文件及相关手续、文件的格式、缴纳申请费等形式性条件进行审核，审核合格后即可登记，并授予专利权。即，针对受理的专利申请仅进行形式审查，而对专利申请的新颖性、创造性、实用性等实质性条件不进行审查。这种审查制度的优势在于专利申请的审批速度快、周期短，且收费低，更重要的是，不需设立庞大的审查机构与审查队伍，不需花费大量时间和精力进行文献资料检索；其劣势在于未能针对专利申请的发明创造进行相对客观的审查，未能从实质技术角度对专利申请发明创造的价值给出评价，因而不能保证授权专利的质量，使得授予的专利权不稳定，容易出现重复授权现象，容易产生权利纠纷，难以得到社会的认可和尊重。

（2）文献报告制，亦称审查报告制，由法国在登记制的基础上进行修改衍生而来，其实质上是登记制的一种延伸或补充。按照该审查制度，专利行政管理部门不仅要对专利申请进行形式审查，还要对该发明创造进行新颖性检索并出具检索评价报告，列出与发明相关的现有技术，且将该报告与形式审查合格后的申请文件一并公布。相比登记制，该审查制度中制定的检索评价报告可作为申请人和公众评价专利有效性的文献参考，可以让申请人或公众清楚地了解该发明创造是否具有专利性，但由于该审查制度不针对专利申请是否具备创造性等其他实质性条件进行审查，因而难以有效地避免一些被授予专利权的发明创造存在不符合其他专利条件的问题。

2. 实质审查制

实质审查制，又称全面审查，是指专利行政管理部门不仅对专利申请进行形式审查，还针对专利申请是否符合新颖性、创造性、实用性等实质性条件进行审查，以决定是否授予专利权。相比形式审查制，经过实质审查后获得的专利权更为稳定，授权专利的质量和信誉较高，后续专利争议和诉讼相对减少，但实质审查制的审批时间过长，容易造成大量申请案件积压，需配备较大的审查力量，建立庞大的审批队伍和完善的数据库资源，且对审查机构的设置及审查员的素质有较高要求。根据审查程序的启动方式，实质审查制可以分为即时审查制和延迟审查制。

（1）即时审查制，也称自动审查制，是指专利行政管理部门受理专利申请后，无须申请人提出审查请求，自动启动对专利申请进行形式和实质内容的全面审查，在此审查期间，申请文件一直处于保密不公布状态，经审查符合授权条件的予以公告和授权，不符合授权条件的予以驳回。2000年之前美国一直施行该审查制度，这种制度优势在于申请人的利益能够得到充分保障，确保专利申请只有通过审查才会被公开，且公开时即可获得授权并得到法律的保护，对于未能通过审查的专利申请一直处于保密状态，不会被公开，充分体现了专利制度的契约性质——公开换保护。然而，对于公众和社会而言，由于审查周期过长，且只有授权的发明创造才能予以公开，容易产生"潜水艇专利"，不利于为公众和社会及时提供文献信息、传播前沿技术，降低了专利文献的情报价值，容易造成重复性研究，不利于推动和促进科技的发展。而且，由于每件专利申请都需经过形式和实质审查，审批时间过长，随着申请量的增长，极易形成案件积压的严重问题。

（2）延迟审查制，也称请求审查制，即早期公开请求审查制，是指专利行政管理部门对受理的专利申请进行形式审查合格后，一定期限内对专利申请进行公布，在固定期限内申请人请求启动实质审查后，才会启动实质审查程序。该审查制度由荷兰于1963年首创，并日趋受到各国的推崇和效仿，目前，世界各国普遍采用该审查制度。这种制度最显著的特点在于专利申请经形式审查、早期公开后，只有申请人请求实质审查并缴纳相应费用后，才会启动实质审查程序，如申请人未在规定期限内提出实质审查请求，专利申请将被视为撤回。首先，相比即时审查制，由于并非每件专利申请均自动进入实质审查程序，而是在申请人提出请求后才启动实质审查程序，因而相对有效地减轻了专利审查机构的负担和压力，有助于节约行政审查资源、提高审查效率；其次，专利申请经形式审查合格后早期公开，有利于及时传播专利技术情报，有效提升专利文献的情报价值，一定程度上避免重复性研究造成的社会资源浪费以及"潜水艇专利"等情况的产生；此外，在专利申请形式审查合格公布后，申请人有足够时间对其专利申请的技术前景和市场前景作出评估，以决定是否继续投入资金和精力启动请求实质审查。然而，由于专利申请从早期公布后至最终授权的时间较长，此期间申请人的权利一直处于悬而未决状态，虽然专利申请公布后给予某种临时保护，但这种临时保护效力有限，申请人难以有效地维护其权利。

2020年修改的《中华人民共和国专利法》（以下简称《专利法》）所称的发明创造分为发明、实用新型和外观设计三种类型，针对这三种不同类型专利申请，我国实行有区别的审查制度，其中，对于发明专利申请，采用实质审查制中的延迟审查制；对于实用新型和外观设计专利申请，采用形式审查制。

二、专利申请审查

根据《专利法》第 2 条规定，发明是指对产品、方法或者其改进所提出的新的技术方案。

实用新型，是指对产品的形状、构造或者其结合所提出的适于实用的新的技术方案。

外观设计，是指对产品的整体或者局部的形状、图案或者其结合以及色彩与形状、图案的结合所作出的富有美感并适于工业应用的新设计。

那么，依据《专利法》的相关规定，针对发明专利申请的审查，我国采用实质审查制中的早期公开请求审查制，对于实用新型和外观设计专利申请的审查，采用形式审查方式，也就是说，三种类型的专利申请均需经过一定审查流程才能确定能够授予专利权，只是采用的审查方式不同。以下主要针对发明专利申请的审查过程展开介绍。

1. 审批流程

发明专利申请的审批流程主要包括专利申请受理、保密审查、分类、初步审查、公布、实质审查、授权公告。

（1）受理。

按照申请文件的形式，专利申请分为电子申请和书面申请。申请人申请专利时，可通过网上电子申请系统（http：//cponline. cnipa. gov. cn/）、以面交或邮寄方式将申请文件提交给国务院专利行政部门的受理部门，邮寄或直接递交给非受理部门或任何个人的申请文件或其相关文件均不能形成有效申请。其中，受理部门包括受理处和下辖的各地方代办处，需要注意的是，各地方代办处不能受理涉外申请、分案申请和要求国内优先权申请等。受理作为一项重要的法律程序，是专利申请文件或其相关文件进入审批流程的唯一通道，未经过受理程序的申请文件或其相关文件不具有法律效力，不得进入审批程序。

根据《专利法》第 26 条的规定，申请发明或者实用新型专利的，应当提交请求书、说明书及其摘要和权利要求书等文件。此外，发明专利申请包含一个或者多个核苷酸或者氨基酸序列的，说明书中应当包括符合国务院专利行政部门规定的序列表。依赖遗传资源完成的发明创造，申请人应当在请求书中对遗传资源的来源予以说明，并填写遗传资源来源披露登记表，写明该遗传资源的直接来源和原始来源。申请人无法说明原始来源的，应当陈述理由。

需要说明的是，上述申请文件仅是申请人申请发明专利时所必须提交的文件，并非全部的申请文件，在实践中，办理专利申请相关手续，还需根据具体情况提交其他必要文件。例如：提出请求费用减缓的，需提交费用减缓请求书，必要时还应当附具证明文件；委托专利代理机构的，需提交专利代理委托书等。

专利行政部门的受理处和各地方代办处在接收到申请人提交的申请文件后，应对申请文件是否符合受理条件进行核查，受理核查的主要内容包括：①申请文件是否含有请求书、说明书以及权利要求书，该请求书中是否写明专利申请类别、申请人姓名或名称及其地址，且申请文件是否使用中文打字或印刷，申请文件的字迹和线条是否清晰可辨，是否能分辨其内容；②申请人是外国人、外国企业或者外国其他组织，如果该申请人在我国没有经常居所或者营业所，则需核查其所属国是否同中国签订协议或者共同参加国际条约，或者是否符合互惠原则，且应当委托依法设立的国内专利代理机构办理；③申请人来自中国香港、澳门或者台湾地区，且在内地没有经常居所或者营业所，则应当委托依法设立的专利代理机构办理；④对于其他文件，需核查其是否注明该文件所涉及专利申请的申请号；各文件是否使用中文书写、字迹是否清晰、字体是否工整；外文相关证明文件是否附具中文清单等。

对于符合受理条件的专利申请，专利行政部门将发出专利申请受理通知书，确定申请日，给予相应申请号；不符合受理条件的专利申请，将发出不予受理通知书，或者当面直接向当事人说明不予受理的原因（针对在受理处或各代办处直接递交的专利申请）。其中，关于申请日的确定，专利行政部门主要依据递交申请文件的方式进行核实，对于直接面交（包括直接递交到受理处或各代办处）或直接网上申请的专利申请，以收到专利申请文件日为申请日；通过邮局邮寄递交的专利申请，以信封上的邮戳日为申请日，如果邮戳日不清晰导致无法辨认则以实际收到日为申请日；当然也可以通过快递公司递交，但通过快递公司递交的专利申请文件以实际收到日为申请日。

受理通知书的主要内容和作用体现在以下三方面：①官方正式确认专利申请文件符合受理条件，作出予以受理决定，此受理通知书可作用于证明申请人曾向专利行政部门提出某项专利申请；②告知申请人专利行政部门确定的申请日和给予的申请号，其中，申请日在后续程序中具有十分重要的法律效力，申请号作为每一件专利申请的唯一代码，是申请人在后续审批流程中办理各种手续时指向该专利申请的最有效手段；③受理通知书附带申请人向专利行政部门提交的申请文件清单，其可用于证明申请人在提出申请时所提交的文件。

专利申请经受理程序后，正式成为在专利行政部门立案的正规专利申请，其产生的法律效力主要体现在：①申请日作为具有重要法律效力的时间点，根据先申请原则，其将阻止任何申请人在申请日以后就同样的发明创造申请专利并获得授权；申请日作为确定现有技术或现有设计的重要时间点，其作为时间轴判断是否属于现有技术或现有设计；此外，申请日也是后续程序中众多法定期限的起算点，例如：作为优先权基础的时限、授权后受保护的期限等；②符合受理条件的申请文件是后续审查程序中进行主动修改或应审查通知书进行修改的重要基础，后续审查程序中的修改不得超出该受理的专利申请文件记载的范围。

（2）保密审查。

经受理程序后的专利申请，需进入保密审查程序，以确定专利申请在后续审批流程中是否需要保密处理。根据《专利法》第4条规定，申请专利的发明创造涉及国家安全或者重大利益需要保密的，按照国家有关规定办理。其中，该条款涉及的"发明创造"仅指发明或实用新型专利申请，不包括外观设计专利申请，条款中"申请专利的发明创造"更准确地应为"在中国完成并申请专利的发明创造"。2010年修订的《中华人民共和国专利法实施细则》（以下简称《专利法实施细则》）第7条进一步明确规定，专利行政部门受理的专利申请涉及国防利益需要保密的，应当及时移交国防专利机构进行审查；专利行政部门认为其受理的发明或者实用新型专利申请涉及国防利益以外的国家安全或者重大利益需要保密的，应当及时作出按照保密专利申请处理的决定，并通知申请人。

保密审查程序主要目的在于对经受理后的发明或实用新型专利申请是否涉及国家安全或重大利益，是否需要保密进行审查，以决定后续程序中是否需要进行保密处理。对于涉及国防利益需要保密处理的专利申请，应及时移交国防专利机构进行审查，专利行政部门根据国防专利机构的审查意见作出决定；对于涉及国防利益以外的国家安全或者重大利益需要保密处理的专利申请，由专利行政部门进行后续审批程序，并告知申请人。需要注意的是，保密专利申请的公布或公告的项目内容仅包括专利号、申请日和公布或公告日。

专利申请是否需要保密的确定途径主要分为两种：第一种，由申请人提出保密请求，专利行政部门进行确定，即申请人认为其发明或实用新型涉及国家安全或重大利益需要保密的，应当在提出专利申请时，在请求书上请求保密处理，也可以在发明专利申请进入公布准备之前或者实用新型专利申请进入授权公告准备之前，提出保密请求；在此基础上，审查员应当根据保密基准进行审查，以确定专利申请是否需要保密。第二种，由专利行政部门自行确定，即审查员在对发明或实用新型专利申请进行分类时，应当将涉及国家安全或重大利益而申请人并未提出保密请求的专利申请筛选出来，根据保密基准进行确定。需要说明的是，对于已确定为涉及国家安全或者重大利益的保密专利申请，其专利申请文件应当以纸件形式提交，对于已通过电子专利申请系统提交的电子申请，审查员应当将该专利申请转为纸件形式继续审查并通知申请人，且申请人后续提交的各种文件应当以纸件形式提交，不得再通过电子申请系统提交文件。

实践中，虽然需要保密处理的专利申请所占比例较小，数量甚微，但由于保密审查程序涉及国家安全或重大利益，其作用至关重要、不可或缺。

（3）专利申请分类。

根据专利申请记载的相关信息对其进行分类是审批流程中的重要环节，其本质上属于专利行政部门根据专利申请信息进行归类管理的操作流程，其重要性主要体现在以下两方面。

一方面，有利于后续对专利申请的管理。首先，分类号作为重要的标引信息决定了其专利申请所归属的技术领域，经分类后的专利申请将按照分类号对应的技术领域分配至相应的审查部门。其次，分类号作为专利申请技术主题和技术领域的代表符号，专利行政部门以分类号作为编排依据将专利文献系统地向公众公布或公告。

另一方面，是专利文献数据库对专利文献进行文档归类的重要依据。众所周知，专利申请的目的在于以公开换保护，而公开发明创造是为了能使公众和社会能及时获取专利技术信息，传播专利技术情报，有效提升专利文献的情报价值，其中，专利文献的获取途径主要来自各国专利文献数据库，而专利文献数据库对专利文献进行文档归类的重要依据就是其对应的分类号，其采用国际统一标准的分类系统对专利文献进行分类，便于公众对专利文献的检索和获取，有利于促进专利技术的传播和推动科学技术的发展。

专利文献数据库针对不同类型的专利申请使用不同的分类体系，对发明和实用新型专利申请采用国际专利分类表（以下简称 IPC 分类表）进行分类，对外观设计专利申请则采用国际外观设计分类法（即洛迦诺分类法）。

（4）初步审查。

在分类完成后，根据分类号的不同，专利申请（发明、实用新型及外观设计）将分别由初步审查部门、实用新型审查部和外观设计审查部进行初步审查。

初步审查是指对专利申请是否符合《专利法》规定的形式要件以及是否存在明显的实质性缺陷的审查。专利申请的初步审查主要包括：合法性审查、形式审查、明显实质性缺陷审查、其他文件形式审查和费用审查。

合法性审查是对发明人、申请人的资格，申请人递交的各种文件、证明的法律效力，申请人委托的代理机构和代理人的资格，申请人办理专利申请的各种手续所启动的行政规程进行审查。

形式审查是对申请文件的格式、版心、文字和图片的清晰度等进行审查。

明显实质性缺陷审查是对发明创造是否明显属于不予保护的领域，是否明显违反国家法律、社会公德和妨碍公共利益、公共卫生、公共秩序等进行审查。

费用审查主要目的在于审查是否缴纳了申请费等。

对于存在形式缺陷的专利申请，审查员发出补正通知书，通知申请人在规定期限内进行补正；对于存在不可克服的明显实质性缺陷的专利申请，审查员将发出审查意见通知书，要求申请人在规定期限内答复。申请人对于补正或审查意见通知书逾期不答复的，将导致该专利申请视为撤回。经申请人答复或意见陈述，对于消除了原始缺陷并不存在其他缺陷的，将直接对实用新型和外观设计专利申请进行后续授权公布；而对于发明专利申请，审查员将发出发明专利申请初步审查合格通知书。

（5）公布。

对于初审合格的发明专利申请，自申请日（有优先权的，自优先权日）起满 18 个月由国家知识产权局予以公布，申请人也可以在此之前提出提前公布的请求。公布的内容既包括申请的技术内容，也包括申请的法律信息（申请日、申请人等），公布的方式是出版专利公报和专利申请说明书。自公布之日起，该发明专利申请即能获得《专利法》第 13 条所规定的临时保护。

对于初审合格的实用新型或外观设计专利申请，国家知识产权局向申请人授予实用新型专利权通知书或授权外观设计专利权通知书。申请人应自收到该通知书之日起 2 个月内缴纳授权登记费。逾期未缴纳的，将视为专利权人放弃取得专利权。在收到申请人缴纳的授权登记费后，国家知识产权局将给专利权人颁发实用新型或外观设计专利证书。至此实用新型或外观设计专利申请的程序全部结束。

（6）实质审查。

实质审查请求：申请人应当自申请日（有优先权的，自优先权日）起 3 年内提出实质审查请求，并缴纳实质审查费，逾期未提出请求或未缴纳费用的，将导致该申请视为撤回。实质审查请求生效后，专利行政部门将发出发明专利申请进入实质审查阶段通知书，至此该发明专利申请进入实质审查程序。

一种可能的例外情况是，根据《专利法》第 35 条第 2 款的规定，国家专利行政部门认为有必要的时候，可以自行对发明专利申请进行实质审查。实践中这种情况极少，发生这种情况必须由国家知识产权局局长签署书面意见，存档并通知申请人。

按照《专利法实施细则》第 51 条的规定，发明专利申请人在提出实质审查请求时以及在收到国务院专利行政部门发出的发明专利申请进入实质审查阶段通知书之日起 3 个月内，可以对发明专利申请主动提出修改。主动修改都应遵守《专利法》第 33 条的规定，即修改不超出原说明书和权利要求书记载的范围。

实质审查：在实质审查程序中，审查员将对发明专利申请的主题是否属于《专利法》所规定的给予专利保护的主题，权利要求所保护的技术方案是否具备新颖性、创造性和实用性，修改是否超范围，说明书是否充分公开解决技术问题的技术方案等实质性问题进行审查。在审查过程中，审查员一般会向申请人发出 1～2 次审查意见，申请人应在规定的期限内予以答复，逾期不答复的，将导致该申请视为撤回。

（7）授权与公告。

在实质审查程序中，经申请人答复审查意见或修改申请文件后，审查员认为发明专利申请已符合授权条件的，向申请人发出授予发明专利权通知书。申请人应自收到该通知书之日起 2 个月内缴纳授权登记费，逾期未缴纳的，将视为专利权人放弃取得专利权。在收到申请人缴纳的授权登记费后，国家知识产权局将颁发专利证书。至此发明专利申请的程序全部结束。

对于实用新型和外观设计专利申请的审查，采用形式审查方式，只包括受理、初审和授权公告三个阶段。对于最后未被授权的实用新型和外观设计专利申请，由于其在整个审查过程中未被公布，所以公众无法查阅。

2. 专利申请审查流程图

依据《专利法》，发明专利申请的审批程序包括受理、初审、公布、实审以及授权五个阶段。实用新型或者外观设计专利申请在审批中不进行早期公布和实质审查，只有受理、初审和授权公告三个阶段。发明、实用新型和外观设计专利申请审查流程如图 1-1 所示。

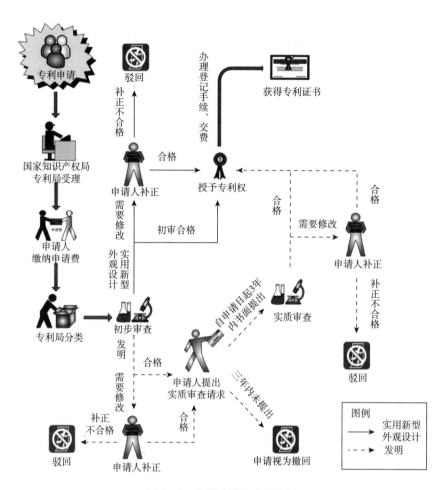

图 1–1 专利申请审查流程图

第二节 特殊审查程序

一、优先审查

1. 概述

《发明专利申请优先审查管理办法》（局令第 65 号）自 2012 年 8 月 1

日实施以来，较好地满足了国家经济社会发展和产业转型升级的需要。然而，随着国务院各部门不断深化"放管服"改革，其中《国务院办公厅关于进一步简化流程提高效率优化营商环境工作方案的通知》明确要求进一步优化营商环境，压缩审批时间，激发市场活力。在此背景下，原管理办法与党中央、国务院的最新决策部署和工作要求仍然存在差距，应尽快进行调整和完善。同时，为了进一步促进产业结构优化升级，推进国家知识产权战略实施和知识产权强国建设，服务创新驱动发展，完善专利审查程序，国家知识产权局于 2017 年 8 月 1 日起施行《专利优先审查管理办法》（以下简称《管理办法》）。

首先，相对于 2012 年的管理办法，2017 年的《管理办法》的适用范围更广，不仅涵盖实质审查阶段的发明专利申请，还包括实用新型和外观设计专利申请的审查，以及发明、实用新型和外观设计专利申请的复审与无效宣告。其次，在简化优先审查的办理手续方面，《管理办法》也进行了一些相应调整，例如，不再要求提交检索报告，请求人仅需提交现有技术或现有设计信息材料；在某些情况下，不再需要国务院相关部门或者省级知识产权局签署推荐意见。此外，在优化优先审查的处理程序方面，《管理办法》根据不同的专利类型及其审查程序的特点，分别设定相应的审查与答复期限；同时，根据《专利法》及其实施细则，结合审查实践，规定了优先审查程序停止，按照普通程序处理的具体情形。

以下将主要介绍优先审查的适用范围、优先审查的相关要求、优先审查的相关期限以及停止优先审查程序的相关情形。

2. 优先审查相关内容

（1）优先审查的适用范围。

1）优先审查的受理类型。

2012 年的管理办法仅涉及实质审查阶段的发明专利申请，对于实用新型和外观设计专利申请以及专利复审和专利权无效宣告案件的优先审查没有作出规定。然而，实践中创新主体对于上述三种类型的发明创造涉及的各个阶段审查程序均有进行优先审查的需求，尤其是专利权无效宣告案件往往与专利侵权案件相关联，进行优先审查可以有效解决专利维权"周期长"的问题。

2017 年的《管理办法》规定，优先审查受理类型包括：①实质审查阶段的发明专利申请；②实用新型和外观设计专利申请；③发明、实用新型和外观设计专利申请的复审；④发明、实用新型和外观设计专利的无效宣告。

2）优先审查的适用情形。

相对于 2012 年的管理办法，2017 年的《管理办法》扩增了请求优先审查的适用情形：从支持地方经济建设、鼓励优势产业发展角度考虑，增加了各省级和设区的市级人民政府重点鼓励的产业；在新一代技术革命中蓬勃发展的互联网、大数据、云计算等前沿热点领域，技术和产品更新迭代速度快、生命周期短，对涉及所述前沿热点领域的专利申请进行优先审查可更好地满足该领域创新主体"快获权、快维权"的需求；从尽快确定权利状态、有效保护权利人利益角度考虑，增加了对相关当事人已经做好实施准备或者已经开始实施或者有证据证明他人正在实施其发明创造的申请，可以请求进行优先审查；从更加准确、及时地确定专利权的有效性，解决目前专利制度运行中突出存在的专利维权"周期长"问题的角度考虑，增加了针对存在专利侵权纠纷的专利权无效宣告案件，可以请求进行优先审查；同时，当专利权无效宣告案件涉及的专利具有重大影响和重大意义时，也需要通过优先审查来更好地维护国家利益或者社会公共利益。

因此，《管理办法》第 3 条明确规定了专利申请与专利复审案件可以请求进行优先审查的适用情形，其中包括以下六方面的内容：①涉及节能环保、新一代信息技术、生物、高端装备制造、新能源、新材料、新能源汽车、智能制造等国家重点发展产业；②涉及各省级和设区的市级人民政府重点鼓励的产业；③涉及互联网、大数据、云计算等领域且技术或者产品更新速度快；④专利申请人或者复审请求人已经做好实施准备或已经开始实施，或者有证据证明他人正在实施其发明创造；⑤就相同主题首次在中国提出专利申请又向其他国家或者地区提出申请的该中国首次申请；⑥其他对国家利益或者公共利益具有重大意义需要优先审查。

《管理办法》第 4 条明确规定了无效宣告案件可以请求优先审查的适用情形，主要包括两方面内容：①针对无效宣告案件涉及的专利发生侵权纠纷，当事人已请求地方知识产权局处理、向人民法院起诉或者请求仲裁调解组织仲裁调解；②无效宣告案件涉及的专利对国家利益或者公共利益具有重大意义。

3）优先审查的请求主体。

专利申请人可以对专利申请、专利复审案件提出优先审查请求，当申请人为多个时，应当经全体申请人或者全体复审请求人同意。

无效宣告请求人或者专利权人可以对专利权无效宣告案件提出优先审查请求，当专利权人为多个时，应当经全体专利权人同意。

此外，为了加快专利侵权纠纷的解决，处理、审理涉案专利侵权纠纷的地方知识产权局、人民法院或者仲裁调解组织可以对专利权无效宣告案件提出优先审查请求。

4）优先审查的数量控制。

在保证审查质量和总体审查周期不受影响的前提下，国家知识产权局专利局、专利复审与无效部将根据现有审查能力及各技术领域的审查人力等，提供尽量多的专利申请、专利复审、专利权无效宣告案件优先审查资源。对专利申请、专利复审、专利权无效宣告案件进行优先审查的数量，由国家知识产权局根据不同专业技术领域的审查能力、上一年度专利授权数量以及本年度待审案件数量等情况确定。

（2）优先审查的相关要求。

申请人申请办理优先审查程序，应注意以下三方面的相关注意事项，其中包括优先审查的请求时机、请求优先审查的申请方式、优先审查请求的相关手续文件。

1）优先审查的请求时机。

对于发明专利申请人请求优先审查的，应当在提出实质审查请求、缴纳相应费用后具备开始实质审查的条件时提出。也就是说，申请人启动发明专利申请优先审查程序的最佳时机是专利申请公开之后、刚进入实质审查程序时。其中，当申请人收到了专利行政部门发出的发明专利申请进入实质审查阶段通知书，则标志着发明专利申请已经启动了实质审查程序。

需要注意的是，除了可以通过在实质审查阶段启动优先审查程序实现缩短审查时间外，还可以在其他阶段通过合理的操作有效缩短审查时间，例如：对于发明专利申请尚未公布的，可以请求提前公布；专利申请公开后，在尚未进入实质审查程序时，可以尽快办理进入实质审查程序的相关手续，尽快提交实质审查请求书、缴纳实质审查费。

对于实用新型、外观设计专利申请人请求优先审查的，应当在申请人完成专利申请费缴纳后提出。

对于专利复审和专利权无效宣告案件，在缴纳专利复审或专利权无效宣告请求费后至案件结案前，都可以提出优先审查请求。

2）请求优先审查的申请方式。

为了提高优先审查的效率，《管理办法》第7条规定，对于请求优先审查的专利申请或者专利复审案件应当采用电子申请方式。建议申请人采用 XML 格式文件的电子申请，该格式文件的电子申请有利于规范化管理，并能充分保证专利申请在整个流程的快速、准确；而对于 PDF 格式或Word 格式文件，系统需要时间转换为审查用的 XML 格式文件，将影响整个审查周期。

对于请求优先审查的专利申请以及专利复审案件的申请方式是纸件申请的情况，应当先转成电子申请，转换成功后才能办理优先审查请求手续。纸件申请转成电子申请，主要有三个步骤：①注册成为电子申请用户；②下载电子申请客户端，获取数字证书；③在客户端提出纸件申请转电子申请的请求。

对于专利权无效宣告案件则没有申请方式的限制，考虑到纸质文件会涉及较长的数据采集和代码化周期，建议专利权无效宣告案件当事人采用电子请求方式以加快案件审查流程。

3）优先审查请求的相关手续文件。

申请人提出专利申请优先审查请求的，应当提交优先审查请求书、现有技术或者现有设计信息材料和相关证明文件等相关手续文件。有同日申请的，还需在请求书中提供相对应的同日申请的申请号。除"就相同主题首次在中国提出专利申请又向其他国家或者地区提出申请的该中国首次申请"的情形外，优先审查请求书应当由国务院相关部门或者省级知识产权局签署推荐意见，其中，"国务院相关部门"是指国家科技、经济、产业主管部门，以及国家知识产权战略部际协调成员单位。

当事人提出专利复审、专利权无效宣告案件优先审查请求的，应当提交优先审查请求书和相关证明文件，优先审查请求书应当由国务院相关部门或者省级知识产权局签署推荐意见，但以下两种情形除外：①专利复审案件涉及的专利申请在实质审查或者初步审查程序中已经进行了优先审查；②处理、审理涉案专利侵权纠纷的地方知识产权局、人民法院、仲裁调解组织对专利权无效宣告案件请求优先审查，需要提交复审无效程序优先审查请求书和相关证明文件，并说明理由。

需要注意的是，无论是对于专利申请、专利复审案件还是专利权无效宣告案件提出优先审查请求，优先审查请求书与相关证明文件都需要提交纸质原件。

第一，优先审查请求书。

对于专利申请优先审查请求书，请求人可以在国家知识产权局官网"表格下载"中的优先审查类别中下载；对于复审、无效宣告程序优先审查请求书，当事人可以在国家知识产权局官网"表格下载"中的优先审查类别中下载。申请人或当事人应按照表格注意事项准确填写请求书。

申请人提出专利申请优先审查请求的，在提交优先审查请求书时，除《管理办法》第3条第5项的情形外，优先审查请求书应当由国务院相关部门或省级知识产权局进行审批，给出审批意见并加盖公章。对于《管理办法》第3条第5项的情形，就相同主题首次在中国提出专利申请又向其他国家或者地区提出申请的该中国首次申请，请求优先审查不需省级知识产权局进行审批。

当事人提出专利复审、无效宣告案件优先审查请求的，在提交优先审查请求书时，除在实质审查或者初步审查程序中已经进行优先审查的专利复审案件外，优先审查请求书应当由国务院相关部门或者省级知识产权局签署推荐意见。地方知识产权局、人民法院、仲裁调解组织提出无效宣告案件优先审查请求的，在提交优先审查请求书时，优先审查请求书无须由国务院相关部门或者省级知识产权局签署推荐意见，但需说明理由并加盖公章。

第二，现有技术或者现有设计信息材料。

关于"现有技术或者现有设计信息材料"，根据《专利法》第22条规定，现有技术是指申请日以前在国内外为公众所知的技术，包括在申请日（有优先权日，指优先权日）以前在国内外出版物上公开发表、在国内外公开使用或者以其他方式为公众所知的技术。申请人应重点提交与发明或者实用新型专利申请最接近的现有技术文件。

根据《专利法》第 23 条规定，现有设计是指申请日以前在国内外为公众所知的设计。申请人应重点提交与外观设计专利最接近的现有设计信息。

对于专利文献，可以只提供专利文献号和公开日期，对于非专利文献，例如：期刊或书籍，建议提供全文或相关页。

第三，相关证明文件。

相关证明文件主要指证明该专利申请、专利复审、专利权无效宣告案件是符合《管理办法》所列优先审查情形的必要的证明文件。

对于《管理办法》第 3 条规定的第 1 款、第 2 款、第 3 款优先审查适用情形，申请人或复审请求人需要提交的证明文件，是指能够证明专利申请涉及国家重点发展产业、省市人民政府重点鼓励产业的相关通知或项目文件，相应行业的相关通知或者项目文件，或者申请人陈述该专利申请涉及上述情形的情况说明等相关文件。

对于《管理办法》第 3 条第 4 款规定的关于"其专利申请人或者复审请求人已经做好实施准备或者已经开始实施，或者有证据证明他人正在实施其发明创造"的优先审查适用情形，申请人或复审请求人需要提交相关证据，予以证明。证明已经做好实施准备，可以提供产品照片、产品目录、产品手册等；证明已经开始实施或者存在潜在侵权，可以提供产品交易或销售证明，例如买卖合同、产品供应协议、采购发票等。

对于《管理办法》第 3 条第 5 款规定的关于"就相同主题首次在中国提出专利申请又向其他国家或者地区提出申请的该中国首次申请"的优先审查适用情形，针对不同途径，申请人或复审请求人需要提交的相关证据要求不同，如果是通过《专利合作条约》（以下简称 PCT）途径向其他国家或地区提出申请，仅在优先审查请求书中说明即可；如果是通过《保护工业产权巴黎公约》（以下简称《巴黎公约》）途径向外申请，则需要提交对应国家或地区专利审查机构的受理通知书。

对于《管理办法》第 4 条第 1 款规定的关于"针对无效宣告案件涉及的专利发生侵权纠纷，当事人已请求地方知识产权局处理、向人民法院起诉或者请求仲裁调解组织仲裁调解"的情形,当事人需要提供相应的立案通知书、答辩通知书、起诉状、应诉通知书等相关证明文件。

(3)优先审查的相关期限。

为提高优先审查的效率,《管理办法》严格规定优先审查的相关程序期限,其中包括受理期限、审查期限以及答复期限。

1)受理期限。

《管理办法》第9条规定,国家知识产权局受理和审核优先审查请求后,应当及时将审核意见通知优先审查请求人。

对于专利申请,通常自收到优先审查请求之日起3~5个工作日向申请人发出是否同意进行优先审查的审核意见。对于专利复审、专利权无效宣告案件,在收到优先审查请求书后,会尽快对该请求进行审核,并发出相应通知书来通知请求人是否进入优先审查程序。

2)审查期限。

根据《管理办法》第10条规定,对于国家知识产权局同意进行优先审查的申请或者案件,自同意优先审查之日起,发明专利申请在45日内发出第一次审查意见通知书,并在1年内结案;实用新型和外观设计专利申请在2个月内结案;专利复审案件在7个月内结案;发明和实用新型专利无效宣告案件在5个月内结案,外观设计专利无效宣告案件在4个月内结案。

3)答复期限。

在提高优先审查的效率中,申请人及时答复审查意见对缩短审查程序同样重要。那么,根据《管理办法》第11条规定:对于优先审查的专利申请,申请人应当尽快做出答复或者补正。申请人答复发明专利审查意见通知书的期限为通知书发文日起2个月;申请人答复实用新型和外观设计专利审查意见通知书的期限为通知书发文日起15日。其中,"发文日"即为通知书上注明的发文日期。

需要注意的是,请求优先审查的专利复审案件和专利权无效宣告案件的通知书答复期限与普通案件相同。

在初步审查或者实质审查程序中,审查员发现申请存在明显实质性缺陷、格式缺陷或者实质性缺陷时,应用补正通知书或者审查意见书的形式，通知申请人在指定的期限内对申请进行补正、修改或者对审查员指出的缺陷陈述意见。申请人对此必须答复，无正当理由不答复的，申请将被视为撤回。

（4）停止优先审查程序的相关情形。

专利申请的审查过程中存在多种非审理原因而延长审查期限的情形。例如，在优先审查获得同意之前，申请人可以根据《专利法实施细则》第51条第1款、第2款对申请文件提出修改，以满足申请人修改申请文件的需要，而优先审查获得同意后，上述修改将造成审查周期延长；如果申请人的答复期限超过《管理办法》第11条规定的期限，将造成审查周期延长；申请人提交虚假材料或者提交非正常申请都是违背了诚实信用原则的行为，例如：《关于规范专利申请行为的若干规定》（2017）（局令第75号）涉及的非正常专利申请情形，不应当再获得优先审查。因此，对于优先审查的专利申请，《管理办法》第12条规定了有下列情形之一的，国家知识产权局可以停止优先审查程序，按普通程序处理：①优先审查请求获得同意后，申请人根据《专利法实施细则》第51条第1款、第2款对申请文件提出修改；②申请人答复期限超过《管理办法》第11条规定的期限；③申请人提交虚假材料；④在审查过程中发现为非正常专利申请。

专利复审、专利权无效宣告案件的审理过程中也存在多种需要延长审查期限的情形。如果复审请求人延期答复，将造成审查周期延长；在专利权无效宣告案件的优先审查请求获得同意之前，当事人可以补充证据和理由以及修改权利要求书，而优先审查获得同意后，上述情形将造成审查周期延长；当专利复审或者专利权无效宣告程序被中止、案件审理依赖于其他案件的审查结论时，不能保证在规定的期限内结案；当遇到疑难案件，为了保证审理质量，维护当事人权益，也需要较长的审理时间。因此，对于优先审查的专利复审或者专利权无效宣告案件，《管理办法》第13条规定，出现下列情形，国家知识产权局专利复审和无效审理部可以停止该案件的优先审查程序，按普通程序处理：①复审请求人延期答复；②优先审查请求获得同意后，无效宣告请求人补充证据和理由；③优先审查请求获得同意，专利权人以删除以外的方式修改权利要求书；④专利复审或者专利权无效宣告程序被中止；⑤案件审理依赖于其他案件的审查结论；

⑥疑难案件，并经专利复审和无效审理部主任批准。

二、知识产权保护中心快速预审

1. 概述

随着科技的发展与经济全球化进程的不断深入，国与国之间的竞争态势不断加剧，尤其在高精尖技术领域，知识产权作为智力劳动成果，日益成为一个国家核心竞争力的关键。党的十八大以来，习近平总书记指出，中国应加快知识产权保护体系建设，构建集"严保护、大保护、快保护、同保护"于一体的工作格局。为深入贯彻党中央、国务院关于严格知识产权保护的决策部署，积极推进知识产权严保护、大保护、快保护、同保护，按照《关于严格专利保护的若干意见》（国知发管字〔2016〕93 号）和《国家知识产权局关于开展知识产权快速协同保护工作的通知》（国知发管字〔2016〕92 号）的有关工作要求，统筹推进知识产权保护中心（以下简称保护中心）建设。

保护中心的作用是引领、支撑和保障地方优势产业创新发展，打通知识产权创造、保护、运用、管理、服务全链条，成为支撑国家创新驱动发展战略、助推产业转型升级的基层堡垒。其主要的四大工作职能包括：快速审查、快速确权、快速维权、专利导航与运营。其中，市场主体参与最广泛同时也是保护中心业务量最大的一部分，就是快速预审业务。快速预审是指在专利申请递交之前，保护中心为备案范围内的技术领域及其申请主体提供专利申请预先审查服务，国家知识产权局对通过保护中心预审的专利申请加快审查，缩短专利申请授权周期。

2. 保护中心快速预审相关内容

（1）保护中心快速预审的适用范围和内容。

1）保护中心快速预审的适用范围。

保护中心根据批复文件中所明确的产业领域，结合本地相关知识产权实际需求，向国家知识产权局提交拟开展快速预审服务的技术领域，经国家知识产权局审定后确定最终的技术领域。

保护中心应当对拟进入快速审查通道的企业、高校、科研院所等进行备案管理，并将名单上报国家知识产权局专利局。对于未备案的企事业单位，保护中心不得通过快速审查通道将其专利申请提交至国家知识产权局专利局。备案主体应为在保护中心所服务区域内进行登记注册的企事业单位。备案主体的主要生产、研发或经营方向，应属于保护中心所服务的产业领域。

随着各地保护中心建设不断推进，各地保护中心快速预审领域范围也逐渐清晰和明确，其中，北京知识产权保护中心主要涉及新一代信息技术和高端装备制造产业；中关村知识产权保护中心主要涉及新材料和生物医药产业；浦东知识产权保护中心与滨海新区知识产权保护中心主要涉及面向高端装备制造产业、生物医药产业；烟台知识产权保护中心主要涉及现代食品产业及其他部分主导产业；东营知识产权保护中心主要涉及石油化工、石油装备、石油开采及橡胶轮胎产业；潍坊知识产权保护中心主要涉及光电、机械装备；济南知识产权保护中心主要涉及新一代信息技术和生物医药产业；四川知识产权保护中心主要涉及新一代信息技术产业；广东知识产权保护中心主要涉及新一代信息技术和生物产业；深圳知识产权保护中心主要涉及新能源和互联网技术产业；佛山知识产权保护中心主要涉及智能制造装备产业和建材产业；浙江知识产权保护中心主要涉及新一代信息技术产业和新能源产业；南京知识产权保护中心主要涉及新一代信息技术产业；常州知识产权保护中心主要涉及机器人及智能硬件；宁波知识产权保护中心主要涉及汽车及零部件；苏州知识产权保护中心主要涉及新材料和生物制品制造产业；长沙知识产权保护中心主要涉及智能制造领域；武汉知识产权保护中心主要涉及光电子信息产业；西安知识产权保护中心主要涉及高端装备制造产业；南昌知识产权保护中心主要涉及医药和电子信息产业；沈阳知识产权保护中心主要涉及高端装备制造产业；新乡知识产权保护中心主要涉及起重设备和电池产业，等等。

保护中心快速预审受理的类型主要包括发明、实用新型和外观设计三种专利申请、复审和无效宣告请求，以及实用新型和外观设计专利权评价报告。

需要注意的是，以下专利申请不得通过快速审查通道进行办理：①按照PCT途径提出的专利国际申请；②进入中国国家阶段的PCT国际申请；

③根据《专利法》第 9 条第 1 款所规定的同一申请人同日对同样的发明创造所申请的实用新型专利和发明专利；④分案申请和根据《专利法实施细则》第 7 条所规定的需要进行保密审查的申请。

2）保护中心快速预审的内容。

保护中心快速预审的内容主要包括申请主体的预审，明显实质性缺陷的预审，新颖性、创造性、实用性的预审，以及申请文件形式的预审等。

对于申请主体的预审，主要在于审查申请人是否在保护中心完成备案。申请主体的信息应该与备案信息一致，包括注册地、单位性质、业务领域、联系人地址、是否递交承诺书等。

对于明显实质性缺陷的预审，主要在于审查专利申请是否明显属于《专利法》第 5 条、第 25 条规定的情形，是否明显不符合《专利法》第 2 条第 2 款、第 26 条第 5 款、第 31 条第 1 款或者《专利法实施细则》第 17 条、第 19 条的规定。此外，还应对专利申请进行分类，核查该专利申请涉及的技术领域，是否属于保护中心核准受理的技术领域范围。

对于新颖性、创造性、实用性的预审，应对预审的专利申请进行现有技术检索，给出新颖性审查意见及修改建议；对于实用性方面，应给出审查意见及相关修改建议；对于创造性的审查，不仅要给出必要的审查意见，对于应用前景好的专利申请，还可根据相关领域现有技术的发展情况，给申请主体提供相关现有技术，以便后续的改进与优化。

对于申请文件形式的预审，主要在于对申请文件撰写形式方面问题的审查。一般形式审查在三性审查之后，给出形式修改指导意见，指导修改克服形式缺陷。

（2）保护中心快速预审的请求流程。

请求保护中心快速预审的基本流程如图 1 - 2 所示。

1）专利申请的快速预审请求流程。

申请人提交申请文件至保护中心，保护中心预审的主要内容包括对拟提交的专利申请进行初步分类，判定是否属于保护中心服务的技术领域范围；对拟提交的专利申请文件的形式和内容进行审查，预审的内容主要包括申请主体的预审，明显实质性缺陷的预审，新颖性、创造性、实用性的

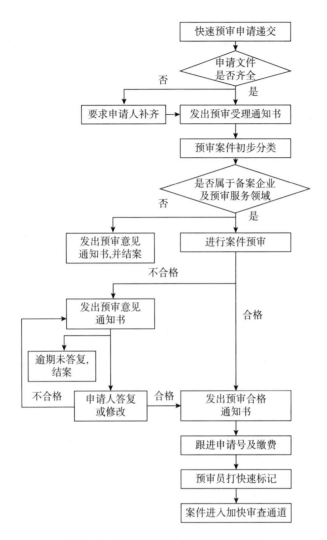

图 1 - 2　保护中心快速预审请求流程图

预审，以及申请文件形式的预审等。

　　根据预审情况，形成保护中心的预审结论，将审查意见及相关修改建议告知申请人，并要求申请人对申请文件根据相关意见进行修改以消除申请文件存在的缺陷。

　　对于通过保护中心预审的合格的拟提交的专利申请，申请人将向国家知识产权局专利局正式提交，获得专利申请号后应立即完成网上缴费并于当日内将专利申请号提交至保护中心。对于拟提交的专利申请未通过保护中心预审的，申请人可按照普通程序向国家知识产权局专利局提交申请。

保护中心对已正式向国家知识产权局专利局提交的专利申请（已获得专利申请号）进行审查，审核合格后，在专利审查系统中对该专利申请打快速标记，案件进入快速审查通道。

2）专利复审及无效宣告请求的快速预审请求流程。

当事人提交专利复审/无效宣告请求相关文件至保护中心。其中，保护中心对于专利复审案件的主要预审内容包括复审请求的客体、请求人资格、期限、文件形式及委托手续等是否符合要求。对于专利无效宣告案件的主要预审内容包括无效宣告请求的客体、请求人资格、委托手续等是否符合要求；无效宣告请求人提交的请求书、请求范围及必要时附具的有关证明文件和说明所依据的事实是否符合要求；无效宣告请求人提交的必要证据及结合提交的所有证据具体说明无效宣告请求的理由是否符合要求。

对于通过保护中心预审的合格的拟请求的专利复审案件和无效宣告案件，申请人向国家知识产权局专利复审和无效审理部正式提交专利复审和无效宣告请求，缴纳相关费用，并反馈至保护中心，保护中心复核后对该专利申请进行快速标注，将申请号提交至国家知识产权局专利复审和无效审理部。

对于未通过保护中心预审的拟请求的专利复审案件和无效宣告案件，请求人可按普通程序请求复审或无效宣告。

3）专利权评价报告的快速预审请求流程。

当事人提交专利权评价报告请求文件至保护中心。专利权评价报告请求的预审内容包括请求的客体、请求人资格、委托手续等是否符合要求；专利权评价报告请求书及相关证明文件是否符合要求。

专利评价报告请求通过保护中心预审合格后，申请人向国家知识产权局专利局提交正式评价报告请求，缴纳相关费用，并反馈至保护中心，保护中心复核后将相关专利号提交至国家知识产权局专利局。

对于未通过保护中心预审的专利评价报告请求，申请人可按照普通程序向国家知识产权局专利局提交申请。

（3）保护中心快速预审的后续期限要求。

　　对于同意进行保护中心加快审查的专利申请，在后续审查工作的审查期限、申请人答复期限等方面都有严格规定。

　　首先，国家知识产权局同意进行保护中心加快审查的，专利申请应当自具备分类条件后，在三个工作日内完成分类，并自符合授权公告条件之日起三周内完成授权公告；发明专利申请应当自初审合格之日起三周内完成专利申请公布。

　　其次，对于同意进行保护中心加快审查的专利申请，应当自具备审查条件后，在以下期限内完成审查。

　　1）发明专利申请应当在初步审查合格且分类完成后及时分配至审查员，审查员接到新案后应当在一个月内发出第一次审查意见通知书，并在收到第一次审查意见答复后三周内发出第二次审查意见通知书；对于能够授权的，应当自申请日起三个月届满前发出授权决定。需要注意的是，对于进行保护中心加快审查的发明专利申请，申请人答复第一次、第二次审查意见通知书的期限分别为通知书发文日起十个和五个工作日。

　　2）实用新型专利申请应当在具备审查条件后及时分配至审查员，审查员经初步审查后对于能够授权的，应当自申请日起一个月届满前发出授权决定。

　　3）外观设计专利申请应当在具备审查条件后及时分配至审查员，审查员经初步审查后对于能够授权的，应当自申请日起十个工作日届满前发出授权决定。

　　4）复审案件合议组一般应当自合议组成立之日起一个月内首次处理，并自意见陈述书入库之日起一个月内再次处理。

　　另外，对于国家知识产权局同意进行保护中心加快审查的，在结案期限方面，应当在以下期限内完成结案。

　　1）发明专利申请自申请日起在三个月内结案。

　　2）实用新型专利申请自申请日起在一个月内结案。

　　3）外观专利申请自申请日在十个工作日内结案。

　　4）复审和无效案件分别自快速审查请求同意之日起六个月和四个月内结案。

　　5）实用新型和外观设计专利权评价报告自快速审查请求同意之日起

一个月内完成。

（4）停止对保护中心快速预审案件加快审查的情形。

对于保护中心加快审查的专利申请和复审无效案件，下列情形的发生，将导致停止其加快审查程序，按普通程序处理。

1）对于发明专利申请，申请人答复第二次审查意见通知书后，不能满足授权条件的。

2）对于实用新型和外观设计专利申请，经过审查不能直接作出授权决定的。

3）对于发明专利申请，申请人提交专利申请，经过审查不符合初审合格要求的。

4）对于复审请求案件，复审请求人答复第一次复审通知书后，不能满足案件结案条件的。

5）对于无效宣告案件，如案件存在中止审理、等待诉讼结论等客观条件导致案件无法及时处理的情形的。

三、专利审查高速路（PPH）

1. 概述

随着全球专利数量的持续增长，申请人在多个国家/地区申请专利日益普遍。为节约审查资源，加快审查效率，消除专利申请积压，专利审查高速路（Patent Prosecution Highway，PPH）成为各个国家/地区专利行政部门关注的重点。

PPH 是指申请人在首次申请受理局（Office of First Filing，OFF）提交的专利申请中所包含的至少一项或多项权利要求被确定为可授权时，只要相关后续申请满足一定条件，包括首次申请和后续申请的权利要求充分对应、OFF 工作结果可被后续申请受理局（Office of Second Filing，OSF）获得等，则申请人可以 OFF 的工作结果为基础，向 OSF 对后续申请提出加快审查请求，如图 1-3 所示。通过 PPH 途径提供的加快审查是建立在 OSF 的审查过程可充分参考利用 OFF 检索和审查结果的基础上，可在一定程度上减少 OSF 的工作负担，而并非 OSF 直接认同 OFF 检索和审查结果，作出授权决定。也就是说，各专利审查机构均只是参考利用，并不是承认首次申请受理局的审查结果，各专利审查机构仍依据各国或地区的专利法律规定对该申请进行独立审查。

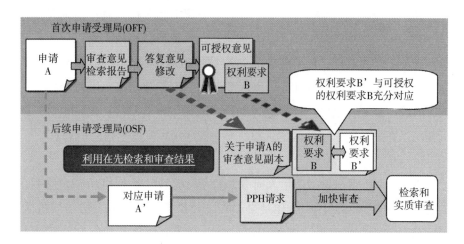

图 1-3 PPH 流程图

PPH 是通过一个国家/地区专利行政部门与其他国家/地区专利行政部门之间签署协定来实现的，其能够实现 PPH 案件的加快审查，缩短审查周期，降低申请人答复通知书的次数和节约审查成本，同时提高审查结果的可预见性，保证了 PPH 申请授权质量，其本质上是一种加快审查机制，使得一国申请人能在另一国更快地获得专利，有助于海外获权。

目前，我国已和美国、欧洲、日本、韩国等多个国家和地区开通 PPH 试点项目合作，其中，各项目流程参见国家知识产权局官网 PPH 专栏。

2. PPH 相关内容

（1）PPH 请求的途径与方式。

依据后续申请请求加快时利用的 OFF 工作结果的性质不同，PPH 请求可以划分为两大类，常规 PPH 请求和 PCT - PPH 请求。其中，常规 PPH 请求所使用的首次申请受理局工作结果是其国内审查工作结果，而 PCT - PPH 请求则使用的是 PCT 国际阶段的工作结果。

1）常规 PPH 请求。

常规 PPH 请求是指申请人利用 OFF 作出的国内工作结果向 OSF 提出

的 PPH 请求。对于常规 PPH 请求，依据首次申请和后续申请之间关系的不同，其又可分为通过《巴黎公约》途径递交的 PPH 请求和通过 PCT 途径递交的 PPH 请求。

其中，通过《巴黎公约》途径递交的 PPH 请求是指后续申请是通过《巴黎公约》要求了首次申请的外国优先权的情形，申请人可以在先申请的审查结果作为基础，向 OSF 对后续申请提出加快审查请求。而通过 PCT 途径递交的 PPH 请求是指同一个 PCT 国际申请，分别进入了两个国家的国家阶段，如果在其中一国家或地区已经取得了审查结果，则可以利用该审查结果在另一国家或地区请求加快另一国的国家阶段申请的审查。

2）PCT – PPH 请求。

PCT – PPH 请求是指申请人向有关专利行政部门提出 PPH 请求时利用的是 PCT 申请国际阶段的工作结果。所述 PCT 国际阶段的工作结果包括：国际检索单位书面意见、国际初步审查单位书面意见和国际初步审查报告。如果一件 PCT 国际申请在国际阶段由国际检索单位或国际初审单位出具了一份包含肯定性意见的国际阶段工作结果，那么在进入国家阶段时，申请人可以 PCT 国际阶段的工作结果为基础，向 OSF 对后续申请提出 PPH 请求。

在我国提出 PPH 请求的，申请人应当通过中国专利电子申请系统客户端提交 PPH 请求文件，专利行政部门通过专利电子申请系统接收 PPH 请求。需要注意的是，向专利行政部门提交 PPH 请求不收取任何费用。

（2）PPH 请求的条件。

申请人在 OFF 提交的专利申请中所包含的至少一项或多项权利要求被确定为可授权时，可以向 OSF 提出 PPH 请求，以加快后续申请的审查。其中，以我国作为后续申请受理局为例，需满足以下条件，申请人才可以针对该后续申请提出 PPH 请求。

第一，提出参与 PPH 请求的申请应当是发明专利申请（包括 PCT 国家阶段发明专利申请），且该专利申请必须是电子申请。

第二，提出 PPH 请求的时机必须同时满足以下条件：①申请人在提出 PPH 请求之前或之时必须已收到《发明专利申请公布通知书》；②申请人在提出 PPH 请求之前或之时必须已收到《发明专利申请进入实质审查阶段通知书》，需要注意的是，申请人可以在提出实质审查请求的同时提出 PPH 请求；③申请人在提出 PPH 请求之前及之时尚未收到实质审查阶段的第一次审查意见通知书；④同一申请最多有两次提交 PPH 请求的机会。

第三，该后续申请与首次申请之间的关系要符合我国与其他国家或地区开通 PPH 试点项目合作的要求。

第四，首次申请中具有一项或多项被该 OFF 认定为可授权/具有可专利性的权利要求。

第五，该后续申请的所有权利要求，无论是原始提交的或者是修改后的，必须与 OFF 认定为可专利性/可授权的一个或多个权利要求充分对应。

（3）PPH 请求的相关材料。

申请人提出 PPH 请求时，所需要相关材料主要包括以下方面：参与 PPH 项目请求表、首次申请所有可授权的权利要求的副本及译文、首次申请所有的审查意见通知书副本及译文、首次申请审查意见通知书中所有引用文件的副本，以及权利要求对应表。申请人需要在权利要求对应表中就后续申请的权利要求和首次申请中可授权的权利要求如何满足充分对应性进行详细的说明。其中，PPH 请求文件材料的具体要求依据参与的 PPH 项目的不同而略有区别。

第一，对于常规 PPH 请求，应提交 OFF 就首次申请作出的所有审查意见通知书（与首次申请受理局关于可专利性的实质审查相关，包括任何形式的检索报告、检索意见）的副本及其译文；对于 PCT - PPH 请求，应提交认为权利要求具有可专利性/可授权的最新国际工作结果（包括国际检索单位书面意见、国际初步审查单位书面意见和国际初步审查报告）的副本及其中文或英文译文。

第二，对于常规 PPH 请求，应提交首次申请中被对应申请审查局认定为具有可专利性/可授权的所有权利要求的副本及其中文或英文译文；对于 PCT - PPH 请求，应提交被最新国际工作结果认为具有可专利性/可授权的权利要求的副本及其中文或英文译文。

（4）PPH 请求的基本流程。

在我国提出 PPH 请求时，向国家知识产权局提交 PPH 请求的基本流程主要包括以下几方面。

1）PPH 请求相关材料的准备。

申请人应当按照我国与其他国家或地区开通 PPH 试点项目合作相关流程的要求，准备 PPH 请求相关文件材料，其中，包括参与 PPH 项目请求表、首次申请所有可授权的权利要求的副本及译文、首次申请所有的审查意见通知书副本及译文、首次申请审查意见通知书中所有引用文件的副本，以及权利要求对应表等。

2）PPH 请求相关材料的提交。

申请人应当通过中国专利电子申请系统客户端提交 PPH 请求相关材料，相关材料提交的具体方式与专利申请涉及的一般中间文件的提交方式相同。

3）PPH 请求的审批与答复。

国家知识产权局对申请人提交的 PPH 请求进行审查后，若发现该 PPH 请求存在我国与其他国家或地区开通的 PPH 试点项目合作相关流程规定可通过补正方式进行修改的缺陷时，将发出 PPH 请求补正通知书，指定申请人在规定期限内进行答复，其中，指定的期限不可延长，若由于申请人未在指定期限内进行答复而导致该申请不能参与 PPH 项目，申请人也不能通过恢复程序进行救济。

对申请人提交的 PPH 请求进行审查后，若发现该 PPH 请求不符合我国与其他国家或地区开通的 PPH 试点项目合作相关流程的要求，将作出 PPH 请求不予批准的决定，并发出 PPH 请求审批决定通知书告知申请人结果以及请求存在的缺陷。若 PPH 请求未被批准，申请人可再次提交请求，但至多一次。

对申请人提交的 PPH 请求进行审查后，若发现该 PPH 请求符合我国与其他国家或地区开通的 PPH 试点项目合作相关流程的要求，将作出 PPH 请求予以批准的决定，并发出 PPH 请求审批决定通知书告知申请人。PPH 请求获得批准后，在收到有关实质审查的审查意见通知书之前，任何修改或新增的权利要求均需要与首次申请中被认定为具有可专利性/可授权的权利要求充分对应；否则将撤回之前对其 PPH 请求的审查结论，重新作出 PPH 请求不予批准的决定。然而，PPH 请求获得批准后，为克服实质审查阶段审查员提出的审查意见对权利要求进行针对性修改，任何修改或新增的权利要求不需要与首次申请中被认定为具有可专利性/可授权的权利要求充分对应，其中，任何超出权利要求对应性的修改或变更由实审审查员裁量决定是否被允许。

（5）PPH后续审查的相关要求。

PPH请求获得批准后，该专利申请将进入加快审查的特殊状态，在审查期限方面有严格的规定，即审查员应当在自接收PPH申请案卷之日起3个月内发出第一次审查意见通知书，自收到申请人意见陈述书之日起2个月内发出中间审查意见通知书或结案（不含结案后再次进审）。

四、集中审查

1. 概述

为了更好地促进产业结构优化升级，推进国家知识产权战略实施，近几年国家知识产权局持续创新审查模式，先后实施了优先审查、巡回审查，并取得了良好的效果。随着我国创新主体创新能力的不断增强和知识产权保护水平的提高，公众对围绕一项关键技术进行专利布局的系列专利申请进行集中审查的需求越来越强烈。2015年发布的《国务院关于新形势下加快知识产权强国建设的若干意见》（国发〔2015〕71号）明确要求"建立重点优势产业专利申请的集中审查制度"，为了落实《国务院关于新形势下加快知识产权强国建设的若干意见》，支持培育核心专利，加快产业专利布局，推进国家知识产权战略实施和知识产权强国建设，服务创新驱动发展战略，国家知识产权局在前期课题研究成果和试点工作经验基础上，制定了《专利申请集中审查管理办法（试行）》。

集中审查是指为了加强对专利申请组合整体技术的理解，提高审查意见通知书的有效性，提升审查质量和审查效率，国家知识产权局依申请人或省级知识产权管理部门等提出的请求，围绕同一项关键技术的专利申请组合集中进行审查的专利审查模式。

与优先审查不同，集中审查涉及大量申请，每件申请的情况差异会很大，故没有设置最长结案时限。专利申请人答复审查意见通知书的期限与普通案件相同，申请人答复时间的快慢会对审查部门单位发出下一次审查意见通知书的时间产生影响。

2. 集中审查相关内容

（1）请求条件和主体。

请求进行集中审查的专利申请应当符合以下条件。

1）实质审查请求已生效且未开始审查的发明专利申请。对于同一申请人同日对同样的发明创造既申请实用新型专利又申请发明专利的，该发明专利申请暂不纳入集中审查范围。

2）涉及国家重点优势产业，或对国家利益、公共利益具有重大意义。

3）同一批次内申请数量不低于 50 件，且实质审查请求生效时间跨度不超过一年。

4）未享受过优先审查等其他审查政策。

请求主体：集中审查依请求而启动，专利申请人或省级知识产权管理部门都可以提出。当有多个申请人时，应当经全体申请人同意。

（2）请求集中审查的基本流程。

提出集中审查的请求人需向国家知识产权局专利局审查业务管理部（下称"审查业务管理部"）提交集中审查请求材料，材料中应详细说明请求集中审查的具体理由，专利申请清单以及每一件专利申请与专利申请组合的对应关系，全部专利申请人的签字或盖章以及联系人和联系方式。专利申请清单同时还应当提交一份电子件。

具体而言，集中审查请求人需要提交专利申请集中审查请求书、专利申请清单（清单需提交纸件和电子件各一份）及需要的其他材料。请求书中应填写请求人、联系人及联系方式、所属技术领域、请求集中审查理由及全部专利申请人的签字或盖章。特别是，请求书中应详细说明请求集中审查的理由，电子申请清单中应当写明每件专利申请与所主张的"关键技术"的关系，上述内容将帮助国家知识产权局判断进行集中审查的必要性和可行性。

集中审查请求材料可以通过信函方式寄交，其中专利申请清单的电子件则以光盘介质的形式随纸件一并寄送。寄件地址为：北京市海淀区西土城路 6 号　国家知识产权局专利局审查业务管理部，邮编100088（于信封上注明"集中审查"）。

（3）集中审查程序。

专利申请集中审查工作由审查业务管理部和国家知识产权局专利局审查部门单位（下称"审查部门单位"）共同组织开展。

其中，审查业务管理部负责集中审查工作的统筹与协调，工作主要包括以下内容。

1）对集中审查请求进行受理、审核。

2）综合考虑申请人需求、案件审序和所属技术领域审查员的审查能力等因素，集中审查的启动时间一般在实审生效已满 3 个月后，并在案源系统中对集中审查案件进行标记。

3）组织相关审查部门单位实施集中审查。

4）其他需要统筹与协调的工作。

审查部门单位负责案件的集中审查，工作主要包括以下内容。

1）成立集中审查工作管理小组，组织协调本部门单位的集中审查工作。

2）组织审查质量高、经验丰富、责任心强的优秀审查员承担集中审查工作。

3）根据需要组织开展技术说明会、会晤、调研、巡回审查等。

4）其他与集中审查有关的工作。

对集中审查请求的审核结果将通过请求书中注明的联系方式及时反馈给联系人。经审核决定不予集中审查的申请将继续按照常规程序进行审查。经审批同意进行集中审查的，专利申请人应当积极配合集中审查实施，主要包括以下内容。

1）根据审查部门单位的要求，提供相关技术资料。

2）积极配合审查部门单位提出的技术说明会、会晤、调研、巡回审查等。

3）及时对集中审查开展过程中的问题、经验、效果和价值等情况进行反馈。

4）其他需要配合的工作。

（4）集中审查程序终止。

正在实施集中审查的专利申请，有下列情形之一的，审查业务管理部或审查部门单位可以终止同批次集中审查程序。

1）申请人提交虚假材料。

2）申请人不履行相关义务。

3）在审查过程中发现存在非正常专利申请。

4）申请人主动提出终止集中审查程序。

5）其他应终止集中审查程序的情形。

五、延迟审查

1. 概述

前面提及了多种特殊审查程序与模式，基本都是为了给申请人提供绿色审查通道，以缩短专利申请的审查周期，便于申请人更快更有效地获得其专利权。同时，为了给申请人提供更多的审查模式选择，可以使审查周期更好地与专利的市场化运作相协调、相匹配，满足创新主体多样化需求。具体而言，有的发明技术领域希望通过延迟审查获得更多时间考虑调整专利权利要求的布局与保护范围。而外观设计专利的审查周期较短，对一些研发周期较长的产品来说，外观设计专利公告的时间经常早于所述外观设计产品上市的时间，由于外观设计"所见即所得"的特点，很容易被抄袭，如果在外观设计权利人没有完全准备好商业应用的情况下，外观设计被披露，权利人的商业利益可能会受到损失。因此，2019 年修订的《专利审查指南》对发明和外观设计专利申请引入了延迟审查制度。而实用新型专利申请的延迟审查由于公众意见反馈存在较大的"潜水艇"专利风险，故此次修改未对其引入延迟审查制度。

2. 延迟审查相关内容

《专利审查指南》第五部分第七章第 8.3 节规定：申请人可以对发明和外观设计专利申请提出延迟审查请求。发明专利延迟审查请求，应当由申请人在提出实质审查请求的同时提出，但发明专利申请延迟审查请求自实质审查请求生效之日起生效；外观设计延迟审查请求，应当由申请人在提交外观设计申请的同时提出。延迟期限为自提出延迟审查请求生效之日起 1 年、2 年或 3 年。延迟期限届满后，该申请将按顺序待审。必要时，专利局可以自行启动审查程序并通知申请人，申请人请求的延迟审查期限终止。

（1）适用范围及请求流程。

延迟审查主要适用的专利申请类型为发明专利申请和外观设计专利申请，不适用于实用新型专利申请。

对于发明专利申请，延迟审查请求应当是申请人在提出实质审查请求的同时提出，一般是在实质审查请求书中第4项延迟审查选项中进行勾选，其中，可选延迟期限为1年、2年或3年，发明专利申请延迟审查请求自实质审查请求生效之日起生效。

对于外观设计专利申请，延迟审查请求应当由申请人在提交外观设计申请的同时提出，一般是在外观设计专利请求书第18项延迟审查选项中进行勾选，其中，可选延迟期限为1年、2年或3年，外观设计专利申请延迟审查请求自外观设计专利请求生效之日起生效。

（2）终止方式。

延迟审查请求期限届满后，该专利申请将按顺序进行待审状态。此外，如果专利行政部门认为有必要提前进行审查，则可以自行启动审查程序并通知申请人，申请人请求的延迟审查期限终止。后面一种终止的方式可能较少出现，毕竟目前积压待审的专利申请不少，且延迟审查请求作为申请人主动请求的行为，如违背申请人意愿，则很大程度上违反了专利审查制度中的请求原则。

第二章

专利初步审查

第一节　概　述

一项发明创造从提出申请到专利权获取需要经过多个审查程序和事务处理程序。其中，审查程序分为两种：一种是初步审查程序，主要是对专利申请以及办理专利申请的手续是否符合《专利法》及其实施细则的规定进行审查；另一种是实质审查程序，其主要目的在于确定发明专利申请是否应当被授予专利权，尤其确定其是否符合《专利法》关于新颖性、创造性和实用性的规定。对于不同类型的专利申请，其所需要经过的审查程序有所不同，实用新型和外观设计专利申请需经过初步审查程序以确定申请人能否获得专利权；而发明专利申请不仅需要经过初步审查程序，还需经过实质审查程序才能确定申请人是否能够获得专利权。

根据《专利法》第 40 条的规定，实用新型和外观设计专利申请经初步审查没有发现驳回理由的，由国务院专利行政部门作出授予实用新型专利权或者外观设计专利权的决定，发给相应的专利证书，同时予以登记和公告。实用新型专利权和外观设计专利权自公告之日起生效。因此，实用新型和外观设计专利申请的初步审查是受理实用新型和外观设计专利申请之后、授予专利权之前的一个必要程序。

根据《专利法》第 34 条的规定，国务院专利行政部门收到发明专利申请后，经初步审查认为符合本法要求的，自申请日起满十八个月，即行公布。国务院专利行政部门可以根据申请人的请求早日公布其申请。因此，对于发明专利申请，初步审查是受理之后、公布之前的一个必经程序。

总而言之，无论是实用新型和外观设计专利申请，还是发明专利申请，初步审查程序是专利权获取的必经程序。其中，对于实用新型和外观设计专利申请，初步审查程序是其能否被授予专利权的关键环节，而发明专利申请只有经过初步审查程序合格后，才能进入实质审查程序。

其中，初步审查程序的作用主要体现在：第一，保证专利申请文件、相关证明文件以及相关手续的合法性；第二，有助于提升后续公布或授权公告的专利文件的质量，确保专利文件的规范性和严肃性，并有利于专利文献信息的传播和利用；第三，有效、及时拦截明显不能授予专利权的专利申请，避免造成相关人员在时间、精力以及费用等方面的耗费。

第二节　初步审查基本原则

在初步审查程序中，主要涉及的审查原则包括保密原则、书面审查原则、听证原则以及程序节约原则。

一、保密原则

根据《专利法》第 21 条第 3 款的规定，在专利申请公布或公告前，国务院专利行政部门的工作人员及有关人员对其内容负有保密责任。具体而言，专利审查员作为国务院专利行政部门的工作人员，在专利申请的审批程序中，对于尚未公布、公告的专利申请文件和与专利申请有关的其他内容，以及其他不适宜公开的信息负有保密责任。

此原则的目的在于保护申请人的相关利益，其要求专利申请在公开之前，涉及该专利申请的所有相关文件处于保密状态，与其所处当前审批程序无关人员均不得查阅和获取相关资料，因特殊公务需要查阅的，需要得到国务院专利行政部门的批准并作好查阅记录，且应备案。

二、书面审查原则

在专利申请审批程序中只有书面文件才具有法律效力，根据《专利法实施细则》第 2 条规定，专利法和本细则规定的各种手续，应当以书面形式或者国务院专利行政部门规定的其他形式办理。

审查员应当以申请人提交的书面文件为基础进行审查，审查意见（包括补正通知书）和审查结果应当以书面形式通知申请人。初步审查程序中，原则上不进行会晤。

申请人提出专利申请或办理相关的各种手续，均以书面形式进行，口头声明、说明等不具备法律效力。除书面以外的其他信息载体，如实物、模型、录像带按目前规定不具法律效力。

当前，申请人可通过中国专利电子申请网提交相关书面文件，审查员也可通过中国专利电子审批系统（E系统）以电子文档方式将书面审查通知书传送给申请人，而且目前大部分专利申请都是通过中国专利电子申请网提交，同时，审查员一般都是通过E系统开展审批工作。

三、听证原则

听证是指行政机关在作出影响相对人合法权益的决定前，由行政机关告知决定理由和听证权利，行政相对人表达意见、提供证据以及行政机关听取行政相对人陈述、申辩、质证的重要法律程序。行政听证的主要目的在于从程序上保证行政相对人，尤其是可能得到不利结果的行政相对人的权利。

专利审查属于一种具体的行政行为，为保证该行政行为的公正性，听证原则必然也是专利审查程序中必须遵循的基本原则之一。在专利申请审批过程中，国务院专利行政部门在作出驳回决定之前，应当将驳回所依据的事实、理由和证据通知申请人，至少给申请人一次陈述意见和/或修改申请文件的机会。

对于专利申请初步审查程序中的听证原则，《专利法实施细则》第44条第4项给出了相关规定：国务院专利行政部门应当将审查意见通知申请人，要求其在指定期限内陈述意见或者补正；申请人期满未答复的，其申请视为撤回。申请人陈述意见或者补正后，国务院专利行政部门仍然认为不符合前款所列各项规定的，应当予以驳回。

可见，申请人有权针对审查员发出的审查意见通知书进行答复或者修改相关申请文件，通过意见陈述书阐述申请人的主张和意见。尤其是在审查员作出不利于申请人的驳回决定时，该驳回决定所依据的事实、理由和证据三要素应已告知过申请人，且申请人已对此陈述了其主张和意见，不得依据未告知过申请人的新增的事实、理由和/或证据直接作出驳回决定。

四、程序节约原则

程序节约原则是指行政机关在作出行政行为的过程中，应当简化程序，提高行政效率。在专利申请初步审查程序中，也应遵循程序节约原则，即在符合相关规定的情况下，应当尽可能提高审查效率，缩短审查过程。其中，对于存在可以通过补正克服的缺陷的申请，审查员应当进行全面审查，并尽可能在一次补正通知书中指出全部缺陷。对于申请文件中文字和符号的明显错误，审查员可以依职权自行修改，并通知申请人。对于存在不可能通过补正克服的实质性缺陷的申请，审查员可以不对申请文件和其他文件的形式缺陷进行审查，在审查意见通知书中可以仅指出实质性缺陷。

对于听证原则和程序节约原则，前者是确保行政程序公平的核心原则，主要是对专利审查的公正性作出的要求；后者则是对专利审查的效率作出的规定，其主要目的在于简化行政程序，提高行政效率；两者之间是对立、统一的关系。对此，《专利审查指南》中规定，不得以节约程序为理由而违反听证原则，即明确确立了审查程序"公平优于效率"的价值模式。

第三节 初步审查的内容与范围

初步审查程序是专利申请被受理之后的程序，它主要是对专利申请及办理申请的手续是否符合《专利法》及其实施细则的规定进行审查，尤其是针对专利申请是否符合《专利法》及其实施细则的形式要件、是否存在明显的实质性缺陷进行审查。按具体审查内容分类进行划分，初步审查的主要内容包括：专利申请文件的形式审查、明显实质性缺陷审查、其他文件的形式审查，以及费用与期限审查等。

专利申请文件的形式审查主要内容包括：①发明人、申请人的资格，申请人递交的各种文件、证明的法律效力，申请人委托的代理机构和代理师的资格；②与专利申请相关的文件是否完整，格式、文字和附图或图片是否符合《专利法》及其实施细则相关规定等。

明显实质性缺陷审查作为专利申请初步审查程序中重要的内容，其审查的主要内容包括：①对发明创造是否违反国家法律、社会公德和妨碍公共利益，以及就依赖遗传资源完成的发明创造，其遗传资源的获取或者利用是否明显违反法律、行政法规的规定；②发明创造是否属于不授予专利权的主题，例如：科学发现、智力活动的规则和方法、疾病的诊断和治疗方法、动物和植物品种、用原子核变换方法获得的物质；等等。

其他文件的形式审查主要指专利申请审批流程中的事务处理，包括对与专利申请有关的其他手续和文件是否符合《专利法》及其实施细则相关规定的审查，例如：专利申请权转让手续、要求优先权手续、委托手续及其相应文件等。

费用与期限审查的主要内容包括：①是否按照《专利法》及其实施细则相关规定缴纳费用；②是否符合《专利法》及其实施细则中规定的或者专利行政部门指定的各种期限。

一、专利申请文件及相关文件的形式审查

1. 发明专利申请

（1）专利申请文件的形式审查。

包括专利申请是否包含《专利法》第 26 条规定的申请文件，以及这些文件格式上是否明显不符合《专利法实施细则》第 16 条至第 19 条、第 23 条的规定，是否符合《专利法实施细则》第 2 条、第 3 条、第 26 条第 2

款、第 119 条等的规定。

在初步审查阶段，主要进行的是形式审查，涉及实质内容的审查不属于初步审查的范围（明显实质性缺陷除外），其一方面针对与专利申请相关的文件是否完整，格式、文字和附图或图片是否符合《专利法》及其实施细则相关规定等进行审查；另一方面针对发明人、申请人的资格，申请人递交的各种文件、证明的法律效力，申请人委托的代理机构和代理师的资格等进行审查。形式审查的具体内容主要包括：①专利申请文件是否完整，是否包含《专利法》第 26 条规定的申请文件，即提交的发明专利申请是否包括请求书、说明书及其摘要和权利要求书等文件，以及请求书的填写是否完整，例如：主题名称、发明人和申请人的姓名或名称、地址以及其他事项；②专利申请相关文件的格式是否明显不符合《专利法实施细则》第 16 条至第 19 条、第 23 条的规定，其中，《专利法实施细则》第 16 条规定了请求书的填写格式，例如，请求书应写明主题名称、申请人的姓名或地址、邮编信息等；《专利法实施细则》第 17 条规定了说明书的撰写格式，例如：说明书的主题名称与请求书的名称是否一致、说明书包含的内容在形式上是否规范；《专利法实施细则》第 18 条针对说明书附图的顺序编号、附图标记等方面作出了规定；《专利法实施细则》第 19 条规定了权利要求书的撰写格式，例如：权利要求编号、科技术语使用等；③提交的申请文件或办理各种手续是否符合《专利法实施细则》第 2 条、第 3 条、第 26 条第 2 款、第 119 条等的规定，其中，《专利法实施细则》第 2 条规定了专利法和本细则规定的各种手续，应当以书面形式或国务院专利行政部门规定的其他形式办理；《专利法实施细则》第 3 条规定了提交的各种文件应使用中文、采用规范词等；《专利法实施细则》第 26 条第 2 款规定了涉及遗传资源的专利申请需提交遗传资源来源披露登记表，并在请求书中予以说明；《专利法实施细则》第 119 条规定了向国务院专利行政部门提交申请文件或者办理各种手续，应当由申请人、专利权人、其他利害关系人或者其代表人签字或者盖章；委托专利代理机构的，由专利代理机构盖章。

（2）其他文件的形式审查。

主要包括与专利申请相关的其他手续和文件是否符合《专利法》第 10

条、第 24 条、第 29 条、第 30 条以及《专利法实施细则》第 2 条、第 3 条、第 6 条、第 7 条、第 15 条第 3 款和第 4 款、第 24 条、第 30 条、第 31 条第 1 款至第 3 款、第 32 条、第 33 条、第 36 条、第 40 条、第 42 条、第 43 条、第 45 条、第 46 条、第 86 条、第 87 条、第 100 条的规定。

其他文件的形式审查主要指专利审批流程中的事务处理，具体内容主要包括：①专利申请权转让的手续办理是否符合《专利法》第 10 条的规定；②不丧失新颖性的公开证明是否符合《专利法》第 24 条及《专利法实施细则》第 30 条的规定；③办理要求优先权的手续和文件是否符合《专利法》第 29 条、第 30 条以及《专利法实施细则》第 31 条第 1 款至第 3 款、第 32 条、第 33 条的相关规定；④其他文件的办理方式以及文字规范等是否符合《专利法实施细则》第 2 条与第 3 条的规定；⑤办理相关恢复手续是否符合《专利法实施细则》第 6 条的规定；⑥根据《专利法实施细则》第 7 条规定核查发明创造是否需要进行保密审查；⑦办理委托代理机构的手续和文件是否符合《专利法实施细则》第 15 条第 3 款和第 4 款的规定；⑧办理生物材料样品保藏的手续和文件是否《专利法实施细则》第 24 条的规定；⑨办理撤回专利申请的手续和文件是否符合《专利法实施细则》第 36 条的规定；⑩《专利法实施细则》第 40 条规定了办理补交说明书附图的情形；⑪办理分案申请的手续和文件是否符合《专利法实施细则》第 42 条、第 43 条的规定；⑫《专利法实施细则》第 45 条规定了与专利申请有关的其他文件可能会视为未提交的情形；⑬办理请求提早公开的手续是否符合《专利法实施细则》第 46 条的规定；⑭办理请求中止审查程序的手续和文件是否符合《专利法实施细则》第 86 条、第 87 条的规定；⑮办理专利费用减缴或者缓缴请求是否符合《专利法实施细则》第 100 条的规定。

2. 实用新型专利申请

（1）专利申请文件的形式审查。

主要包括专利申请是否包含《专利法》第 26 条规定的申请文件，以及这些文件格式上是否符合《专利法实施细则》第 2 条、第 3 条、第 16 条至第 23 条、第 40 条、第 42 条、第 43 条第 2 款和第 3 款、第 51 条、第 52 条、第 119 条等的规定。其中，对于专利申请文件是否包含《专利法》

第 26 条规定的申请文件，是否符合《专利法实施细则》第 2 条、第 3 条、第 16 条至第 19 条、第 23 条、第 119 条等的规定，与发明专利申请文件的形式审查基本相同。

此外，由于实用新型专利申请没有后续的实质审查程序，因此，在形式审查程序中还需对实用新型专利申请是否符合《专利法实施细则》第 20 条至第 22 条、第 40 条、第 42 条、第 43 条第 2 款和第 3 款、第 51 条、第 52 条的规定进行审查，其中，《专利法实施细则》第 20 条至第 22 条对权利要求书的撰写规范作出了相关规定；《专利法实施细则》第 40 条对补交附图的情况作出了规定；《专利法实施细则》第 42 条、第 43 条第 2 款和第 3 款对分案申请的办理手续和文件作出了规定；《专利法实施细则》第 51 条与第 52 条对申请文件的修改时机与修改方式进行了规定。

（2）其他文件的形式审查。

包括与专利申请有关的其他手续和文件是否符合《专利法》第 10 条第 2 款、第 24 条、第 29 条、第 30 条以及《专利法实施细则》第 2 条、第 3 条、第 6 条、第 7 条、第 15 条、第 30 条、第 31 条第 1 款至第 3 款、第 32 条、第 33 条、第 36 条、第 45 条、第 86 条、第 87 条、第 100 条、第 119 条的规定。其中，对于实用新型专利申请的其他手续与文件的形式审查，与发明专利申请基本相同，例如：①专利申请权转让的手续和文件是否符合《专利法》第 10 条的规定；②不丧失新颖性的公开证明手续和文件是否符合《专利法》第 24 条及《专利法实施细则》第 30 条的规定；③办理要求优先权的手续和文件是否符合《专利法》第 29 条、第 30 条以及《专利法实施细则》第 31 条第 1 款至第 3 款、第 32 条、第 33 条的相关规定；④其他文件的办理方式以及文字规范等是否符合《专利法实施细则》第 2 条与第 3 条的规定；⑤办理相关恢复手续是否符合《专利法实施细则》第 6 条的规定；⑥根据《专利法实施细则》第 7 条规定核查发明创造是否需要进行保密审查；⑦办理委托代理机构的手续和文件是否符合《专利法实施细则》第 15 条的规定；⑧办理撤回专利申请的手续和文件是否符合《专利法实施细则》第 36 条的规定；⑨办理补交说明书附图的情形是否符合《专利法实施细则》第 40 条的规定；⑩与专利申请有关的其他文件可能会视为未提交的情形是否符合《专利法实施细则》第 45 条规定；

⑪办理请求中止审查程序的手续和文件是否符合《专利法实施细则》第 86 条、第 87 条的规定；⑫办理专利费用减缴或者缓缴请求是否符合《专利法实施细则》第 100 条的规定；⑬其他手续与文件提交时是否符合《专利法实施细则》第 119 条的规定，比如申请人或者代理机构是否进行了签字或盖章等。此外，由于实用新型专利申请一般不涉及生物材料样品保藏办理，故不需针对其是否符合《专利法实施细则》第 24 条的规定进行审查。

3. 外观设计专利申请

（1）申请文件的形式审查。

包括专利申请是否具备《专利法》第 27 条第 1 款规定的申请文件，以及这些文件格式上是否符合《专利法实施细则》第 2 条、第 3 条第 1 款、第 16 条、第 27 条、第 28 条、第 29 条、第 35 条第 3 款、第 51 条、第 52 条、第 119 条等的规定。

具体而言，对于外观设计专利申请文件的形式审查，主要包括以下几方面：①提交的申请文件是否完整，是否包括《专利法》第 27 条第 1 款规定的申请文件，即请求书、该外观设计的图片或者照片以及对该外观设计的简要说明等文件；②提交的申请文件或办理各种手续是否符合《专利法实施细则》第 2 条、第 3 条第 1 款、第 119 条等的规定，其中《专利法实施细则》第 2 条规定了专利法和本细则规定的各种手续，应当以书面形式或国务院专利行政部门规定的其他形式办理；《专利法实施细则》第 3 条规定了提交的各种文件应使用中文、采用规范词等；《专利法实施细则》第 119 条规定了向国务院专利行政部门提交申请文件或者办理各种手续，应当由申请人、专利权人、其他利害关系人或者其代表人签字或者盖章；委托专利代理机构的，由专利代理机构盖章；③专利申请相关文件的格式是否明显不符合《专利法实施细则》第 16 条、第 27 条、第 28 条、第 29 条、第 35 条第 3 款的规定，其中，《专利法实施细则》第 16 条规定了请求书的填写格式，例如，请求书应写明主题名称、申请人的姓名或地址、邮编信息等；《专利法实施细则》第 27 条对外观设计专利申请涉及的图片或照片的提交进行了规定；《专利法实施细则》第 28 条对外观设计专利申请的简要说明的撰写进行了规范；《专利法实施细则》第 29 条针对外观设计专利申请需要提供使用该外观设计的产品样品或者模型的情况以及所述样品或者模型的要求进行了规定；《专利法实施细则》第 35 条对多项外观设计可作为一件申请提出的情况进行了规定，例如：相似外观设计的判定与数量要求、同一类别并且成套出售或者同时使用的产品的两项以上外观设计的定义以及各项外观设计的顺序编号等；④申请文件的修改是否符合《专利法实施细则》第 51 条与第 52 条的规定，其中，《专利法实施细则》第 51 条与第 52 条对申请文件的修改时机与修改方式进行了规定。

（2）其他文件的形式审查。

包括与专利申请有关的其他手续和文件是否符合《专利法》第 24 条、第 29 条第 1 款、第 30 条，以及《专利法实施细则》第 6 条、第 15 条第 3 款和第 4 款、第 30 条、第 31 条、第 32 条第 1 款、第 33 条、第 36 条、第 42 条、第 43 条第 2 款和第 3 款、第 45 条、第 86 条、第 100 条的规定。

具体而言，针对外观设计专利申请涉及的其他相关手续和文件的形式审查主要包括以下方面：①不丧失新颖性的公开证明手续和文件是否符合《专利法》第 24 条及《专利法实施细则》第 30 条的规定；②办理要求优先权的手续和文件是否符合《专利法》第 29 条第 1 款、第 30 条以及《专利法实施细则》第 31 条、第 32 条第 1 款、第 33 条的相关规定；③办理相关恢复手续是否符合《专利法实施细则》第 6 条的规定；④办理委托代理机构的手续和文件是否符合《专利法实施细则》第 15 条第 3 款和第 4 款的规定；⑤办理撤回专利申请的手续和文件是否符合《专利法实施细则》第 36 条的规定；⑥办理分案申请的手续和文件是否符合《专利法实施细则》第 42 条、第 43 条的规定；⑦提交专利申请有关的其他文件是否属于《专利法实施细则》第 45 条规定的视为未提交的情形；⑧办理请求中止审查程序的手续和文件是否符合《专利法实施细则》第 86 条的规定；⑨办理专利相关费用减缴或者缓缴请求是否符合《专利法实施细则》第 100 条的规定。

二、专利申请文件的明显实质性缺陷审查

1. 发明专利申请

明显实质性缺陷审查是发明专利初步审查阶段的一项重要审查内容，

其中，明显实质性缺陷审查的主要内容包括专利申请是否明显属于《专利法》第 5 条、第 25 条规定的情形，是否不符合《专利法》第 17 条、第 18 条第 1 款、第 19 条第 1 款的规定，是否明显不符合《专利法》第 2 条第 2 款、第 26 条第 5 款、第 31 条第 1 款、第 33 条或者《专利法实施细则》第 17 条、第 19 条的规定。具体而言，上述法条审查的主要内容如下：①发明专利申请是否明显属于《专利法》第 5 条的情形，即发明创造是否违反法律、社会公德或者妨害公共利益，以及就依赖该遗传资源完成的发明创造，其遗传资源的获取或者利用是否明显违反法律、行政法规的规定；②发明专利申请是否明显属于《专利法》第 25 条规定的情形，即发明创造是否属于不授予专利权的主题，例如：科学发现、智力活动的规则和方法、疾病的诊断和治疗方法、动物和植物品种、用原子核变换方法获得的物质；③发明专利申请是否不符合《专利法》第 17 条、第 18 条第 1 款的规定，即外国申请人是否符合要求的资格，以及是否按要求委托代理机构；④发明专利申请是否符合《专利法》第 19 条第 1 款的规定，即，是否属于未经国务院专利行政部门进行保密审查而擅自向国外申请专利后，又就相同内容在我国提出专利申请的情况；⑤发明专利申请是否明显不符合《专利法》第 2 条第 2 款、第 26 条第 5 款、第 31 条第 1 款、第 33 条或者《专利法实施细则》第 17 条、第 19 条的规定，即发明专利申请是否符合发明的定义（是否属于对产品、方法或者其改进所提出的新的技术方案）、依赖遗传资源的发明创造是否在专利申请文件中说明该遗传资源的直接来源和原始来源、发明专利申请是否符合单一性的要求、申请文件的修改是否超出原始提交文件的范围以及说明书和权利要求书的撰写是否明显不符合要求。

2. 实用新型专利申请

由于实用新型专利申请没有后续的实质审查程序，故与发明专利申请的明显实质性缺陷审查相比，实用新型申请的明显实质性缺陷审查涵盖的内容更多，主要包括专利申请是否明显属于《专利法》第 5 条、第 25 条规定的情形，是否不符合《专利法》第 17 条、第 18 条第 1 款、第 19 条第 1 款的规定，是否符合《专利法》第 2 条第 3 款、第 22 条第 2 ~ 4 款、第 26 条第 3 款或第 4 款、第 31 条第 1 款、第 33 条或者《专利法实施细则》

第 17 条至第 22 条、第 43 条第 1 款的规定，是否依照《专利法》第 9 条规定不能取得专利权。具体而言，上述法条审查的主要内容如下：①实用新型专利申请是否明显属于《专利法》第 5 条的情形，即发明创造是否违反法律、社会公德或者妨害公共利益，以及就依赖该遗传资源完成的发明创造，其遗传资源的获取或者利用是否明显违反法律、行政法规的规定；②实用新型专利申请是否明显属于《专利法》第 25 条规定的情形，即发明创造是否属于不授予专利权的主题，例如：科学发现、智力活动的规则和方法、疾病的诊断和治疗方法、动物和植物品种、用原子核变换方法获得的物质；③实用新型专利申请是否不符合《专利法》第 17 条、第 18 条第 1 款的规定，即外国申请人是否具备符合要求的资格，以及是否按要求委托代理机构；④实用新型专利申请是否符合《专利法》第 19 条第 1 款的规定，即是否属于未经国务院专利行政部门进行保密审查而擅自向国外申请专利后，又就相同内容在我国提出专利申请的情况；⑤实用新型专利申请是否明显不符合《专利法》第 2 条第 3 款的规定，即专利申请是否符合实用新型的定义，是否属于对产品的形状、构造或者其结合所提出的适于实用的新的技术方案；⑥实用新型专利申请是否符合《专利法》第 22 条第 2~4 款的规定，即专利申请是否具备新颖性、创造性以及实用性；⑦实用新型专利申请说明书的撰写是否符合《专利法》第 26 条第 3 款及《专利法实施细则》第 17 条的规定，主要分为说明书撰写实质上的要求和形式上的要求，其中，撰写实质上的要求主要在于说明书是否对实用新型专利申请做出清楚、完整的说明，并达到所属技术领域的技术人员能够实现的公开程度；撰写形式上的要求主要包括说明书是否涵盖了技术领域、背景技术、发明内容、附图说明与具体实施方式等，说明书是否有附图，以及说明书是否用词规范、语句清楚等；⑧实用新型专利申请权利要求书的撰写是否符合《专利法》第 26 条第 4 款及《专利法实施细则》第 19 条至第 22 条的规定，主要分为权利要求书撰写实质上的要求和形式上的要求，其中撰写实质上的要求主要在于权利要求书是否以说明书为依据，清楚、简要地限定要求专利保护的范围；形式上的要求主要包括权利要求的顺序编号、科技术语、附图标记、独立权利要求与从属权利要求的撰写形式，以及独立权利要求是否完整记载解决技术问题的必要技术特征等；

⑨实用新型专利申请是否明显不符合《专利法》第 31 条第 1 款、第 33 条以及《专利法实施细则》第 43 条第 1 款的规定，即实用新型专利申请是否符合单一性的要求、申请文件的修改是否超出原始提交文件记载的范围以及分案申请是否超出原申请记载的范围；⑩实用新型专利申请是否存在《专利法》第 9 条规定的关于重复授权的情形。

3. 外观设计专利申请

外观设计申请文件的明显实质性缺陷审查，包括专利申请是否明显属于《专利法》第 5 条第 1 款、第 25 条第 1 款第 6 项规定的情形，或者不符合《专利法》第 17 条、第 18 条第 1 款的规定，或者明显不符合《专利法》第 2 条第 4 款、第 23 条第 1 款、第 27 条第 2 款、第 31 条第 2 款、第 33 条，以及《专利法实施细则》第 43 条第 1 款的规定，或者依照《专利法》第 9 条规定不能取得专利权。具体而言，上述法条审查的主要内容如下：①是否明显属于《专利法》第 5 条第 1 款、第 25 条第 1 款第 6 项规定的情形，即发明创造是否违反法律、社会公德或者妨害公共利益，是否属于对平面印刷品的图案、色彩或者二者的结合作出的主要起标识作用的设计；②是否符合《专利法》第 17 条、第 18 条第 1 款的规定，即外国申请人是否具备符合要求的资格，以及是否按要求委托代理机构；③是否符合《专利法》第 2 条第 4 款，即专利申请是否符合外观设计的定义，是否属于对产品的整体或者局部的形状、图案或者其结合以及色彩与形状、图案的结合所作出的富有美感并适于工业应用的新设计。

三、专利申请相关费用及各种期限的审查

1. 发明专利申请

有关费用的审查，主要包括专利申请是否按照《专利法实施细则》第 93 条、第 95 条、第 96 条、第 99 条的规定缴纳了相关费用。

2. 实用新型与外观设计专利申请

有关费用的审查，主要包括专利申请是否按照《专利法实施细则》第 93 条、第 95 条、第 99 条的规定缴纳了相关费用。

初步审查中，也包括对《专利法》及其实施细则中规定的或专利行政部门指定的各种期限的监视，以及对逾期的处理。例如：申请人是否在规定期限内提交了在先专利申请文件副本、申请人是否在补正通知书中指定的补正期限内提交了补正文件等。

第四节　初步审查的基本流程

在专利申请被受理、申请人缴足申请相关费用，并且通过保密审查之后，该专利申请将进入初步审查程序。初审阶段审查员将对该申请文件进行全面的审查。

首先，审查员会对文件是否有明显实质性缺陷进行审查，如果存在，直接发出审查意见通知书，申请人应当在规定期限内陈述意见或进行修改，如果答复仍未消除缺陷，则该申请被驳回；如果不存在明显实质性缺陷，则审查员对申请文件的形式问题进行审查。

其次，当专利申请文件和其他文件存在形式缺陷时，审查员会发出相应的补正通知书和/或办理手续补正通知书，申请人应当在规定的期限内进行补正，补正合格，审查员发出发明专利申请初步审查合格通知书；补正不合格，审查员可以再次发出补正通知书；经过二次补正和答复仍不合格的，审查员可以作出驳回决定通知书。

最后，对于初审合格的实用新型和外观设计专利申请，将授予专利权并公告；对于初审合格的发明专利申请，将进入公布环节。对于初审阶段被驳回的专利申请，申请人可以在规定期限内提交复审请求，进入复审程序。

初步审查程序的整体流程如图 2 - 1 所示。

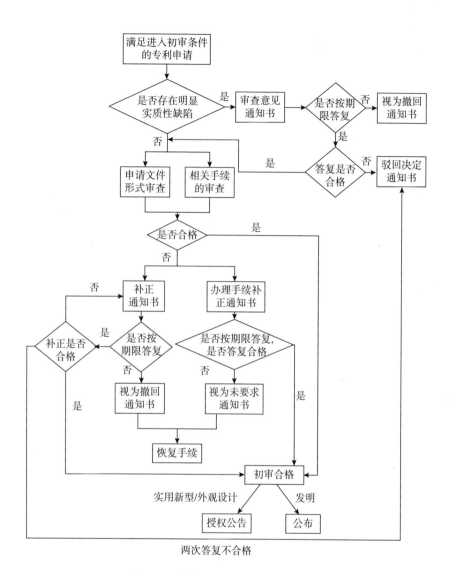

图 2-1 初步审查程序的整体流程图

第三章

发明专利实质审查

第一节　概　述

发明专利申请实质审查，是相对于"形式审查"而言针对发明专利申请的一种审查办法，是专利行政部门对发明专利申请的实质性条件所作出的审查，是从技术角度对发明的专利性进行审查，因而也称为技术审查。

《专利法》第35条规定了对发明专利申请进行实质审查。其中根据《专利法》第35条第1款的规定，实质审查程序通常由申请人提出请求后启动；根据第2款的规定，实质审查程序也可以由国务院专利行政部门启动。

发明专利申请自申请日起3年内，国务院专利行政部门可以根据申请人随时提出的请求，对其申请进行实质审查；申请人无正当理由逾期不请求实质审查的，该申请视为撤回。在中国，实质审查的请求主体应为专利申请人，但国务院专利行政部门认为必要的时候，可以自行对发明专利申请进行实质审查。

对发明专利申请进行实质审查的目的在于确定发明专利申请是否应当授予专利权，特别是确定其是否符合《专利法》有关"新颖性、创造性和实用性"的规定。对于专利行政部门而言，授予一项发明专利权的目的除了保护专利申请人的利益和发明创造积极性外，还要保护公众的合法利益，一方面通过保护专利申请人的合法利益来推动整个社会的科技进步，另一方面通过实质审查给专利申请界定合理的保护范围来保护社会大众的利益，还可以通过审查消除专利申请存在的问题，避免日后无谓的确权诉讼，也为今后在可能发生的侵权诉讼中清楚理解专利的保护范围打下基础。

每件发明专利申请案件的实质审查可能会出现以下三种结果。

（1）第一种结果是根据《专利法》第39条的规定，发明专利申请经实质审查没有发现驳回理由的，由国务院专利行政部门作出授予发明专利权的决定。该种情况较多可能是申请人根据专利审查员的审查意见对申请文件进行了修改或者进行了意见陈述后，审查员认为已经符合《专利法》的规定而产生的。

（2）第二种结果是在实质审查中，根据《专利法》第38条的规定，发明专利申请经申请人陈述意见或者进行修改后，国务院专利行政部门仍然认为不符合《专利法》规定，应当予以驳回。《专利法实施细则》第53条对经实质审查应当予以驳回的情形作了规定。

（3）第三种结果是根据《专利法》第32条的规定，申请人可以在被授予专利权之前随时撤回其专利申请。另外还包括根据《专利法》第36条第2款、第37条以及《专利法实施细则》第42条第2款规定，在实质审查程序中专利申请被视为撤回的情形，包括没有按照指定期限答复审查意见。

第二节　实质审查基本原则

一、请求原则

除《专利法》第35条第2款规定的由国务院专利行政部门启动审查程序这种情形外，实质审查程序只有在申请人提出实质审查请求的前提下才能启动。审查员只能根据申请人依法呈请审查（包括提出申请、依法提出修改或者答复审查意见通知书）的申请文件进行审查。

二、听证原则

在实质审查过程中，审查员在作出驳回专利申请决定之前，应当给申请人提供至少一次针对驳回理由和证据陈述意见和/或修改申请文件的机会。特别需要注意的是，审查员所做出的驳回决定中涉及的驳回理由和所依据的证据应当在之前的审查意见通知书中全部已经告知过申请人。

三、程序节约原则

在对发明专利申请进行实质审查时，审查员应当尽可能地缩短审查过程，节省审查资源，同时也节省申请人处理该专利申请的时间。所以，审查员要设法尽早结案。因此，除非确认专利申请根本没有被授权的前景，否则审查员应当在第一次审查意见通知书中，将申请中不符合《专利法》及其实施细则规定的所有问题通知申请人，要求其在指定期限内对所有问题给予答复，尽量减少与申请人通信的次数，以节约程序。但审查过程中不得以节约程序为理由而违反请求原则和听证原则。

第三节　实质审查的主要内容

实质审查的主要内容包括实质性缺陷审查和形式性缺陷审查。

一、形式性缺陷审查

形式性缺陷审查的事项及依据主要包括以下几方面。

（1）依据《专利法实施细则》第 17 条，对说明书的形式进行审查。其中，说明书应当写明发明名称，该名称应当与请求书中的名称一致，说明书应包括：①技术领域：写明要求保护的技术方案所属的技术领域；②背景技术：写明对发明的理解、检索、审查有用的背景技术；有可能的，并引证反映这些背景技术的文件；③发明内容：写明发明所要解决的技术问题以及解决其技术问题采用的技术方案，并对照现有技术写明发明的有益效果；④附图说明：说明书有附图的，对各幅附图作简略说明；⑤具体实施方式：详细写明申请人认为实现发明的优选方式；必要时，举例说明；有附图的，对照附图。

说明书应当用词规范、语句清楚，并不得使用"如权利要求……所述的……"一类的引用语，也不得使用商业性宣传用语。发明专利申请包含一个或者多个核苷酸或者氨基酸序列的，说明书应当包括符合国务院专利行政部门规定的序列表。申请人应当将该序列表作为说明书的一个单独部分提交，并按照国务院专利行政部门的规定提交该序列表的计算机可读形式的副本。

（2）依据《专利法实施细则》第 18 条，对说明书附图的绘制进行审查。其中，发明或者实用新型的几幅附图应当按照"图 1，图 2，……"顺序编号排列。说明书文字部分中未提及的附图标记不得在附图中出现，附图中未出现的附图标记不得在说明书文字部分中提及。申请文件中表示同一组成部分的附图标记应当一致。附图中除必需的词语外，不应当含有其他注释。

（3）依据《专利法实施细则》第 19 条至第 22 条对权利要求的撰写进行审查。其中，第 19 条指出，权利要求书应当记载发明的技术特征；权利要求书有几项权利要求的，应当用阿拉伯数字顺序编号；权利要求书中使用的科技术语应当与说明书中使用的科技术语一致，可以有化学式或者数学式，但是不得有插图；除绝对必要的外，不得使用"如说明书……部分所述"或者"如图……所示"的用语；权利要求中的技术特征可以引用说明书附图中相应的标记，该标记应当放在相应的技术特征后并置于括号内，便于理解权利要求；附图标记不得解释为对权利要求的限制。

第 20 条指出，权利要求书应当有独立权利要求，也可以有从属权利要求；独立权利要求应当从整体上反映发明的技术方案，记载解决技术问题的必要技术特征；从属权利要求应当用附加的技术特征，对引用的权利要求作进一步限定。

第 21 条指出，发明的独立权利要求应当包括前序部分和特征部分，其中，前序部分写明要求保护的发明技术方案的主题名称和发明主题与最接近的现有技术共有的必要技术特征，特征部分使用"其特征是……"或者类似的用语，写明发明区别于最接近的现有技术的技术特征，这些特征和前序部分写明的特征合在一起限定发明要求保护的范围；发明的性质不适于用前款方式表达的，独立权利要求可以用其他方式撰写；一项发明应当只有一个独立权利要求，并写在同一发明的从属权利要求之前。

第 22 条指出，发明的从属权利要求应当包括引用部分和限定部分，其中，引用部分写明引用的权利要求的编号及其主题名称，限定部分写明发明附加的技术特征；从属权利要求只能引用在前的权利要求；引用两项以上权利要求的多项从属权利要求，只能以择一方式引用在前的权利要求，并不得作为另一项多项从属权利要求的基础。

（4）依据《专利法实施细则》第 23 条对说明书摘要及摘要附图的撰写进行审查。其中，说明书摘要应当写明发明专利申请所公开内容的概要，即写明发明或者实用新型的名称和所属技术领域，并清楚地反映所要解决的技术问题、解决该问题的技术方案的要点以及主要用途；说明书摘要可以包含最能说明发明的化学式；有附图的专利申请，还应当提供一幅最能说明该发明或者实用新型技术特征的附图；附图的大小及清晰度应当保证在该图缩小到 4 厘米 ×6 厘米时，仍能清晰地分辨出图中的各个细节；摘要文字部分不得超过 300 个字；摘要中不得使用商业性宣传用语。

二、实质性缺陷审查

实质审查的重点是审查发明专利申请是否存在实质性缺陷，《专利法实施细则》第 53 条列出了导致驳回专利申请的缺陷，具体而言，实质性缺陷审查的事项及依据主要包括以下几点。

（1）依据《专利法》第 2 条第 2 款，审查发明的定义，即审查是否符合发明的定义，是否属于对产品、方法或者其改进所提出的新的技术方案。

（2）依据《专利法》第 5 条，审查发明是否属于不授予专利权的范畴，即审查是否违反法律、社会公德或者妨害公共利益，以及是否违反法律、行政法规的规定获取或者利用遗传资源并依赖该遗传资源完成发明创造。

（3）依据《专利法》第 9 条，审查是否重复授权。其中，专利法所称的同样的发明创造，是指保护范围相同的专利申请或专利，在判断方法上应当仅就各自请求保护的内容进行比较即可。专利法上的禁止重复授权是指同样的发明创造不能有两项或以上的处于有效状态的专利权同时存在，而不是指同样的发明创造只能授予一次专利权。两个以上的申请人分别就同样的发明创造申请专利的，专利权授予最先申请的人。

（4）依据《专利法》第 19 条，进行保密审查，即任何单位或者个人将在中国完成的发明向外国申请专利的，应当事先报经国务院专利行政部门进行保密审查；保密审查的程序、期限等按照国务院的规定执行。

（5）依据《专利法》第 22 条，审查发明的新颖性、创造性和实用性，即审查发明是否符合授予专利权的"三性"，是否在申请日前有同样的发明在国内外出版物上公开发表过、在国内外公开使用过或者以其他方式为公众所知；是否有同样的发明由任何单位或者个人在申请日以前向国务院专利行政部门提出过申请并记载在申请日以后公开的专利申请文件或者公告的专利文件中；是否同申请日以前的现有技术相比，该发明具有突出的实质性特点和显著的进步；该发明是否能够制造或者使用，并且能够产生积极效果。

（6）依据《专利法》第 25 条，审查发明是否为不授予专利权客体，其中，不授予专利权客体包括科学发现、智力活动的规则和方法、疾病的诊断和治疗方法、动物和植物品种以及用原子核变换方法获得的物质等。

（7）依据《专利法》第 26 条第 3 款，审查发明是否公开充分，即说明书是否对发明作出清楚、完整的说明，以所属技术领域的技术人员能够实现为准。

（8）依据《专利法》第 26 条第 4 款，审查权利要求书是否以说明书为依据，清楚、简要地限定要求专利保护的范围。

（9）依据《专利法》第 26 条第 5 款，审查遗传资源来源的披露，即依赖遗传资源完成的发明创造，申请人应当在专利申请文件中说明该遗传资源的直接来源和原始来源；申请人无法说明原始来源的，应当陈述理由。

（10）依据《专利法》第 31 条第 1 款，审查单一性，即一件发明专利申请应当限于一项发明；属于一个总的发明构思的两项以上的发明可以作为一件申请提出。

（11）依据《专利法》第 33 条及《专利法实施细则》第 43 条第 1 款，审查修改及分案申请是否超出原说明书和权利要求书记载的范围。

（12）依据《专利法实施细则》第 20 条第 2 款，审查独立权利要求是否包括发明的全部必要技术特征。

第四节　实质审查基本流程

实质审查程序从专利行政部门的实质审查部门接收文档流程管理部门送达的申请案卷开始，到发出授予发明专利权的通知或者发出专利申请被视为撤回的通知或者驳回申请的决定且该决定生效或者申请人撤回申请为止。

（1）对发明专利申请进行实质审查后，审查员认为该申请不符合《专利法》及其实施细则的有关规定，应当通知申请人，要求其在指定的期限内陈述意见或者对其申请进行修改；审查员发出审查意见通知书（包括分案通知书、提交资料通知书）和申请人答复可能反复多次，直到申请被授予专利权、驳回、撤回或者视为撤回。

（2）对经实质审查没有发现驳回理由或者经申请人陈述意见或修改后消除了原有缺陷的发明专利申请，审查员应当发出授予发明专利权的通知。

（3）发明专利申请经申请人陈述意见或修改后，仍然存在通知书中指出过的属于《专利法实施细则》第 53 条所列的缺陷的，审查员应当予以驳回；对于实质审查阶段被驳回的专利申请，申请人可以在规定期限内提交复审请求，进入复审程序；复审程序中仍然维持驳回决定的，可以申请进入司法诉讼程序。如进入复审程序或司法诉讼程序后，复审阶段撤销驳回决定或法院裁决起诉理由成立，则该专利申请重新进入实质审查环节，重新启动审批程序。

（4）申请人无正当理由对审查意见通知书、分案通知书或者提交资料通知书逾期不答复的，专利行政部门应当发出申请被视为撤回通知书。

此外，根据需要，审查员还可以按照《专利审查指南》的规定在实质审查程序中采用会晤、电话讨论和现场调查等辅助手段。

实质审查程序的整体流程如图 3 - 1 所示。

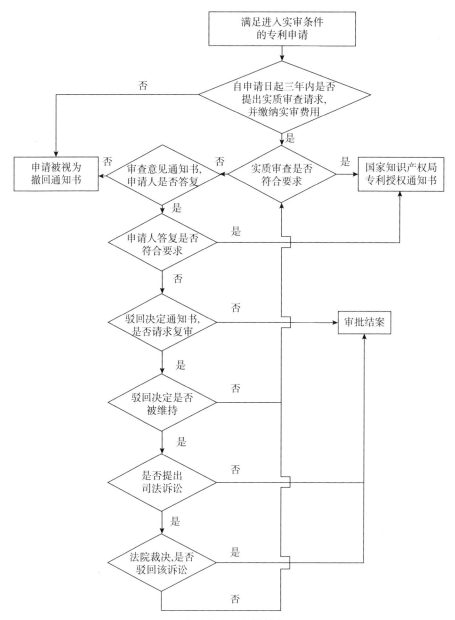

图 3-1　实质审查程序的整体流程图

注：曲线部分表示两条线不交叉。

第四章

发明专利实质审查重要法条审查实践

实质审查的重点是审查发明专利申请是否存在实质性缺陷，其主要目的在于确定发明专利申请是否应当授予专利权，尤其是确定其是否符合《专利法》第22条关于"新颖性、创造性和实用性"的规定，简称"三性"法条；同时，还需确定其是否符合《专利法》第2条、第5条等其他法条的规定，简称"非三性"法条。本章将主要以发明专利申请实质审查中的相关典型案例为载体，重点论述专利法重要法条的立法宗旨，以案说法，充分阐释重要法条在审查实践中的运用。

第一节　涉及"三性"法条审查

根据《专利法》第22条第1款的规定，授予专利权的发明和实用新型应当具备新颖性、创造性和实用性。因此，申请专利的发明和实用新型具备新颖性、创造性和实用性是授予其专利权的必要条件。

被授予专利权的发明或实用新型应当具备新颖性，这由专利制度所决定。众所周知，授予一项专利权，意味着为专利权人提供一定期限内在该国家市场范围内的独占权，因为专利权人为社会公众提供了前所未有的发明创造、新的技术，所以才值得被授予这样的权利。对于公众已知的发明创造或者技术而言，公众具有自由使用或实施的权利，不应被任何人将已属于公众已知的范围内的技术占为己有，否则将会使得公众的利益受损。因此，新颖性是授予发明或实用新型专利权最基础的条件。

然而，仅具备新颖性，还不能使得发明或实用新型专利申请获得专利权，一项发明创造可能是前所未有的、新的技术方案，但是如果所属领域技术人员在现有技术的基础上容易想到，或者说发明创造的高度不够，其也不应该被授予专利权，否则被授予的专利权数量将过于泛滥，可能会阻碍科学技术的进步以及社会经济的发展，违背专利法的立法宗旨。

此外，要想获得专利权，发明创造还必须能够在产业上应用，即具备实用性。根据《专利法》第 1 条规定，专利制度的宗旨不仅是为了鼓励发明创造，更重要的是为了推动发明创造的应用，可见，被授予专利权的发明或实用新型具备实用性也是必然的。

在专利领域，通常所述的"专利性"或"三性"包括新颖性、创造性以及实用性，一件发明或实用新型专利申请必须具备新颖性、创造性以及实用性，才能被授予专利权，可见，专利申请的"三性"审查是授予专利权的必要条件，同时也是审查工作的主线，其不仅充分体现专利法的立法宗旨，还直接反映出授予的专利权的质量。

一、新颖性

根据《专利法》第 22 条第 2 款的规定：新颖性，是指该发明或者实用新型不属于现有技术；也没有任何单位或个人就同样的发明或者实用新型在申请日以前向国务院专利行政部门提出过申请，并记载在申请日以后公布的专利申请文件或公告的专利文件中。

（一）法条释义

根据《专利法》第 22 条第 2 款的规定，一项发明或者实用新型必须满足以下两方面条件才具有新颖性：①该发明或者实用新型未落入现有技术范围；②没有同样的发明或者实用新型在申请日以前向国务院专利行政部门提出过申请，并记载在申请日以后公布的专利申请文件或公告的专利文件中（通常被称为抵触申请）。

1. 现有技术

现有技术是指申请日（有优先权的，指优先权日）以前在国内外出版物上公开发表、在国内外公开使用或者以其他方式为公众所知的技术。现有技术的界限为申请日，享有优先权的，则为优先权日。广义而言，申请日以前公开的技术内容都属于现有技术，但申请日当天公开的技术内容不属于现有技术范围内。

需要注意的是，处于保密状态的技术内容由于公众不能得知，因此不属于现有技术的范围。所谓保密状态，不仅包括受保密协议约束的情形，还包括社会观念或者商业习惯上被认为应当承担保密义务的情形，即默契保密的情形。然而，负有保密义务的人若违反协议或者默契泄露秘密，导致技术内容公开，使公众能得知这些技术内容，则该技术内容属于现有技术。

2. 申请日

以申请日为标准意味着以提出有效的专利申请之日作为判断新颖性的基准时间。只要在申请日之前，技术方案未被公开就具有新颖性。现有技术的时间界限是申请日，享有优先权的，则指优先权日。除《专利法》第28条和第42条规定的情形外，《专利法》所称申请日，有优先权的，指优先权日。

从广义上说，申请日以前公开的技术内容都属于现有技术，但申请日当天公开的技术内容不包括在现有技术范围内。

国务院专利行政部门收到专利申请文件之日为申请日。如果申请文件是通过邮寄的，以寄出的邮戳日为申请日。

3. 优先权

优先权原则源于《巴黎公约》，依照该公约的规定，在申请专利或商标等工业产权时，各缔约国要相互承认对方国家国民的优先权。《专利法》也明确规定了优先权原则，我国的优先权概念分为外国优先权与本国优先权。

（1）外国优先权。

申请人就相同主题的发明或者实用新型在外国第一次提出专利申请之日起12个月内，或者就相同主题的外观设计在外国第一次提出专利申请之日起6个月内，又在中国提出申请的，依照该国同中国签订的协议或者共同参加的国际条约，或者依照相互承认优先权的原则，可以享有优先权。这种优先权就是外国优先权。

享有外国优先权的专利申请应当满足以下条件。

条件1：申请人就相同主题的发明创造在外国第一次提出专利申请（以下简称外国首次申请）后，又在中国提出专利申请（以下简称中国在后申请）。

【案例1】

【案情介绍】

某案专利权利要求1：增强包含细胞色素c的样品中的细胞色素c还原反应的方法，包括使所述样品与有效量的特定多肽D接触。

申请日：2012年3月22日，优先权日：2011年3月24日，其优先权文件记为对比文件A。

经检索发现，申请人于2011年2月24日（早于本案的优先权日与申请日）已申请了相同主题的发明创造（记为对比文件B），其公开日为2011年8月28日（介于本案的优先权日和申请日之间），该发明创造同样公开了增强包含细胞色素c的样品中细胞色素c还原反应的方法，包括使所述样品与有效量的特定多肽D接触。

【分析与思考】

由上文可见，与该案专利权利要求1相同的技术方案虽然记载于该案的优先权文本中，但由于上述对比文件B的存在，导致该案的优先权文本不属于该申请人提出的记载了相同主题的首次申请。因此，该案的优先权不成立，同时对比文件B构成该案专利权利要求1的现有技术文件，其可影响该案的新颖性。

条件2：就发明和实用新型而言，中国在后申请之日不得迟于外国首次申请之日起12个月；就外观设计而言，中国在后申请之日不得迟于外国首次申请之日起6个月。

条件3：申请人提出首次申请的国家或者政府间组织应当是同中国签有协议或者共同参加国际条约，或者相互承认优先权原则的国家或政府间组织。

享有外国优先权的发明创造与外国首次申请审批的最终结果无关，只要该首次申请在有关国家或者政府间组织中获得了确定的申请日，就可以作为要求外国优先权的基础。

申请人在外国首次申请后，就相同主题的发明创造在优先权期限内向中国提出的专利申请，都看作在该外国首次申请的申请日提出的，不会因为在优先权期间内，即首次申请的申请日与在后申请的申请日之间任何单位和个人提出了相同主题的申请或者公布、利用这种发明创造而失去效力。

此外，在优先权期限内，任何单位和个人可能会就相同主题的发明创造提出专利申请。由于优先权的先例，任何单位和个人提出的相同主题发明创造的专利申请不能被授予专利权，即由于有作为优先权基础的外国首次申请的存在，使得从外国首次申请的申请日起至中国在后申请的申请日中间由任何单位和个人提出的相同主题的发明创造专利申请因失去新颖性而不能被授予专利权。

（2）本国优先权。

申请人就相同主题的发明或者实用新型在中国第一次提出专利申请之日起12个月内，又以该发明专利申请为基础向国务院专利行政部门提出发明专利申请或者实用新型专利申请的，或者又以该实用新型专利申请为基础向国务院专利行政部门提出实用新型专利申请或者发明专利申请的，可以享有优先权。这种优先权称为本国优先权。

享有本国优先权的专利申请应当满足以下条件。

条件1：2020年《专利法》修订之前，本国优先权只适用于发明或实用新型专利申请；修订之后，本国优先权同时适用于发明、实用新型以及外观设计三种专利申请。

条件2：申请人就相同主题的发明或者实用新型在中国第一次提出专利申请（以下简称首次申请）后，又向国务院专利行政部门提出专利申请（以下简称在后申请）。

条件3：就发明和实用新型而言，中国在后申请之日不得迟于中国首次申请之日起12个月；就外观设计而言，中国在后申请之日不得迟于中国首次申请之日起6个月。

被要求优先权的中国在先申请的主题有下列情形之一的，不得作为要求本国优先权的基础。

情形1：已经要求外国优先权或者本国优先权的，但要求过外国优先权或者本国优先权而未享有优先权的除外。

情形2：已经被授予专利权的，包括已经办理登记手续的在先申请。

情形3：属于按照《专利法实施细则》第42条规定提出的分案申请。

应当注意，当申请人要求本国优先权时，作为本国优先权基础的中国首次申请，自中国在后申请提出之日起即被视为撤回。

本国优先权可以让申请人在优先权期限内实现发明和实用新型专利申请的互相转换，同时申请人可以利用本国优先权制度延长保护期限。另外，在符合单一性条件下，申请人可以通过要求本国优先权，将若干在先申请合并在一份在后申请中，从而减少以后缴纳的年费。

专利权人主张本国优先权时，应当承当相应的举证责任和说明义务。未能提交与本国优先权主题相关的在先申请文件，亦未能证明所涉及专利与在先申请属于相同主题的发明创造，不能依据在先申请日享有本国优先权。

（3）相同主题的发明创造。

要求优先权的在先申请的主题必须与在后申请主题一致，否则，在先申请不能获得优先权保护。在专利申请实践中，如何判断是否两个申请的主题相同是实践中的难题。相同主题的发明或者实用新型是指技术领域、所解决的技术问题、技术方案和预期的效果相同的发明或者实用新型。这所谓的"四相同"，并不意味在文字记载或者叙述方式上完全一致。在审查实践中，对于中国在后申请权利要求中限定的技术方案，只要记载在在先申请中即可享有该在先申请的优先权，而不必要求其记载在在先申请的权利要求书中。

4. 现有技术公开的方式

现有技术公开方式包括出版物公开、使用公开和以其他方式公开，这三种方式均没有地域限制。

（1）出版物公开。

专利法意义上的出版物是指记载有技术或者设计内容的独立存在的有形传播载体，并且应表明其发表者或者出版者以及公开发表或出版时间。符合所述含义的出版物可以是各种印刷的、打字的纸件，例如专利文献、科技杂志、科技书籍、学术论文、专业论文、专业文献、教科书、技术手册、正式公布的会议记录或者技术报告、报纸、小册子、样本、产品目录等，还包括采用其他方法制成的各种有形载体，例如采用电、光、照相等方法制成的各种缩微胶片、影片、照相底片、磁带、唱片、光盘等，还可以是以其他方式存在的资料，例如存在于互联网或其他在线数据库中的资料等。

其中，对于互联网证据，关键在于网站公开时间的确认，以下案例将对互联网证据的公开时间进行分析。

案例2

【案情介绍】

某案的申请日为 2014 年 6 月 12 日，具体涉及一种通过集水保水补水提高造林成活率的方法。该案涉及的相关内容如下。

背景技术：集水、保水、补水系列技术体系主要是指林地内汇集天然降水、树穴覆盖保墒和工程集水及补水灌溉等措施。作为技术体系，在实践中还包括整地、树穴配肥（包括复合肥、农家肥和稀土微肥）、覆盖保墒（可覆地膜、覆草、覆砂石等）、播种（或植苗）、建集水面和蓄水窖汇集降水、春季补水灌溉等相关的系列技术环节。

解决的技术问题为：在雨水充沛的季节，通过汇集径流工程措施将雨水进行贮存，在春季干旱季节利用，以从根本上解决降水错位、土壤水分季节性严重匮乏等问题。

技术方案：一种通过集水保水补水提高造林成活率的方法，包括集水、整地、保水、补水几个步骤；挖植树穴并在树围修筑集水区域，整地的方式有反坡梯田、水平台、水平沟、鱼鳞坑及其他整地措施。

经检索现有技术可知，2012 年 2 月 26 日上传于百度文库、道客巴巴、360 图书馆等数据库的文献"干旱、半干旱地区抗旱造林技术及适用新技术的应用"公开的相关内容可影响本申请的新颖性和创造性。

【焦点问题】

对于百度文库、道客巴巴、360 图书馆等存在私有文档转公开文档功能的网站的网络证据涉及的上传时间可否作为公开时间？

延伸：对于豆丁网、微信公众号等不存在私有文档转公开文档功能的网络载体，这种时间明确的网络证据是否可用？

【分析与思考】

首先，百度文库、道客巴巴、360 图书馆等网站的文档由网站用户上传，所上传的文档在上传过程中需要由用户选择文档类型，通常包括：普通文档、付费文档和私有文档等类型，而且上传后的文档需要经过审核。上述三种文档类型分别对应三种状态，即任何人可以检索和阅读、付费用户可以检索和阅读以及仅用户自身可见，并且上传者可以随时变更文档的状态，而文档状态变更的信息不会向其他用户公开，更改文档状态并不会导致上传时间发生变更。也就是说，如果用户上传的是私有文档，则该文档并未向公众公开，其上传时间也并非文档的公开时间，即这些网站中所存文档的上传时间不必然对应于文档的公开时间。因此，在无其他证据佐证的情况下，不能将文档的上传时间直接认定为该文档的公开时间，上传文档所包含的技术内容不能直接作为现有技术来评价申请的新颖性和创造性。

在审查过程中，要根据相关网站的公开规则，在充分考量网络证据的公开性、真实性且能确定其公开时间早于申请日的情况下，再使用网络证据作为现有技术使用。鉴于百度文库、道客巴巴、360图书馆等网站的公开规则，在无法获得例如日志信息（上传时间、发布时间、修改时间）等证据对网页发布时间予以确定的情况下，不建议作为现有技术使用。但是，网络证据作为检索的一个辅助手段，可以在此基础上启发新的检索思路和策略追踪获取新的可用的现有技术证据。

其次，如果确认豆丁网、微信公众号等网站/网络载体，其文档公开规则不存在私有文档转公开文档功能，其所存文档发布时间可以由上传时间推定，也没有证据表明其发布的文档有被修改过的情况，可以作为现有技术证据使用。

可见，对于网络证据的认定，应主要关注其公开性、真实性以及公开时间的确定。不同类型的网站对于网页内容的发布和管理不尽相同。此外，网络证据可能在公开之后会被修改或者删除等，那么在审查过程中如何进行考虑，这也值得思考。

[案例3]

【案情介绍】

某案申请日为 2014 年 11 月 4 日，涉及一种重金属污染土壤的综合修复方法及应用。

该案审查过程中，第一次审查意见通知书中使用网络文献 A（该文献来自国家石油与化工网）作为对比文件 1 评价全部权利要求的新颖性和创造性。申请人答复意见陈述时表示，该文献在网站上已经无法查询，认为该文献无法作为现有技术。

第二次审查意见通知书中，继续用该网络文献 A 进行评述，并告知其相关理由以及提供相关证据。第二次审查意见通知书后申请人答复意见时依然对该网络文献 A 的公正性进行质疑，此外还对网络文献 A 的公开时间表示不认同，认为该文献已经不存在于互联网中，且公开时间未直接在该文献中显示。

【焦点问题】

网络证据在审查过程中被删除，在此情况下，该网络证据是否还可作为合法的对比文件使用？

【分析与思考】

该案网络证据的来源是正规官方网站，网站信息较可靠，且网站内容不是任何人都可随意修改的。由于该文献已于申请日以前被公开，其仍可作为有效证据继续使用。若申请人依然不认可该证据的有效性，则需申请人进行举证该证据申请日前未曾被网络公开，而非证明该证据目前不能通过网络获得。

可见，使用网络证据作为对比文件时，若审查过程中网络证据无法再从互联网上获得，但由于该证据能够表明在申请日前曾经处于网络公开的状态，其依然可作为合法证据使用；若申请人质疑网络证据不可用，则需举证该证据申请日前未曾被网络公开，而非证明该证据目前不能通过网络获得。

出版物不受地理位置、语言或者获得方式的限制，也不受年代的限制。出版物的出版发行量多少、是否有人阅读过、申请人是否知道都无关紧要。出版物的印刷日为公开日，印刷日只写明年月或年份的，以所写月份的最后一天或者所写年份的 12 月 31 日作为公开日。但是，当出版物的公开时间与申请日较为接近时，在审查过程中往往会成为申请人与审查员争辩的焦点。

案例4

【案情介绍】

某案涉及一种识别重入网用户的方法和装置，其申请日为2014年12月7日。

该案审查过程中使用对比文件1《基于呼叫指纹的重入网识别算法研究》评述所有权利要求的创造性。通过CNKI可以看到，该期《移动通信》杂志（2014年第22期）目录页显示其出版时间为2014年11月30日。

申请人在答复中质疑对比文件1的公开时间，并给出由《移动通信》编辑部盖章的证明文件，同时针对创造性意见进行答复并修改了权利要求书。证明文件的主要内容为：该期《移动通信》杂志于2014年12月10日印刷完成，12月11日向订阅用户发行并向中国知网等数据平台发送最终数据文件，此前公众无法通过网络、实体书籍等方式获取该期所有文章的内容，该文献不能作为本申请的现有技术。

【焦点问题】

CNKI中杂志目录页的电子出版时间2014年11月30日能否作为对比文件1的公开日？

【分析与思考】

关于现有技术出版物公开时间的认定，《专利审查指南》明确规定："出版物的印刷日视为公开日，有其他证据证明其公开日的除外。"该案中对比文件1为杂志，在目录中明确记载了出版日期。在审查实践中，可认为出版即公开。

目前申请人提供的证据仅是杂志编辑部的证明，缺乏例如出版社、印刷厂、电子数据库供应商等的关键相关方的证据，证据链条不完整，尚不足以证明该杂志未在2014年11月30日公开，审查员可不予采信申请人的意见。可见，杂志出版意味着已经公开，如果申请人对公开日的认定有不同观点，应提供充足的证据，形成完整、可信、证明力充足的证据链条。

如今，互联网逐步成为审查过程中获取现有技术的一个重要渠道。那么，对于网络资源的检索，应充分考虑各种网络资源的特点，例如公开内容、公开形式以及公开规则等，根据其特点选择相应的网络资源进行检索。同时，网络证据所记载的内容是否构成专利法意义上的现有技术，需要考虑该网络证据是否构成公众能够得知的状态以及公众能够获知该网络证据的时间，即需要考虑网络证据的公开性以及公开时间。此外，网络证据公开时间的认定，需要考虑网站的公开规则等综合因素，不能简单地仅凭网络证据的上传时间等确定其公开时间。

（2）使用公开。

使用公开是指由于使用导致一项或多项技术方案的公开，或者导致该技术方案处于公众中任何一人都可以得知的状态。即使所使用的产品或者装置需要经过破坏才能得知其结构和功能，也仍属于使用公开。使用公开不仅包括通过制造、使用、销售或者进口，而且还包括通过模型演示使公众能够了解其技术内容的情况。但是，未给出任何有关技术内容的说明，以致所述技术领域的技术人员无法得知其结构和功能或材料成分的产品展示，不属于使用公开。使用公开是以公众能够得知该产品或者方法之日为公开日。

[**案例5**]

【案情介绍】

某案涉及一种由预分散主体母胶粒和预分散配体母胶粒形成的硫化促进剂组合物及其制备方法和应用，主体母胶粒为莱茵能 MTT-80，即以80%的3-甲基-2-噻唑硫酮和20%的弹性体胶粘剂（三元乙丙橡胶 EPDM 和乙烯-醋酸乙烯共聚物 EVA）和分散剂构成的预分散母胶粒；配体母胶粒为莱茵能 MTT-80，即以80%的3-甲基-2-噻唑硫酮和20%的弹性体胶粘剂（三元乙丙橡胶 EPDM 和乙烯-醋酸乙烯共聚物 EVA）和分散剂构成的预分散母胶粒，将主体母胶粒和配体母胶粒配合用于氯丁橡胶（缩写为 CR），可以改善压缩永久变形性能。

权利要求1：一种硫化促进剂组合物，其特征在于，包括预分散主体母胶粒和预分散配体母胶粒，其中，所述预分散主体母胶粒为莱茵能 MTT-

80，即以 80% 的 3 - 甲基 - 2 - 噻唑硫酮和 20% 的弹性体胶粘剂（三元乙丙橡胶 EPDM 和乙烯 - 醋酸乙烯共聚物 EVA）和分散剂构成的预分散母胶粒；所述预分散配体母胶粒为莱茵能 HPCA - 70，即以质量分数为 0.60 的防老剂 MMBI（甲基 - 2 - 巯基苯并咪唑）和 DBU〔1，8 - 二氮杂双环（5.4.0）十一碳 - 7 - 烯〕与质量分数为 0.40 的聚合物载体的预分散母粒。

经过对现有技术进行检索，获得文献①，该文献公开用于 CR 橡胶的莱茵能 MTT - 80/HPCA - 70 硫化体系代替 ETU 体系（ETU 为乙烯基硫脲），具有较好的压缩永久变形性能，莱茵化学已经有其成功的产品组合莱茵能 MTT - 80（对应本申请的主体母胶粒）/莱茵能 HPCA - 70（对应本申请的配体母胶粒）能够取代 ETU 用于 CR 橡胶的硫化，据报道具有降低压缩永久变形性能的功能。然而，该文献未公开产品型号莱茵能 MTT - 80 和莱茵能 HPCA - 70 的具体组成。虽然所述两种产品型号在申请日前已经在市场上销售，但并未明确披露其具体组成。

此外，还获得公开日期在后的 T 类文献（申请日或优先权日当天或之后的，不能影响所检索申请的专利性，但它可以对所要求保护的发明的理论或原理提供清楚的解释文件），证明已经在市场上销售的商品牌号莱茵能 MTT - 80 和 HPCA - 70 的具体组成。

【焦点问题】

申请日前已经在市场上销售的商品牌号莱茵能 MTT - 80 和 HPCA - 70 的具体组成，能否认为在申请日前已经被公开？

【分析与思考】

从该案的发明构思上看，该案要解决的技术问题是提供一种能够替代传统 ETU 硫化促进剂的环保型硫化促进剂组合物，采用的关键技术手段是使用主体母胶粒莱茵能 MTT - 80 与配体母胶粒莱茵能 HPCA - 70 配合用于氯丁橡胶，达到的技术效果是改善氯丁橡胶的压缩永久变形性能。而文献 1 公开了使用产品组合莱茵能 MTT - 80/莱茵能 HPCA - 70 代替 ETU 用于

---

① 蔺辉刚，范汝良，黄英，等. 创新型橡胶化学品应对汽车工业发展与欧盟 REACH 环保法规（一）〔J〕. 橡胶科技市场，2007，005（019）：1 - 5.

氯丁橡胶具有较好的压缩永久变形性能，即公开了该案的发明构思。

虽然文献 1 未公开莱茵能 MTT-80 和 HPCA-70 的具体组成，但是如果该商品型号所代表的商品是申请日前市售可得的，其组成和结构在该商品的生命期内也是相对稳定的，即在所述商品名和市售来源能够指向一种确切含义的产品或物质的情况下，本领域技术人员可以确定所述商品型号的组成。而且，根据 T 类文献等证据表明，从 2007 年至今，"Rhenogran HPCA-70"和"Rhenogran MTT-80"为莱茵公司专有的商品型号，并且持续稳定使用。商品型号相当于商品的名字，通常一个商品号就代表一个特定的产品，任何一个企业尤其是一个国际大企业例如莱茵化学，作为有信誉的大公司，对于成熟的产品"Rhenogran HPCA-70"和"Rhenogran MTT-80"而言，其组成必然是确定的，其组成和结构在该商品的生命期内通常应当是相对稳定的，否则其在商品领域也无法正常流通。而且，申请人也未能提供任何证据证明上述商品型号对应多种结构和组成的产品。基于此，本领域技术人员可以根据已经在市场上销售的所述商品型号，确定文献 1 中的"莱茵能 HPCA-70"和"莱茵能 MTT-80"的具体组成。

一般而言，产品型号与产品结构和组成具有唯一对应关系，在当事人不能提供任何证据证明一个产品型号对应多种结构和组成的情况下，如果具有相同产品型号的产品已经在申请日前处于公开销售的状态，且其结构和组成并无更换或变更，则可以确认该产品的结构和组成构成现有技术。

（3）以其他方式公开。

为公众所知的其他方式，主要是指口头公开等，例如，口头交谈、报告、讨论会发言、广播或者电视等能使公众得知技术内容的方式。口头交谈、报告、讨论会发言以其发生之日为公开日。公众可接收的广播、电视和电影的报道，以其播放日为公开日。其他还包括公众可阅览的展台上、橱窗内放置的情报资料及直观资料，如招贴画、图纸、照片、模型、样本、样品等，以其公开展出之日为公开日。

在实质审查过程中，使用出版物公开的现有技术较为常见，而使用公开以及其他方式公开的现有技术较少，一方面，使用公开或者其他方式公开的现有技术的公开时间难以准确确定，公开时间确定的证据链很难做到完整，往往成为审查过程中申请人争辩的焦点；另一方面，出版物公开的现有技术均有明确的文字记载，引用较为方便直观，而使用公开或其他方式公开的现有技术往往展示的相关信息较为有限，或者只能通过图片、口头等视听方式获知相关技术内容，从而使得证据的全面性和直观性有所欠缺。

5. 抵触申请

除了与现有技术进行对比，判断一件申请的新颖性时，还需要考虑抵触申请。所谓抵触申请，是指发明、实用新型、外观设计新颖性的判断中，由任何单位或者个人就同样的发明、实用新型、外观设计在申请日以前向国务院专利行政部门提出并且在申请日以后（含申请日）公布的专利申请文件或者公告的专利文件影响该申请日提出的专利申请文件的新颖性。由《专利法》第22条第2款的规定可知，在一件专利申请中，如果存在由任何单位或者个人在该申请的申请日以前向国务院专利行政部门提出并且在申请日以后（含申请日）公布的同样的发明或者实用新型专利申请，那么该在先申请成为抵触申请。

抵触申请还包括满足以下条件的、进入了中国国家阶段的国际专利申请，即申请日以前由任何单位或者个人提出，并且在申请日以后（含申请日）由国务院专利行政部门作出公布或者公告的且为同样的发明或者实用新型的国际专利申请。

判断是否属于抵触申请的要件主要包括时间、申请主体以及内容等三方面。

时间方面的条件主要体现在以下两方面：第一，在先申请的申请日（有优先权的指优先权日）早于在后申请的申请日（有优先权的指优先权日），但不涵盖两者申请的申请日相同的情况；第二，在先申请的公开日晚于在后申请的申请日（有优先权的指优先权日），其中包括在先申请的公开日与在后申请的申请日（有优先权的指优先权日）相同的情况。

申请主体可以为任何单位或者个人，2008年以前《专利法》关于抵触申请的申请主体要件规定，在先申请与在后申请的申请主体不是"同一人"，而是"他人"。2008年《专利法》将"他人"删除，将申请主体扩大为任何单位或者个人，进一步扩大了抵触申请人的适用范围。

内容方面的条件主要体现在在先申请与在后申请是否属于同样的发明

创造，关键在于判断两者的技术领域、所解决的技术问题、采用的技术方案、预期效果等方面是否实质上相同，其中，技术方案的判断是最为主要的因素。需要注意的是：①在判断在后申请保护的技术方案是否被在先申请披露时，不仅要查阅在先申请原始文本的权利要求书，而且要查阅其说明书（包括附图），应当以全文内容为准；这与《专利法》第9条第1款规定的防止重复授权的判断存在明显差别，判断是否存在重复授权时，仅需查阅两份申请权利要求书的内容，判断两者要求保护的技术方案是否相同，且此时两者的权利要求一般处于授权或者即将授权的状态；②抵触申请不属于《专利法》第22条第5款规定的现有技术范畴，故抵触申请只能用于判断新颖性，而不能用于判断创造性。

（二）法条审查

1. 新颖性的审查原则

第一，是否属于同样的发明创造。被申请的发明或实用新型专利申请与现有技术或者抵触申请的相关内容，如果其技术领域、所解决的技术问题和技术方案以及预期效果实质上相同，则两者属于同样的发明或者实用新型。那么，在判断上述"四相同"时，技术方案是否实质上相同成为最关键的环节，首先应判断本申请的技术方案与现有技术或者抵触申请的技术方案是否实质上相同，如果两者技术方案实质上相同，所属技术领域的技术人员根据两者的技术方案可以确定两者能够适用于相同的技术领域，解决相同的技术问题，并达到相同的预期效果，则可以认为两者属于同样的发明创造。

第二，单独对比原则。判断新颖性时，应当将发明与实用新型专利申请的各项权利要求分别与每项现有技术或抵触申请相关的内容单独进行比较，不得将其与几项现有技术或者抵触申请的内容组合，或者与一份对比文件中的多项技术方案的组合进行对比。也就是说，两者对比的最小单位为技术方案，不能采用不同技术方案的组合衍生出组合后的技术方案进行对比，这也充分体现了新颖性判断与创造性判断的关键差异。

案例6

【案情介绍】

某专利权利要求1要求保护一种人红细胞生成素的水性制剂，包含人红细胞生成素、非离子型表面活性剂、多元醇、中性氨基酸、糖醇、等渗剂和缓冲试剂等七种组分，其中非离子型表面活性剂、多元醇、中性氨基酸和糖醇作为稳定剂使用。

对比文件1公开了一种人红细胞生成素的溶液制剂，并具体公开了所述制剂包含作为活性成分的人红细胞生成素以及作为稳定剂的氨基酸，优选的氨基酸可以是亮氨酸、赖氨酸、组氨酸等；本发明的制剂中除人红细胞生成素和氨基酸外，还可以含有液体制剂中的常用成分，例如PEG、糖（例如甘露糖醇等）、无机盐（例如氯化钠等）；该制剂还优选加入吸附预防剂，例如聚氧乙烯山梨聚糖烷基酯（例如聚山梨醇酯20等）；该制剂中还可以含有缓冲液（例如磷酸盐缓冲液等）。

【焦点问题】

该案专利权利要求1请求保护的技术方案是否已被对比文件1公开？

【分析与思考】

从对比文件1说明书公开的内容可知，制剂中的某些组分是可以加入或优选加入的，并非制剂中必然含有的，而且制剂中的大部分组分都具有多种选择。而该案专利权利要求1请求保护的技术方案中各组分都是具体下位概念组分，均为对比文件1所述组合物涉及的组分的具体选择。在此情况下，直接认定对比文件1已经具体公开了本申请权利要求1中的七种组分的组合或这七种组分的下位概念的组合，显然违反了新颖性判断的单独对比原则。

针对现有技术已经公开某种组合物，且各组分可以为多种具体选择，那么是否能够认定该现有技术公开了各组分具体选择的组合物呢？对于该问题的判断，往往需要从该技术领域的预期性，结合本身技术方案组合的难易及技术效果的预期等方面出发，从而准确判断现有技术客观公开的信息。

2. 新颖性的审查基准

同样的发明或者实用新型，是指技术领域、所要解决的技术问题和技术方案、预期效果实质上相同的发明或者实用新型。判断新颖性时，应当以此作为判断相同的发明或者实用新型的基准，这就是所谓的"四相同"基准。下面将从几种常见的新颖性判断情形展开介绍。

（1）相同内容的发明或者实用新型。

发明或者实用新型专利申请请求保护的主题与对比文件所公开的技术内容完全相同，或者仅仅是简单的文字变换，则该发明或者实用新型专利申请不具备新颖性。另外，上述相同的内容应该理解为包括可以从对比文件中直接地、毫无疑义地确定的技术内容。

案例 7

【案情介绍】

某案专利权利要求1：一种正弦波车载逆变器的逆变控制电路，其特征在于，包括电压检测电路、电流检测电路、电压修正模块、SPWM 波发生模块和驱动电路。

所述电压检测电路和电流检测电路与正弦波车载逆变器的 DC/AC 逆变电路的直流输入端相连，分别将检测的直流输入电压和直流输入电流发送给电压修正模块。

所述电压修正模块与所述电压检测电路和电流检测电路相连，将根据所述直流输入电流修正的直流输入电压修正值发送给 SPWM 波发生模块。

所述 SPWM 波发生模块与所述电压修正模块相连，将根据直流输入电压修正值和输出交流电压设定值计算产生的 SPWM 波发送给所述驱动电路驱动正弦波车载逆变器的 DC/AC 逆变电路。

所述电压修正模块进一步包括：线路压降计算单元和减法器。

所述线路压降计算单元与所述电流检测单元相连，将根据所述直流输入电流和线路阻抗计算的线路压降发送给减法器；其中，线路压降 = 直流输入电流×线路阻抗。

所述减法器与所述线路压降计算单元和电压检测单元相连，将所述直流输入电压与线路压降的差值作为直流输入电压修正值发送给所述 SPWM 波发生模块。

对比文件 1 公开的内容如下。

权利要求 1：一种正弦波车载逆变器的逆变控制电路，其特征在于，包括电压检测电路、电流检测电路、电压修正模块、SPWM 波发生模块和驱动电路。

所述电压检测电路和电流检测电路与正弦波车载逆变器的 DC/AC 逆变电路的直流输入端相连，分别将检测的直流输入电压和直流输入电流发送给电压修正模块。

所述电压修正模块与所述电压检测电路和电流检测电路相连，将根据所述直流输入电流修正的直流输入电压修正值发送给 SPWM 波发生模块。

所述 SPWM 波发生模块与所述电压修正模块相连，将根据直流输入电压修正值和输出交流电压设定值计算产生的 SPWM 波发送给所述驱动电路驱动正弦波车载逆变器的 DC/AC 逆变电路。

权利要求 2：根据该案专利权利要求 1 所述的正弦波车载逆变器的逆变控制电路，其特征在于，所述电压修正模块进一步包括线路压降计算单元和减法器。

所述线路压降计算单元与所述电流检测单元相连，将根据所述直流输入电流和线路阻抗计算的线路压降发送给减法器。

所述减法器与所述线路压降计算单元和电压检测单元相连，将所述直流输入电压与线路压降的差值作为直流输入电压修正值发送给所述 SPWM 波发生模块。

【焦点问题】

对比文件 1 未公开具体公式"线路压降 = 直流输入电流 × 线路阻抗"，其他技术特征均被公开，在此基础上，对比文件 1 是否能破坏该案权利要求 1 的新颖性？

【分析与思考】

该案专利权利要求 1 与对比文件 1 涉及的权利要求 2 相比，文字记载上的区别仅在于，该案专利权利要求 1 还包括"其中，线路压降 = 直流输入电流 × 线路阻抗"。然而，由于该案专利权利要求 1 和对比文件 1 涉及的权利要求 2 均已限定"将根据所述直流输入电流和线路阻抗计算的线路压降发送给减法器",即线路压降是根据直流输入电流和线路阻抗计算得到的。在此基础上,对于该领域技术人员而言,可以直接地、毫无疑义地确定该案专利权利要求 1 中的线路压降是通过"直流输入电流×线路阻抗"获得的。

案例 8

【案情介绍】

某案专利权利要求 1:一种钛金属真空保温杯的抽真空结构,所述保温杯包括外杯体(1)和内胆体(2),所述外杯体(1)和内胆体(2)均为钛金属件,所述内胆体(2)的外壁与外杯体(1)的内壁之间具有能够包裹在所述内胆体(2)外围的真空腔体(3),其特征在于,所述抽真空结构设置在所述外杯体(1)的底部,所述抽真空结构包括钛金属的螺母(4)和不锈钢的螺丝(5),所述螺母(4)焊接固定在所述外杯体(1)的底部处,所述螺母(4)具有贯穿该螺母(4)两个端面的螺孔(6),所述外杯体(1)的底面上开设有与所述真空腔体(3)相连通的通孔(7),所述通孔(7)和螺孔(6)相连通,所述螺丝(5)螺接在所述螺母(4)的螺孔(6)上且两者为气密性连接,所述螺丝(5)上开设有与所述螺孔(6)相连通的出气孔(8),所述螺丝(5)的出气孔(8)处熔接有能够将该出气孔(8)密封的固态玻璃胶封口(9)。

对比文件 1 公开如下内容:一种钛金属真空保温杯的抽真空结构,所述保温杯包括外杯体(1)和内胆体(2),所述外杯体(1)和内胆体(2)均为钛金属件,所述内胆体(2)的外壁与外杯体(1)的内壁之间具有能够包裹在所述内胆体(2)外围的真空腔体(3),其特征在于,所述抽真空结构设置在所述外杯体(1)的底部,所述抽真空结构包括钛金属的螺母(4)和不锈钢的螺丝(5),所述螺母(4)焊接固定在所述外杯体(1)的底部处,所述螺母(4)具有贯穿该螺母(4)两个端面的螺孔(6),所述外杯体(1)的底面上开设有与所述真空腔体(3)相连通的通孔(7),所述通孔(7)和螺孔(6)相连通,所述螺丝(5)螺接在所述外杯体（1）的螺孔（6）上且两者为气密性连接，所述螺丝（5）上开设有与所述螺孔（6）相连通的出气孔（8），所述螺丝（5）的出气孔（8）处熔接有能够将该出气孔（8）密封的固态玻璃胶封口（9）。

【焦点问题】

该案专利权利要求1与对比文件1公开的内容相比，文字描述区别仅在于上述划线部分，在此情况下，该案专利权利要求1是否已被对比文件1实质公开？

【分析与思考】

该案专利权利要求1与对比文件1相比，文字描述的区别仅在于，该案专利权利要求1记载了"所述螺丝（5）螺接在所述螺母（4）的螺孔（6）上且两者为气密性连接"，而对比文件1记载的相应技术特征为"所述螺丝（5）螺接在所述外杯体（1）的螺孔（6）上且两者为气密性连接"。然而，本案权利要求1上述特征之前还记载了"所述抽真空结构设置在所述外杯体（1）的底部，所述抽真空结构包括钛金属的螺母（4）和不锈钢的螺丝（5），所述螺母（4）焊接固定在所述外杯体（1）的底部处"，根据对该案专利权利要求1技术方案的整体理解，本领域技术人员能够确定的是，无论是对该案专利权利要求1记载的"螺母（4）的螺孔（6）"还是对比文件1记载的"外杯体（1）的螺孔（6）"，均是指设置在外杯体上的螺母的螺孔，两者之间仅仅是简单的文字变换。

（2）具体（下位）概念与一般（上位）概念。

所谓具体（下位）概念，它表达的是具体事物的特点，反映个别对象的个性；所谓一般（上位）概念，它表达的是抽象事物的特点，反映一组具体形象的共性。例如，对于金属与铜、铁、铝等而言，金属性质反映了铜、铁、铝等具体事物的共性，它们均属于金属，而均具有金属特性的铜、铁、铝等各自具有自身的个性。

那么，在新颖性判断中，如果发明或者实用新型专利申请请求保护的主题与对比文件相比，其区别仅在于前者采用一般（上位）概念，而后者采用具体（下位）概念限定同类性质的技术特征，具体（下位）概念的公开使采用一般（上位）概念限定的发明或者实用新型申请丧失新颖性，即针对同类性质的技术特征，具体（下位）概念可直接认为公开了一般（上位）概念。例如，对比文件公开某产品是"用铜制成的"，则可使"用金属制成的"同一产品的发明或实用新型丧失新颖性。但是，该铜制品的公开并不会使铜之外的其他具体金属（如铁、铝等其他金属）制成的同一产品的发明或者实用新型丧失新颖性。

反之，一般（上位）概念的公开并不影响采用具体（下位）概念限定的发明或者实用新型的新颖性。例如，对比文件公开的某产品是"用金属制成的"，并不能使"用铜制成的"同一产品的发明或者实用新型丧失新颖性。又如，要求保护的发明或者实用新型与对比文件的区别仅在于发明或者实用新型中选用"氯"来代替对比文件中的"卤素"或者另一种具体的卤素"氟"，则对比文件中"卤素"的公开或者"氟"的公开并不会导致要求保护的发明或者实用新型丧失新颖性。

（3）惯用手段的直接置换。

如果要求保护的发明或者实用新型与对比文件的区别仅仅是所属技术领域的惯用手段的直接置换，则发明或者实用新型不具备新颖性。例如，对比文件公开了采用螺钉固定的装置，而要求保护的发明或者实用新型仅将该装置的螺钉固定方式改换为螺栓固定方式，则该发明或者实用新型不具备新颖性。在审查实践过程中，采用惯用手段的直接置换来判断新颖性的情况较少，而且认定是否属于惯用手段的直接置换往往会引起较大的争议。

案例 9

【案情介绍】

某案专利权利要求 1：一种用于高粘度高含蜡原油防蜡降粘开采的油井自热源超导防蜡降粘装置，其特征是：该装置由多级空心抽油杆密封连接抽真空并充装导热介质组成真空管（1），真空管（1）下部装有与抽油泵连接的下接头（3），管内充装导热介质（2），真空管（1）上部装有充液抽气接头（4），充液抽气接头（4）上部与上接头（5）连接，各连接部位分别用 O 形密封圈（6）和密封脂（7）作径向密封和轴向端面密封。

对比文件 1 公开了一种地热式原油助采器，与该案专利权利要求 1 相比，其主要区别特征在于接头的密封方式不同，即该专利权利要求1中采用了O形密封圈和密封脂作径向密封和轴向端面密封；而对比文件1中仅公开了采用密封胶粘接层的轴向端面密封。

【焦点问题】

该案专利权利要求1与对比文件1所涉及的两种不同密封方式是否属于惯用手段的直接置换？

【分析与思考】

对于上述焦点问题，专利复审无效第6210号决定认为，该案专利权利要求1由于采用了O形密封圈，从而达到了对接头部位进行径向密封的效果，这与对比文件1中采用密封胶粘接层所达到的轴向端面密封效果不同，因此不属于本领域惯用手段的直接置换。

然而，北京市高级人民法院认为，该案专利权利要求1与对比文件1均涉及管道间的密封连接，通过密封达到真空的技术效果。实践中，管道间的密封连接方式有多种，如密封胶、密封垫、O形密封圈、麻丝、油灰、生胶带等，上述密封技术属于公知技术常识。为了达到好的密封效果，上述密封材料可以相互替换，亦可同时进行轴向和径向密封。虽然该案专利权利要求1的技术方案中采用的密封方式与对比文件1公开的密封方式不同，但上述区别属于本领域普通技术人员惯用的直接置换的技术手段。

由于新颖性判断中关于本领域惯用手段的直接置换可能引起较大的争议，所以在实际审查中，如果该对比文件的时间可满足用作评述创造性的现有技术的要求，往往会采用创造性法条进行判断。

（4）数值与数值范围。

如果要求保护的发明或者实用新型中存在以数值或者连续变化的数值范围限定的技术特征，例如部件的尺寸、温度、压力以及组合物的组分含量，而其余技术特征与对比文件相同，则其新颖性的判断应当依照以下各项规定。

①对比文件公开的数值或者数值范围落在上述限定的技术特征的数值范围内，将破坏要求保护的发明或者实用新型的新颖性。如专利申请的权利要求为一种铜基形状记忆合金，包含10%～35%（重量）的锌和2%～8%

（重量）的铝，余量为铜。如果对比文件公开了包含20%（重量）的锌和5%（重量）的铝的铜基形状记忆合金，则上述对比文件破坏该权利要求的新颖性。

②对比文件公开的数值范围与上述限定的技术特征的数值范围部分重叠或者有一个共同的端点，将破坏要求保护的发明或者实用新型的新颖性。

③对比文件公开的数值范围的两个端点将破坏上述限定的技术特征为离散数值并且具有该两端点中任一个的发明或者实用新型的新颖性，但不能破坏上述限定的技术特征为该端点之间任一数值的发明或者实用新型的新颖性。

④上述限定的技术特征的数值或者数值范围落在对比文件公开的数值范围内，并且与对比文件公开的数值范围没有共同的端点，则对比文件不破坏要求保护的发明或者实用新型的新颖性。

（5）包含性能、参数、用途或制备方法等特征的产品权利要求。

对于包含性能、参数、用途或制备方法等特征的产品权利要求新颖性的审查，应当按照以下原则进行。

①包含性能、参数特征的产品权利要求。对于此类权利要求，应当考虑权利要求中的性能、参数特征是否隐含要求保护的产品具有某种特定结构和/或组成。如果该性能、参数隐含了要求保护的产品具有区别于对比文件产品的结构和/或组成，则该权利要求具备新颖性；相反，如果所属技术领域的技术人员根据该性能、参数无法将要求保护的产品与对比文件产品区分开，则可推定要求保护的产品与对比文件产品相同，因此申请的权利要求不具备新颖性，除非申请人能够根据申请文件或者现有技术证明权利要求中包含性能、参数特征的产品与对比文件产品在结构和/或组成上不同。

案例 10

【案情介绍】

某案专利权利要求1：一种研磨用组合物，其用于研磨具有疏水性含硅部分和亲水性含硅部分的研磨对象物，所述研磨用组合物包含具有亲水性基团的水溶性聚合物和由二氧化硅形成的磨料粒，所述磨料粒的平均缔合度为 1.2~4。

其中所述研磨对象物使用所述研磨用组合物研磨后的所述疏水性含硅部分的水接触角，低于所述研磨对象物用除其中不包含水溶性聚合物外具有与所述研磨用组合物相同组成的另一组合物研磨后的所述疏水性含硅部分的水接触角，且所述研磨对象物使用所述研磨用组合物研磨后，所述疏水性含硅部分的水接触角为 57°以下。

对比文件公开了一种研磨用组合物，可用于研磨包含氮化硅和多晶硅的对象物表面的用途（相当于该案专利权利要求 1 中研磨具有疏水性含硅部分和亲水性含硅部分的研磨对象物）；研磨组合物包含固定有机酸的胶体二氧化硅，还可含有水溶性高分子，优选聚乙二醇、聚丙二醇（属于该案专利权利要求 1 中含亲水基团的水溶性聚合物的下位概念），胶体二氧化硅的平均缔合度在 1.2 以上、4.0 以下（与该案专利权利要求所述磨料粒的平均缔合度数值范围相同）。

【焦点问题】

对比文件未公开"所述研磨对象物使用所述研磨用组合物研磨后的所述疏水性含硅部分的水接触角，低于所述研磨对象物用除其中不包含水溶性聚合物外具有与所述研磨用组合物相同组成的另一组合物研磨后的所述疏水性含硅部分的水接触角，且所述研磨对象物使用所述研磨用组合物研磨后，所述疏水性含硅部分的水接触角为 57°以下"。所述技术特征限定了使用该组合物研磨后的效果，属于性能方面的限定，该限定是否使得该案专利权利要求 1 区别于对比文件公开的组合物？

【分析与思考】

首先，该案专利权利要求 1 请求保护的主题为一种研磨用组合物，对比文件同样公开了一种研磨用组合物，且两者可用于研磨相同的对象物；其次，更为重要的是，两者研磨用组合物的组分相同，且磨料粒的平均缔合度完全相符。在此基础上，该领域技术人员仅根据上述性能方面的限定，并无法将该案专利权利要求 1 的研磨组合物和对比文件公开的研磨组合物在结构和/或组成上区分开。

案例11

【案情介绍】

某案专利权利要求1：一种氟磷酸玻璃，包含作为玻璃成分的磷、氧以及氟，且不含有在可见区内具有吸收特性的离子，所述氟磷酸玻璃的特征如下。

当将所述玻璃的折射率 nd 的值设为 $nd^{(1)}$，并且将在氮气氛中以900℃将所述玻璃再次熔融一小时并将其冷却至玻璃化温度，之后以每小时30℃的降温速度冷却到25℃后的折射率 nd 的值设为 $nd^{(2)}$ 时，$nd^{(2)} - nd^{(1)}$ 的绝对值小于或等于0.00300。

O^{2-} 的含量对 P^{5+} 的含量的摩尔比大于或等于3.5。

其中，所述氟磷酸玻璃，当用百分比表示阳离子含量时，含有：P^{5+} 3%～50%，Al^{3+} 5%～40%，Mg^{2+} 0～10%，Ca^{2+} 0～30%，Sr^{2+} 0～30%，Ba^{2+} 0～40%，其中，Mg^{2+}、Ca^{2+}、Sr^{2+}、Ba^{2+} 的总含量大于或等于10%；Li^+ 0～30%，Na^+ 0～20%，K^+ 0～20%，Y^{3+} 0～10%，La^{3+} 0～10%，Gd^{3+} 0～10%，Yb^{3+} 0～10%，B^{3+} 0～10%，Zn^{2+} 0～20%，In^{3+} 0～20%；当用百分比表示阴离子含量时，含有：F^- 20%～95%，O^{2-} 5%～80%。

对比文件公开了一种氟磷酸盐玻璃，同样包括作为玻璃成分的磷、氧及氟，其中，O^{2-} 的含量对 P^{5+} 的含量摩尔比 49.02/10.5＝4.67（落入该案专利权利要求1中"O^{2-} 的含量对 P^{5+} 的含量的摩尔比大于或等于3.5"的范围内），并且不含有在可见区内具有吸收特性的离子。同时，对比文件所述的氟磷酸盐玻璃中，阴离子 F^- 和 O^{2-} 总摩尔数占 20.71%＋49.02%＝69.73%，阳离子总摩尔数占30.27%，当用百分比表示阳离子含量时，含有：P^{5+} 34.7%，Al^{3+} 9.5%，Ba^{2+} 37.2%，Gd^{3+} 2.4%，Mg^{2+} 7.1%，Ca^{2+} 1.1%，Y^{3+} 7.8%，其中 Mg^{2+}、Ca^{2+}、Ba^{2+} 的总含量大于或等于10%；用百分比表示阴离子含量时，含有：O^{2-} 70%，F^- 30%，均分别落入该案专利权利要求1相应各元素含量的数值范围内。

【焦点问题】

对比文件并未公开"当将所述玻璃的折射率 nd 的值设为 $nd^{(1)}$，并且将在氮气氛中以 900 ℃将所述玻璃再次熔融一小时并将其冷却到玻璃化温度，之后以每小时 30 ℃的降温速度冷却到 25 ℃后的折射率 nd 的值设为 $nd^{(2)}$ 时，$nd^{(2)} - nd^{(1)}$ 的绝对值小于或等于 0.00300" 这一性能参数，该限定是否使得该案专利权利要求 1 区别于对比文件公开的氟磷酸盐玻璃？

【分析与思考】

对比文件所述氟磷酸盐玻璃与该案专利权利要求 1 的组成及其含量相同，虽然对比文件未公开该氟磷酸玻璃经过热处理前后折射率 nd 的差值，但是在光学玻璃领域，由于玻璃折射率是玻璃材料固有性质，即玻璃的结构和组成确定后，其折射率便随之确定。因此，本领域技术人员根据上述折射率差值的性能参数特征无法将该案专利权利要求 1 请求保护的氟磷酸玻璃与对比文件的氟磷酸盐玻璃区分开。

②包含用途特征的产品权利要求。对于此类权利要求，应当考虑权利要求中的用途特征是否隐含了要求保护的产品具有某种特定结构和/或组成。如果该用途由产品本身固有的特性决定，而且用途特征没有隐含产品在结构和/或组成上发生变化，则该用途特征限定的产品权利要求相对于对比文件的产品不具备新颖性。但是，如果该用途隐含了产品具有特定的结构和/或组成，则该用途表明产品结构和/或组成若发生改变，该用途作为产品的结构和/或组成的限定特征必须予以考虑。

案例12

【案情介绍】

某案专利权利要求 1：一种介质熔炼中硅熔体的取样装置，其特征包括正负压发生器（2）和吸管（4），正负压发生器（2）和吸管（4）相连通，所述吸管（4）的上端为外凸的圆柱体或球体结构。

专利说明书相关内容节选如下。

目前，介质熔炼工艺及技术需要不断地改进和优化，需要对介质熔炼的中间过程进行取样，而国内外对介质熔炼过程中硅熔体的取样方法，一般为整个介质除硼熔炼结束后全部倾倒出，经过冷却凝固后，从固态硅锭中取样；或者在熔炼过程中，每次介质熔炼结束后，倾倒出部分硅熔体至取样容器中，冷却后成样品。

该发明的目的是克服上述不足问题，提供一种介质熔炼中硅熔体的取样装置及其使用方法，使用该装置，可以避免人员近距离的高温操作，其次是可保证硅熔体在每次介质熔炼之后不必全部或者部分倾倒出，因而不影响继续熔炼，从而提高自动化程度，便于后期处理。

一种介质熔炼中硅熔体的取样装置的使用方法，其步骤如下。

步骤1：将取样装置安装在带有滑块的支架上，滑块可水平左右移动，同时控制正负压发生器可垂直上下移动。

步骤2：控制正负压发生器，使吸管下端产生正压强，不让非取样液进入吸管内。

步骤3：控制滑块，下降取样装置，使吸管下端逐渐插入到坩埚熔体中，吸取硅液。

步骤4：控制正负压发生器，使吸管下端产生负压强，硅液在大气压的作用下进入吸管内。

步骤5：硅液被存储到吸管中，控制滑块，移出取样装置，将吸管内样品导入测量瓶中，取样结束。

所述取样装置结构如图4-1所示。

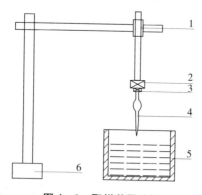

图4-1　取样装置结构

对比文件公开了一种取样器，该取样器适用于采集各种高温流体，特别适用于熔制状态下的高温液体，优选适用于1000～1400 ℃的高温无机非金属液态物的取样，除熔制领域外，还可以适于其他领域的高温流体的采样。取样器壳体3的材料为耐高温的强化材料，可选择为不锈钢或贵金属合金，贵金属合金优选为铂金强化材料（铂金 Pt 熔点为 1773 ℃），也可采用铂金与黄金的合金或铂铑合金材料。

进一步地，对比文件第 2 实施方式公开了一种具体的取样器，取样器入口 201 和取样器壳体 203 与第 1 实施方式中的取样入口 1 和取样器壳体 3 的结构相同：可知取样器壳体 203 为筒状结构，前端设置有管状的取样入口 201（相当于该案专利权利要求 1 中的吸管），取样入口 201 与存储室 202 连通，取样入口 201 的直径比取样器壳体 203 形成的存储室 202 部分的内径小〔结合图 4 - 2（b）可知取样入口 201 上端的存储室 202 相当于该案专利权利要求 1 中吸管上端的外凸的圆柱体结构〕，压力产生部 204 通过通气嘴 211 向存储室 202 喷出气体或从存储室 202 吸入气体，由此对存储室 202 内部环境进行增压形成正压或减压形成负压（相当于该案专利权利要求 1 正负压发生器，与吸管相通）。

具体操作：当将取样器的取样入口 201 插入高温流体如玻璃液时，压力产生部 204 通过通气嘴 211 从存储室 202 内吸气，由此存储室 202 内形成负压，高温流体如玻璃液通过取样入口 201 被吸入存储室 202；当取样器的入口对准如所需尺寸的小模具等容器时，压力产生部 204 通过通气嘴 211 向存储室 202 内喷气，由此存储室 202 内形成正压，存储室 202 内的高温流体如玻璃液通过取样入口 201 注入该小模具内。

上述取样器结构如图 4 - 2 所示。

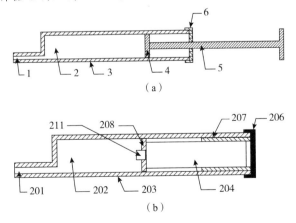

图 4 - 2　取样器结构

【焦点问题】

该案专利权利要求 1 限定了所述取样装置应用于介质熔炼中硅熔体，而该限定是否使得该案专利权利要求 1 的取样装置区别于对比文件公开的取样装置？

【分析与思考】

由上文可见，对比文件公开了该案专利权利要求 1 取样装置的全部结构特征，虽然其未明确公开该取样装置应用于介质熔炼硅熔体的取样，但是根据对比文件所述取样装置的结构以及其制备所采用材料的性质，本领域技术人员可以判断其同样也可适用于介质熔炼中硅熔体的取样。另外，该案专利权利要求 1 为产品权利要求，该用途由产品本身固有的特性决定，而且用途特征没有隐含产品在结构和/或组成上发生变化，并且本领域技术人员可知对比文件公开的取样器也可适用于介质熔炼硅熔体的取样。因此，该案专利权利要求 1 涉及"应用于介质熔炼硅熔体"的用途限定难以使得所述取样装置在结构和/或组成上有区别于对比文件公开的取样装置。

③包含制备方法特征的产品权利要求。对于此类权利要求，应当考虑该制备方法是否导致产品具有某种特定的结构和/或组成。如果所属技术领域的技术人员可以断定该方法必然使产品具有不同于对比文件产品的特定结构和/或组成，则该权利要求具备新颖性；相反，如果申请的权利要求所限定的产品与对比文件产品相比，尽管所述方法不同，但产品的结构和组成相同，则该权利要求不具备新颖性，除非申请人能够根据申请文件或现有技术证明该方法导致产品在结构和/或组成上与对比文件产品不同，或者该方法给产品带来了不同于对比文件产品的性能，从而表明其结构和/或组成已发生改变。

案例 13

【案情介绍】

某案专利权利要求 1：包含非复制性益生菌微生物的组合物，其用于预防或治疗上呼吸道感染和/或其症状，其中所述非复制性益生菌微生物是通过在 71.5～150 ℃下 1～120 s 的短期高温热处理而成为非复制性的。

该案达到的技术效果是：产品能够储存较长时间，活性保持在高水平，可安全地治疗或预防上呼吸道感染，无副作用。

对比文件公开一种包含长双歧杆菌 AH1205 的食品，双歧杆菌可以为失活细胞的形式，失活可以指菌株的代谢活性或繁殖能力已经降低或者破坏，使用 80～100 ℃温度范围内热处理 10 min 灭活。包含长双歧杆菌可用于减轻或者预防婴儿或儿童的炎症，例如气喘、过敏性鼻炎、上呼吸道感染、喉炎等。

【焦点问题】

该案专利权利要求 1 与对比文件限定了不同的热处理方式，即本申请的热处理方式为 71.5～150 ℃下 1～120 s 的短期高温热处理，对比文件的热处理方式为 80～100 ℃温度范围内热处理 10 min。但两个处理方式均是为了获得非复制性益生菌微生物，该制备方法的限定是否使得权利要求 1 所述组合物在结构或组成上区别于对比文件的组合物？

【分析与思考】

该案专利权利要求 1 请求保护的组合物与对比文件相比，至少在组合物制备方法的一个环节即热处理益生菌微生物的时间上存在区别，没有足够的证据表明热处理时间必然不会影响非复制性益生菌微生物的结构或组成。而且，该案说明书中记载了：对研究的益生菌菌株进行一系列的热处理［超高温（UHT，140 ℃持续 15 s），高温短时间（HTST，74 ℃、90 ℃和 120 ℃分别持续 15 s）以及长时间低温（85 ℃下 20 min）］并将它们的体外免疫谱与活细胞的免疫谱比较。与活的对应物比较，经 UHT 或 HTST 样处理的菌株诱导更少的促炎细胞因子（TNF-α，IFN-γ，IL-12p40）而维持或者诱导额外的 IL-10 产生，得到的 IL-12p40/IL-10 比例更低。而在 85 ℃热处理 20 min 的细菌比活细胞诱导更多的促炎细胞因子和更少的 IL-10，得到更高的 IL-12p40/IL-10 比例。该结果显示至少在诱导促炎细胞因子和抗炎介质 IL-10 这一性能方面，热处理温度和时间，尤其是处理时间不同会导致所获得的非复制性益生菌微生物之间存在性能差异，从而表明作为提供该性能的物质基础——非复制性益生菌微生物中所含有的微观成分存在差异。虽然该案说明书中作为对比的长时间低温热处理方式（85 ℃下 20 min）与对比文件公开的"80～100 ℃处理 10 min"并不完全等同，但是与该案专利权利要求 1 限定的 "71.5～150 ℃下 1～120 s" 相比，它们都代表了一种相对长时间的热处理方式，而且从说明书记载的实验结果来看，处理时间不同会导致所获得的非复制性益生菌微生物之间存在性能差异，在此基础上，没有足够的证据表明对比文件的热处理方式获得的非复制性益生菌微生物与该案专利权利要求 1 的热处理方式获得的非复制性益生菌微生物必然具有相同的性能、结构或组成。

可见，根据该案申请文件的记载以及结合现有技术可知，两者制备方法的不同使得权利要求 1 涉及的产品与对比文件公开的产品具有不同的结构或组成。

审查实践中，性能、参数、用途或制备方法等特征限定产品权利要求，它们与产品的结构之间也非一一对应关系，性能、参数、用途或制备方法等特征不同并不意味着产品的结构和组成必然不同。在判断过程中，需要考虑此类特征对产品的结构和组成产生的影响。如果上述特征的限定不能使得其产品在结构和/或组成上区别于现有技术，则该产品权利要求同样也不具备新颖性，除非申请人能够根据申请文件或现有技术证明所述特征的限定导致产品在结构和/或组成上与现有技术不同。

需要注意的是，上述新颖性的审查基准同样适用于创造性判断中对该类技术特征是否相同的对比判断。

3. 不丧失新颖性的公开

一般而言，发明创造在申请日前公开，就会丧失新颖性，不可能获得专利保护。但这一原则也有例外。在某些特殊情况下，在申请日以前公开了发明创造，一概认为丧失新颖性，有时会显得不太公正，也不利于技术交流。因此，各国法律都规定有丧失新颖性的例外情况。

根据《专利法》第 24 条的规定，申请专利的发明创造在申请日以前 6 个月内，有下列情形之一的，不丧失新颖性。

第一，2020 年修改的《专利法》关于第 24 条的规定新增了 "在国家出现紧急状态或者非常情况时，为公共利益目的首次公开的" 情形。由于一些发明创造在国家出现紧急状态或者非常情况时（如发生重大疫情）需要立即投入使用，以维护公共利益，但鉴于修改前的《专利法》第 24 条的规定并未涵盖上述不丧失新颖性的例外情形，会导致相关发明创造因丧失新颖性而面临不能获得专利保护的风险。为满足防控疫情等非常情况的需要，促进发明创造在疾病治疗等方面的及时应用，解决公众的健康问题，回应创新主体放宽不丧失新颖性例外规定的需求，更好地保护发明创造，修改后的《专利法》第24条新增了上述例外情形。

第二，在中国政府主办或者承认的国际展览会上首次展出。中国政府主办的国际展览会，包括国务院、各部委主办或者国务院批准由其他机关或者地方政府举办的国际展览会。中国政府承认的国际展览会，是指国际展览会公约规定的在国际展览局注册或者由其认可的国际展览会。所谓国际展览会，即展出的展品除举办国的产品外，还应当有来自外国的展品。

第三，在规定的学术会议或者技术会议上首次发表。规定的学术会议或者技术会议是指国务院有关主管部门或者全国性学术团体组织召开的学术会议或者技术会议，不包括省以下或者受国务院各部委或者全国学术团体委托或者以其名义组织召开的学术会议或者技术会议。在后者所述的会议上的公开将导致丧失新颖性，除非这些会议本身有保密约定。

第四，他人未经申请人同意而泄露其内容。他人未经申请人同意而泄露其内容所造成的公开，包括他人未遵守明示或者默示的保密信约而将发明创造的内容公开，也包括他人用威胁、欺诈或者间谍活动等手段从发明人或者申请人那里得知发明创造的内容而后造成的公开。应当注意的是，申请专利的发明创造在申请日以前6个月内，发生上述四种情形之一的，该申请不丧失新颖性。这四种情形不构成影响该申请的现有技术。所说的6个月期限，称为宽限期或者优惠期。

宽限期与优先权比较：宽限期和优先权的效力不同，它仅仅是把申请人（包括发明人）的某些信息公开，或者第三人从申请人或发明人那里以合法手段或者不合法手段得来的发明创造的某些信息公开，认为是不损害该专利申请新颖性和创造性的公开。实际上，发明创造公开以后已经成为现有技术，只是这种公开在一定期限内对申请人的专利申请来说不视为影响其新颖性和创造性的现有技术，并不是把发明创造的公开日看作专利申请的申请日。所以，从公开之日至提出申请之日的期间，如果第三人独立地作出了同样的发明创造，而且在申请人提出专利申请以前提出了专利申请，那么根据先申请原则，申请人就不能取得专利权。当然，由于申请人

（包括发明人）的公开，使得该发明创造成为现有技术，故第三人的申请也没有新颖性，也不能取得专利权。

宽限期与现有技术：依据《专利法》的定义，宽限期内所披露的技术似乎构成现有技术，然而，如果宽限期的技术被认为是现有技术，中国专利法明确规定侵权诉讼可以使用现有技术抗辩的情况下，这可能导致即使专利权人因为宽限期的存在获得专利权，但被控侵权人却可以利用所谓的现有技术而免于承担责任，这导致专利权人所获得的专利权没有任何价值与意义。因而，正确的解读是宽限期内的披露构成其他申请的现有技术而不能构成本申请的现有技术。此外，德国专利法就明确规定，在考虑现有技术时，不能将宽限期内披露的技术纳入。

二、创造性

专利的创造性要求是专利制度的核心，是专利申请人面临的最主要障碍，同时也是申请人与审查员沟通最为频繁的法条。如果说新颖性的目的是防止将现有技术或者抵触申请授予专利权的话，那么创造性则是为了避免毫无创意、无高度、平庸的技术方案甚至是形式上改头换面的现有技术授予专利权。英美等国称之为"非显而易见性"，欧盟大部分成员国使用"创造性"或"进步性"概念。

根据《专利法》第 22 条第 3 款的规定：创造性，是指与现有技术相比，该发明具有突出的实质性特点和显著的进步，该实用新型具有实质性特点和进步。

（一）法条释义

从《专利法》第 22 条第 3 款的规定来看，发明的创造性标准高于实用新型的创造性标准，这种区别体现在同申请日以前的现有技术相比，实用新型只要求"实质性特点和进步"，而发明则不仅要求有实质性特点和进步，还要求是"突出的实质性特点"和"显著的进步"。

发明有突出的实质性特点是指对所属技术领域的技术人员来说，发明相对于现有技术是非显而易见的。如果发明是所属技术领域的技术人员在现有技术的基础上仅仅通过合乎逻辑的分析、推理或者有限的试验可以得到的，则该发明是显而易见的，也就是不具备突出的实质性特点。

发明有显著进步是指发明与现有技术相比能够产生有益的技术效果。例如，发明克服了现有技术中存在的缺点和不足，或者为解决某一技术问题提供了一种不同构思的技术方案，或者代表某种新的发展趋势。

一般情况下，发明比较容易满足"显著的进步"这一标准；同理，实用新型也更容易满足"进步"标准。如果发明提供了一种新的技术方案，解决了技术问题，或者在某一方面具有明显的技术效果，都应当认为具有显著的进步。

实用新型专利创造性的有关内容包括创造性的概念、创造性的审查原则、审查基准以及不同类型实用新型的创造性判断等内容，与发明创造性的判断方法基本相同。但是，实用新型专利创造性的标准应当低于发明专利创造性的标准。两者在创造性标准上的不同，主要体现在现有技术中是否存在"技术启示"。在判断现有技术中是否存在技术启示时，发明专利与实用新型专利存在一定的区别。创造性判断需要考虑现有技术、判断主体以及如何进行判断等方面的内容。

1. 现有技术

创造性判断中涉及的现有技术的概念，与新颖性判断中的现有技术概念完全一致。在申请日以前由任何单位或个人向国务院专利行政部门提出过申请并且记载在申请日以后公布的专利申请文件或者公告的专利文件中的内容，即抵触申请，不属于现有技术，因此在评价发明创造性时不予以考虑。有学者认为，由于新颖性审查采用单个技术方案的全要素对比，几乎不可能出现损害新颖性却不在同一技术领域的在先技术（偶然公开的绝对新颖性可能是一种例外）。但创造性判断采用不同的方法，其既不要求单个技术方案的一一对比，也不要求全要素对比。于是，可能出现在先技术保护发明方案的部分特征，但整体上并不和发明技术处于同一技术领域。因此，在创造性判断中，对于现有技术的范围有一定的限制，要求其与发明处于相同领域或与发明所要解决的问题合理相关比较恰当。与新颖性判断的时间一样，创造性判断的时间标准也是申请日。

用对比文件判断发明或者实用新型的新颖性和创造性时，应当以对比文件公开的技术内容为准，该技术内容不仅包括明确记载在对比文件中的内容，而且也包括对于所属技术领域的技术人员可直接地、毫无疑义地确定的技术内容。

对于创造性判断时引用的对比文件的公开程度，《专利审查指南》并未给出明确规定，而是从创造性的概念、判断原则、方法对对比文件公开的内容提出要求。《专利法》第 22 条第 3 款规定：创造性，是指与现有技术相比，该发明具有突出的实质性特点和显著的进步，该实用新型具有实质性特点和进步。根据《专利审查指南》的规定，在具体判断时，通常由所属技术领域的普通技术人员将一份或者多份现有技术（对比文件）中的不同的技术内容组合在一起，如果仅仅通过合乎逻辑的分析、推理或者有限的试验判断可以得到要求保护的发明，则该发明不具有突出的实质性特点或实质性特点。因此，创造性判断考虑的是所属技术领域的技术人员是否能从现有技术得到技术启示，结合现有技术得到要求保护的发明。

2. 判断主体

发明是否具备创造性，应当基于所属技术领域的技术人员的知识和能力进行评价。所属技术领域的技术人员，也可称为本领域技术人员，是指一种假设的"人"，假定他知晓申请日或者优先权日之前发明所属技术领域所有的普通技术知识，能够获知该领域中所有的现有技术，并且具有应用该日期之前常规实验手段的能力，但他不具有创造能力。如果所要解决的技术问题能够促使本领域技术人员在其他技术领域寻找技术手段，他也应具有从该其他技术领域中获知该申请日或优先权日之前的相关现有技术、普通技术知识和常规手段的能力。设定这一概念的目的，在于统一审查标准，尽量避免审查员受主观因素的影响。

（二）法条审查

1. 审查原则

一件发明是否具有创造性，只有在该发明具备新颖性的条件下才予以考虑。审查发明是否具有创造性，应当审查发明是否具有突出的实质性特点，同时还应当审查发明是否具有显著的进步。在评价发明是否具备创造性时，审查员不仅要考虑发明的技术方案本身，而且还要考虑发明所属技术领域、所要解决的技术问题和所产生的技术效果，将发明作为一个整体来看待。

与新颖性"单独对比"的审查原则不同，审查创造性时，应将一份或者多份现有技术中的不同技术内容组合在一起对要求保护的发明进行评价。如果一项独立权利要求具备创造性，则不再审查该独立权利要求的从属权利要求的创造性。

2. 审查方法

判断发明创造有无创造性，应当以《专利法》第 22 条第 3 款为基准。对于创造性的判断方式，各国有所不同。我国基本上采用欧洲专利局"问题—解决"的判断原则，将其演化为常见的"三步法"的审查基准。

（1）第一步：确定最接近的现有技术。

最接近的现有技术是指现有技术中与要求保护的发明最密切相关的一个技术方案，它是判断发明是否具有突出的实质性特点的基础。最接近的现有技术，例如可以是与要求保护的发明技术领域相同，所要解决的技术问题、技术效果或者用途最接近和（或）公开了发明的技术特征最多的现有技术，或者虽然与要求保护的发明技术领域不同，但能够实现发明的功能，并且公开发明的技术特征最多的现有技术。应当注意的是，在确定最接近的现有技术时，应首先考虑技术领域相同或相近的现有技术。

在选择最接近现有技术时，不能片面、机械地理解《专利审查指南》的相关规定，而要深入理解确定最接近的现有技术在整个"三步法"评价中与其他两个步骤之间的关系，以及在评价方法中所起的作用。具体而言，判断创造性的"三步法"中的第一步，确定最接近的现有技术，其并不是单独存在的，其与第二步和第三步共同组成了一个完整的创造性的评价方法。而在创造性的评价过程中，评价是否显而易见，一般情况下即指多篇现有技术之间是否存在结合的可能性和合理性，这是说理最重要的部分，因此在通常情况下，哪篇最有利于后续评述，最容易说服申请人，就应该确定其为最接近现有技术，而不应该仅仅拘泥于哪篇对比文件公开的技术特征最多，或者哪篇对比文件与本申请领域相同。

一般而言，评判创造性时最接近现有技术的一般为某现有技术文献，其涉及的技术领域与要求保护的发明相同或者相似，涉及的技术问题、技术效果或者用途等方面相同或者相似。由此可见，确定最接近现有技术是一项客观而非主观的工作，应基于本领域技术人员对现有技术候选项目中技术领域、技术问题、技术效果等方面的客观比较。衡量最接近现有技术时，应基于要求保护的发明申请日或优先权日前站位本领域技术人员的视角进行客观判断。

①基于技术领域的考量。相同或相近技术领域中的发明创造容易在技术上相互关联，且一般会面临相同或相似的技术问题需要解决或者在解决技术问题时经常采用相同或相似的技术手段。在从现有技术里寻找最接近现有技术的过程中，从与发明相同或相近的技术领域的现有技术中进行选择是审查实践中常见的做法。也就是说，最接近现有技术一般存在于与发明创造相同或相近的应用领域中。

案例 14

【案情介绍】

某案专利权利要求如下。

权利要求 1：选自陶土材料或玻璃材料的无机材料在制备牛、猪或其他哺乳动物肺表面活性提取物中的用途。

权利要求 2：权利要求 1 的用途，其中所述无机材料孔径为 10 ~ 1000 nm。

权利要求 3：权利要求 1 的用途，其中所述无机材料孔径为 10 ~ 350 nm。

权利要求 4：权利要求 1 至 3 任一项的用途，其中所述无机材料是微孔玻璃滤管。

该案的主要构思在于：为了从牛、猪或其他哺乳动物肺灌洗液或全肺匀浆提取液中提取表面活性物质，克服现有离心、溶剂萃取、层析纯化等复杂步骤存在的用时长、能耗大、收率低、成本高的问题；或者采用有机膜或复合材料作为过滤原材料的过滤材料时，材料与磷脂、蛋白成分相互吸附、活性产物收率低的问题，进而采用通常不与磷脂、蛋白吸附的多孔陶土、陶瓷或玻璃材料，制备得到了高收率的肺表面活性提取物。其中，得到的截留液仅为肺灌洗液或全肺匀浆提取液的 1% ～ 20%，总磷脂收率大于 90%，卵磷脂收率大于 90%，表面活性物质蛋白收率大于 85%（以重量计）。

对比文件 1 的主要构思在于：为了解决现有技术中很难过滤掉直径 10 ～ 500 nm 的病毒的问题，采用一种具有微米、亚微米孔径的磷酸钙盐微孔陶瓷，利用吸附和阻挡效应除去病毒和细菌。

【焦点问题】

对比文件 1 是否适合作为该案的最接近现有技术？

【分析与思考】

通过比较该案与对比文件 1 公开的内容可知，二者存在如下差别。

差别 1：该案涉及从牛、猪或其他哺乳动物肺灌洗液或全肺匀浆中提取表面活性物质，其属于生化物质提取领域，而对比文件 1 涉及从含有细菌和病毒的气体或液体中除去细菌和病毒，其属于微生物消毒领域，二者的技术领域并不相同。

差别 2：该案要解决现有提取方法存在的用时长、能耗大、收率低、成本高，以及采用的过滤材料与磷脂、蛋白成分相互吸附，造成活性产物收率低的问题，而对比文件 1 则是要解决现有技术中很难过滤掉直径 10 ～ 500 nm 的病毒的问题，二者要解决的技术问题不同。

差别 3：该案利用陶土材料、玻璃材料制备多孔过滤材料，注重过滤材料是否吸附磷脂、蛋白等大分子物质（注：其实质上希望采用的过滤材料尽可能少地吸附磷脂和蛋白质）；而对比文件 1 采用磷酸钙盐制备过滤材料，注重无机材料的孔径分布，以及对细菌和病毒的吸附作用，且在对比文件 1 中描述了上述磷酸钙盐（如羟基磷灰石）具有明显可吸附蛋白质、生物大分子等方面的能力。可见，二者采用的材料不同（技术手段并不相同），且在对材料吸附作用方面的要求明显相反。

差别 4：该案改进了肺表面活性物质提取工艺，降低生产周期和能耗，总磷脂、蛋白收率提高，而对比文件 1 则提高了对病毒和细菌的除去效果，二者达到的技术效果并不相同。

可见，首先，该案与对比文件 1 相比，相同之处仅在于利用了多孔材料过滤这一物理原理，二者涉及的技术领域、解决的技术问题、采用的技术手段以及达到的技术效果均不相同。其次，该案基于其材料不能吸附蛋白、磷脂的性能，以提高对活性产物的收率的目的，选择了陶土、玻璃材料；而对比文件1则是基于对病毒、细菌、蛋白、生物大分子等吸附和阻挡效应的目的，选择了磷酸钙盐制备陶瓷材料。也就是说，虽然二者均采用了多孔材料过滤的原理，但它们对材料吸附作用的要求明显不同，甚至相反。可见，虽然该案与对比文件1均采用了多孔材料进行过滤，但二者技术领域不同，所要解决的技术问题和产生的技术效果也完全不同。因此，如果以对比文件1作为最接近的现有技术，则该领域技术人员难以有动机在其基础上获得该案的技术方案。

审查过程中，一般优先选择技术领域相同或相近的现有技术作为最接近现有技术，但是发明与现有技术所属的技术领域是否相同或相近并不对选择最接近现有技术构成绝对的限制。虽然发明与现有技术所属的技术领域不同，但若二者基于同样的技术原理、以相同或相似的技术手段解决相同或相似的技术问题，则技术领域不同的事实并不会阻碍本领域技术人员基于技术问题或功能的指引到相关技术领域去找到合适的最接近现有技术。

②基于发明构思的考量。在审查实践中，最接近现有技术的选择需综合考虑现有技术的技术领域、所要解决的技术问题、采用的技术方案以及所达到的技术效果是否与本申请相同或相似。

一般来说，与发明采用的构思相同或相似，且与该构思直接相关的技术手段也相同或相似的现有技术，可被看作是沿着与发明较为一致的技术路径谋求解决技术问题的现有技术；如以这样的现有技术为基础进行改进，较之构思和关键技术手段差异大的现有技术，显然更有希望获得发明的技术方案。

案例 15

【案情介绍】

某案专利权利要求1：一种磁性壳聚糖纳米颗粒吸附剂的制备方法，其特征在于包括以下步骤。

步骤1：壳聚糖与Fe^{2+}、Fe^{3+}混合液的制备：恒温条件下，在壳聚糖乙酸水溶液中依次加入硫酸亚铁水溶液和三氯化铁水溶液，保温搅拌，得混合溶液；壳聚糖乙酸水溶液中乙酸的体积分数为0.2%～0.6%、壳聚糖的质量分数为0.2%～0.4%；硫酸亚铁与壳聚糖的质量比为（2～8）∶1，氯化铁与壳聚糖的质量比为（4～14）∶1；保温搅拌温度为30～50℃，保温搅拌时间为10～40 min；搅拌方法为机械搅拌，搅拌速度为500～1500 r/min。

步骤2：壳聚糖－四氧化三铁复合物的制备：混合溶液中加入浓氨水，保温搅拌反应；所述浓氨水与壳聚糖乙酸水溶液的体积比为（0.05～0.3）∶1；反应温度为30～50℃，反应时间为10～30 min；搅拌方法为机械搅拌，搅拌速度为500～1500 r/min。

步骤3：磁性壳聚糖纳米颗粒（MCNP）吸附剂的制备：在步骤2的溶液中加入环氧氯丙烷，保温搅拌反应；产物溶液经磁分离、洗涤、真空干燥，即得磁性壳聚糖纳米颗粒吸附剂；所述环氧氯丙烷与壳聚糖乙酸水溶液的体积比为（0.01～0.04）∶1；反应温度为50～70℃，反应时间为2～8 h；搅拌方法为机械搅拌，搅拌速度为500～1500 r/min。

该案的主要构思在于：采用原位共沉淀法一步合成磁性壳聚糖纳米颗粒（MCNP），极大地节省了MCNP的合成时间并简化了操作步骤。利用壳聚糖对Fe^{2+}、Fe^{3+}的吸附螯合作用，基于壳聚糖水凝胶诱导Fe_3O_4无机合成反应，实现了在温和反应条件下（无氮气保护、无表面活性剂、无有机溶剂）合成MCNP；利用环氧氯丙烷对壳聚糖的交联作用，从而显著改善磁性壳聚糖纳米颗粒的耐酸性，并且有效利用了浓氨水所创造的碱性环境，充分完成了交联反应过程，同时避免了壳聚糖中活性基团的消耗，使制得的MCNP对天然有机物保持较高的吸附容量，合成的MCNP粒径小、比表面积大、比饱和磁化强度高，吸附性能优异。

对比文件1的主要构思在于：采用原位共沉淀一步合成法制备磁性壳聚糖纳米粒子，将壳聚糖和Fe^{2+}、Fe^{3+}溶液在碱性条件下反应，以环氧氯丙烷作为交联剂，通过反应条件优化，制备出分散性良好、不溶于酸性溶液、稳定性好的磁性壳聚糖纳米粒子，从而解决稳定性差的问题。

对比文件1还具体公开了一种磁性壳聚糖纳米粒子的制备方法：将200 mL 0.25%（W/V）的壳聚糖醋酸溶液［醋酸溶液浓度为0.25%（V/V）］

加入三口烧瓶中，氮气保护下，加入 44 mL 的混合铁盐（$FeCl_3 \cdot 6H_2O$ 7.2g、$FeCl_2 \cdot 4H_2O$ 2.92g）溶液，剧烈搅拌下缓慢滴加 40 mL 28% 的氨水，40 ℃反应 20 min 后，升温至 60 ℃，滴加一定量的环氧氯丙烷，反应结束后用 0.5% 的醋酸溶液和蒸馏水浸泡冲洗至中性，磁场分离得磁性壳聚糖纳米粒子；同时，与活性炭对比发现，磁性壳聚糖纳米粒子对于偶氮染料活性艳红和直接黑具有较高的饱和吸附量，且快速达到吸附平衡。因此，将其作为一种可重复使用的高效廉价吸附剂，用以处理染料废水具有广阔的应用前景。

此外，对比文件 1 还研究了交联剂浓度、壳聚糖浓度、交联时间对壳聚糖包覆量的影响，确定了最佳条件交联剂浓度为 2.3%、交联时间 5 h；以及壳聚糖中的 –OH 中的氧原子参与了与 Fe 的配位。

【分析与思考】

虽然该案专利权利要求 1 与对比文件 1 两者的制备方法存在较多的区别特征，但是两者的主要构思相同，均采用原位共沉淀一步合成法制备磁性壳聚糖纳米颗粒：先将壳聚糖与 Fe^{2+}、Fe^{3+} 的混合铁盐形成混合液，该混合液在碱性条件氨水下反应生成壳聚糖 – 四氧化三铁复合物，最后与交联剂环氧氯丙烷反应生成磁性壳聚糖纳米颗粒，从而解决稳定性差的问题。也就是说，两者制备工艺步骤、反应原料以及机理完全相同，只是制备步骤涉及的具体条件以及具体操作略有不同。此外，综合考虑该案的主要贡献之处并非在于具体操作条件的优化或者选择，且该案也无法证明其制备方法涉及的具体操作条件的选择能够带来预料不到的技术效果，因此可以考虑使用对比文件 1 作为最接近现有技术。

案例 16

【案情介绍】

某案专利权利要求 1：一种航天用低电阻率聚酰亚胺复合材料的制备方法，其特征在于，4，4'–二氨基二苯醚和二苯醚四甲酸二酐按等摩尔比例，在溶剂二甲基乙酰胺和沉淀剂甲苯或二甲苯混合试剂中于室温下进行聚合 1～2 h，过滤出沉淀，得到聚酰亚胺粉料，接着于 200～240 ℃热处理

2～3 h使之亚胺化，获得聚酰亚胺粉料；50～70 重量份聚酰亚胺粉料，23～37 重量份晶须和6～24 重量份玻璃纤维粉在混合器中均匀混合获得低电阻率聚酰亚胺复合材料粉料；把该模塑粉盛入模压模具中，在360～400 ℃和60～80 MPa 条件下模压成所需的制件；该制件具有体积电阻率 1×10^{12}～1×10^{15} $\Omega \cdot cm$、表面电阻率 1×10^{12}～1×10^{15} Ω，介电强度 ≥15 kV/mm、拉伸强度 ≥70 MPa、耐60（60Co）γ - 射线剂量 5×10^7 rad（Si），可在200 ℃长期使用。

该案的主要构思在于：为了克服高电阻率聚酰亚胺容易积累电荷进而导致高压放电问题，提供一种低电阻率聚酰亚胺复合材料，以满足航天工业的应用要求；所述航天用低电阻率聚酰亚胺复合材料的制备方法：采用将原料二胺与二酐、与溶剂和沉淀剂混合，在室温下聚合制备聚酰亚胺粉料；接着通过热处理使之亚胺化更完全，最后，将聚酰亚胺粉料与晶须、玻璃纤维粉混合制备得到聚酰亚胺复合材料的粉料，通过模压制备所需模件。其中，晶须在复合材料中，不但起到增强剂的作用，还能有效地降低可熔聚酰亚胺的电阻率。

对比文件 1 的主要构思在于：提供一种经过液相湿法混合制得的钛酸钾晶须增强聚酰亚胺复合材料，其目的在于克服干法混合制备钛酸钾晶须聚酰亚胺材料时聚酰亚胺与晶须出现分离现象，导致该材料的力学性能与耐热性较差的问题；使该材料的拉伸强度、弯曲强度、拉伸模量等力学性能和耐热性能都优于干法制得的钛酸钾晶须聚酰亚胺材料。具体的制备方法：将原料二胺与二酐、与溶剂混合制备得到聚酰胺酸溶液，接着将晶须及填料与聚酰胺酸溶液湿法混合，采用加入脱水剂和催化剂的化学亚胺化反应制备聚酰亚胺粉料，且也经过热处理使之亚胺化更完全，最后将得到的聚酰亚胺复合材料粉料通过模压制备所需模件。

【焦点问题】

对比文件 1 是否适合作为该案的最接近现有技术？

【分析与思考】

该案与对比文件 1 的制备方法主要区别在于：晶须及填料的加入方式不同。该案是在制备得到聚酰亚胺粉料后与晶须和填料进行干法混合；而对比文件 1 则是将制备得到的中间产物聚酰胺酸溶液与晶须和填料进行湿法混合。

然而，通过对比该案与对比文件1的发明构思可知，对比文件1的主要构思在于为了克服现有技术中，采用"干法混合"时存在的聚酰亚胺组合物的界面黏结力差，产品易分层（即聚酰亚胺与晶须呈分离状态）导致力学性能和耐热性差的问题，因而采用"湿法混合"以克服树脂与晶须的分离现象，使得复合材料具有优良的物理机械性能，而该案正是采用"干法混合"方式在聚酰亚胺粉料中加入晶须和填料。

在此基础上，如果以对比文件1作为最接近现有技术，那么为了获得该案权利要求1的技术方案，需要将"湿法混合"晶须和填料替换成"干法混合"，其必然会导致制得的聚酰亚胺复合材料的力学、耐热性能降低，使得该方法存在对比文件1背景技术所提及的问题"聚酰亚胺与晶须出现分离现象，导致该材料的力学性能与耐热性较差"，这显然与对比文件1的基本构思是相违背的。可见，该案与对比文件1出于解决不同技术问题的目的，采用了不同的发明构思，其中由于发明构思的不同使得两者采用的技术手段完全不同，甚至相悖。因此，对比文件1不宜作为该领域技术人员为获得该发明技术方案的改进起点。

在选取最接近现有技术时，相对于被现有技术公开的技术特征在数量上的多少，二者采用的发明构思以及与发明构思直接相关的技术手段的相同或相似居于更为重要的地位。如果某现有技术与发明出于解决不同技术问题的目的，采用了不同的发明构思，甚至由于发明构思的不同而导致在对某些技术手段的选取上存在相悖的情形，则该现有技术不适合作为最接近的现有技术。

（2）第二步：确定发明的区别特征和发明实际解决的技术问题。

审查过程中，由于审查员所认定的最接近现有技术可能不同于申请人在说明书中所描述的现有技术，因此基于最接近现有技术重新确定的该发明实际解决的技术问题，可能不同于说明书中所描述的技术问题；在这种情况下，应当根据审查员所认定的最接近现有技术重新确定发明实际解决的技术问题。

重新确定的技术问题可能要依据每项发明的具体情况而定。作为一个原则，发明的任何技术效果都可以作为重新确定技术问题的基础，只要本领域的技术人员从该申请说明书中所记载的内容能够得知该技术效果即可。

在创造性判断时，应当客观分析并确定发明实际解决的技术问题。为此，首先应当分析要求保护的发明与最接近现有技术有哪些区别特征，然后根据该区别特征所能达到的技术效果确定发明实际解决的技术问题。从这个意义上来说，发明实际解决的技术问题，是指为获得更好的技术效果而需对最接近的现有技术进行改进的技术任务。

①区别特征的确定。分析要求保护发明与最接近现有技术的区别特征，即权利要求与最接近现有技术之间的区别特征，应当以权利要求记载的技术特征为准，并将其与最接近的现有技术公开的技术特征进行逐一对比。具体操作时，通常是把专利要求保护的技术方案分成若干技术特征，然后判断最接近的现有技术公开了哪些技术特征，哪些技术特征与权利要求相应的技术特征相当，哪些技术特征是区别特征。但对比时应当注意，发明是一个整体，技术方案中的技术特征之间并不是孤立的，不能割裂特征之间的关系，忽视特征在整体技术方案中所发挥的作用。尤其是涉及机械结构领域的发明创造，可能由于两个技术方案整体的技术构思、工作方式、技术效果不同，使得结构或者位置等形式上看似类似的部件在整个技术方案中实际上起到完全不同的作用。因此，在判断区别特征时，可能需要考虑它们在各自技术方案中所起的作用。但未记载在权利要求中的技术特征不能作为对比的基础，当然也不能构成区别特征。专利申请人在申请专利时提交的专利说明书中公开的技术内容，是专利行政部门审查的基础；专利申请人未能在专利说明书中公开的技术方案、技术效果等，一般不得作为评价专利权是否符合法定授权确权标准的依据。因此，要对区别特征作出正确认定，理论上来说其必然涉及权利要求的解读。解读权利要求的目的是识别出权利要求所记载的技术特征。值得注意的是，确定区别特征时，并不意味着只看技术特征本身或者技术方案本身，对于技术术语和技术特征本质含义以及权利要求的范围，以及比对证据或对比文件技术方案的范围，需要根据各自的全文内容进行理解。

②实际解决的技术问题的确定。在采用"三步法"判断权利要求是否具备创造性时，确定权利要求保护的发明实际要解决的技术问题是判断该

发明相对于现有技术是非显而易见的基础和前提。在创造性的判断中，通常情况下，确定发明实际要解决的技术问题，应在发明相对于最接近现有技术存在的区别特征的基础上，由本领域技术人员根据该区别特征在要求保护的发明中所能达到的技术效果来客观确定。

《专利审查指南》规定确定技术问题的依据是以区别特征所能达到的技术效果作为基础，而不是以技术手段（区别特征）为基础。换言之，所确定的技术问题，要体现的是技术效果，而不是技术手段。当发明所要求保护的技术方案与最接近的现有技术相比存在多个区别特征时，需要考虑这些区别特征之间是否存在相互关联、相互作用，综合判断它们在发明的整体技术方案中所起的技术作用，从而正确地确定发明要实际解决的技术问题。为避免"事后诸葛亮"，在确定发明要实际解决的技术问题时，不应带有本发明为解决该技术问题而提出的技术手段，或对该技术手段的指引，因为往往技术手段都是本领域公知的手段，其使用在本发明中解决什么技术问题，能达到什么技术效果才是关键判断要素，如直接将发明实际解决的技术问题体现为技术手段，则往往出现"事后诸葛亮"的错误判断。

案例 17

【案情介绍】

某案涉及一种移动终端及其发送处理方法。

在传统的通信场景例如即时通信场景下，用户为了表达当前的情绪，需要两次输入操作，即首先输入待发送的内容，再执行另外的操作来表达情绪，例如选择图标、待发送内容的字体颜色和大小等。在这样的输入模式下，用户的输入效率较低。

为解决这一问题，该发明提供了一种移动终端及其发送处理方法。在本发明中，如判断移动终端发生了预定运动，则根据运动数据确定一震动强度参数，同时生成携带有震动强度参数的第一指令并发送至通信对端，通信对端即根据接收到的指令执行具有所述震动强度参数所指示的震动强度的震动操作。在上述技术方案中，用户通过一次输入操作即可同时生成待发送内容和用于指示通信对端执行一操作的指令，并发送到对端，相对于现有技术中需要执行两次或两次以上的操作而言，提高了用户的输入效率。

该案专利权利要求1：一种移动终端，其特征在于，包括：壳体；运动传感单元，设置于所述壳体内，用于采集所述移动终端的运动数据；判断单元，与所述运动传感单元连接，用于根据所述运动传感单元采集到的所述运动数据判断所述移动终端是否发生预定运动，获取一判断结果；所述预定运动为上下甩动，或者左右晃动；第一生成单元，与所述判断单元连接，用于在所述判断结果指示所述移动终端发生所述预定运动时，生成第一指令；第一发送单元，与所述第一生成单元连接，用于将所述第一指令发送到一通信对端，其中所述通信对端根据所述第一指令执行一震动操作。

所述第一生成单元中具体包括：一震动强度参数确定模块，用于根据所述运动数据确定一震动强度参数；所述运动数据越大，所述震动强度参数越大；所述第一指令中携带所述震动强度参数，所述通信对端执行具有所述震动强度参数所指示的震动强度的震动操作。

对比文件公开了一种基于运动的手持通信设备（相当于移动终端），并具体公开了手持设备200（必然具有容纳各器件的壳体）包括运动传感器255，其用来检测手持运动，并且对该运动向处理器205提供的运动信号予以响应，运动可以是前后运动，也可以是向下倾斜运动（相当于移动终端包括壳体；运动传感单元设置于所述壳体内，用于采集所述移动终端的运动数据），将多个动作与多个对应的通信关联，检测手持设备的运动后，确定所检测到的手持设备的运动是否与多个动作之一相对应，如果没有匹配，该检测到的运动会被忽略，如果存在匹配，对应的通信会被发送给目标用户设备，所述通信可以为指令（相当于判断单元与运动传感单元连接，用于根据运动传感单元采集到的运动数据判断移动终端是否发生预定运动，获取一判断结果，第一生成单元与判断单元连接，用于在判断结果指示移动终端发生预定运动时生成第一指令；第一发送单元与第一生成单元连接，用于将第一指令发送到一通信对端）。

该案专利权利要求1与对比文件相比，区别特征之一在于移动终端根据运动数据确定一震动强度参数，在发往通信对端的第一指令中携带所述震动强度参数，其中所述运动数据越大，所述震动强度参数越大；通信对端根据第一指令执行具有所述震动强度参数所指示的震动强度的震动操作。

【焦点问题】

基于上述区别，将该案专利权利要求1实际解决的技术问题认定为"使通信对端能根据接收的指令执行相应的震动操作"是否合适？

【分析与思考】

很显然，上述确定的实际解决的技术问题被概括成了技术手段，而该技术手段正是该案用于提高用户情感信息传递效率所使用的关键技术手段。根据本案说明书的记载可知，通过该技术手段可以使得用户通过一次输入操作即可同时生成待发送内容和用于指示通信对端执行一操作的指令，并发送到对端，相对于现有技术中需要执行两次或两次以上的操作才能实现，该技术提高了用户的输入效率。也就是说，上述区别在该案中的主要作用是提高了用户的输入效率。可见，该发明实际解决的技术问题为如何提高用户的输入效率。

综上，在确定发明实际解决的技术问题时，应厘清"发明实际解决的技术问题"与"发明解决该技术问题所采取的技术手段"之间的区别，从而有效避免出现"事后诸葛亮"的错误。

案例18

【案情介绍】

某案涉及一种使用RFID进行点餐的方法和系统。

现有的点餐方式为用户顺序等待点餐员为其点餐，由于在前用户点餐可能耗费大量时间，因此存在用户得到服务的等待时间可能较长的问题；此外，对于一些为开车用户提供不下车点餐服务的快餐店来说，也存在相同问题。为此，该案为每个菜单项提供一个标签，用户通过内置RFID模块的移动终端读取该标签信息并通过多个服务器获得与标签信息相对应的产品信息，生成订单并付款后将订单发送至厨房服务器，从而实现了自动点餐服务。

该案的专利权利要求 1：一种使用 RFID 预订产品的方法，包括下列步骤。

步骤 1：通过使用具有内置 RFID 模块或 RFID 外部模块的移动终端，来从多个标签中的至少一个标签读取标签信息，所述多个标签与菜单上的多个产品中的每一个相匹配。

步骤 2：移动终端通过通信网络将所述标签信息发送到 RFID 系统，RFID 系统的中继服务器将收到的所述标签信息发送到用户代理配置文件，以便授权用户在用户代理配置文件中完成授权时，将标签信息提供给对象目录服务 ODS 服务器，ODS 服务器将主服务器的 URL 提供到中继服务器，中继服务器将从 ODS 服务器获得的所述主服务器的 URL 提供给所述移动终端，所述移动终端通过与所述标签信息相对应的 URL 来访问主服务器，并且从所述主服务器接收与所述标签信息相对应的产品信息到所述移动终端。

步骤 3：所述移动终端填写所述产品的编号并向所述主服务器发送订单请求消息。

步骤 4：接收所述订单请求消息并根据所述订单执行付款。

步骤 5：如果完成了所述付款，则由连接到所述主服务器的销售点 POS 服务器向厨房服务器发送订单项。

步骤 6：所述 POS 服务器以付款完成的时间顺序来列出通过所述移动终端和离线终端预订的所述订单项，统一管理它们，并将订单列表发送到所述厨房服务器。

作为最接近现有技术的对比文件 1 涉及一种内置射频识别阅读器的移动通信终端及其数据传输方法，内置 RFID 阅读器的移动通信终端包括从附着了无线射频识别标签的产品读取数据的 RFID 阅读器，通过上述 RFID 阅读器读取产品的数据的存储器，通过基站利用无线网络服务的无线传输部，为了连接到利用从存储在上述存储器的数据提取的信息提供相应产品的其他信息的网站，控制上述无线传输部的处理器。

将该案专利权利要求 1 与对比文件 1 相比，区别在于：第一，该申请是使用 RFID 技术预订产品；第二，多个标签与菜单上的多个产品中的每一个相匹配；第三，步骤 3 移动终端填写产品的编号并向主服务器发送订单请求消息；步骤 4 接收订单请求消息并根据订单执行付款；以及步骤 5 如果完成付款，则由连接到主服务器的销售点（POS）服务器向厨房服务器发送订单项；步骤 6 POS 服务器以付款完成的时间顺序来列出通过移动终端和离线终端预订的订单项；第四，移动终端通过通信网络将标签信息发送到 RFID 系统，RFID 系统的中继服务器将收到的标签信息发送到用户代理配置文件，以便授权用户，当在用户代理配置文件中完成授权时，将标签信息提供给对象目录服务 ODS 服务器，ODS 服务器将主服务器的 URL 提供到中继服务器，中继服务器将从 ODS 服务器获得的主服务器的 URL 提供给移动终端。

【焦点问题】

部分观点认为：基于上述多个区别特征，可以确定该案专利权利要求 1 实际解决的技术问题有多个：如何实现预订产品；如何将标签与产品匹配；如何进行订单的支付和管理；如何进行信息的传递。

【分析与思考】

该案涉及的专利权利要求请求保护一种使用 RFID 预订产品的方法，该方法将商业内容及其技术实现融合在一起。其中，顺序执行的选择产品、提供产品信息、生成订单、付款、管理订单等步骤组成了其商业层面的内容，并且上述商业内容中每个步骤的实现都利用了技术手段，例如使用具有 RFID 模块的移动终端读取标签信息、实现产品的选择及使用相互配合的中继服务器 – ODS 服务器 – 主服务器、实现产品信息的提供及使用移动终端和主服务器实现订单的生成和付款等。由此可见，为了实现预订产品这一商业目的，这些技术手段被有序地组织起来，从而形成了一种技术解决方案，也就是说，权利要求请求保护的方案体现了商业内容对于技术内容产生的影响。该权利要求与现有技术的区别特征也是如此，其中技术手段由于受到商业内容的影响而被有序组织起来。具体地，通过在移动终端设置 RFID 模块、为产品设置标签、使用 RFID 模块读取标签、发送标签并通过多个服务器获得与标签信息相对应的产品信息、根据产品信息向主服务器发送订单请求等步骤实现了利用移动终端点餐过程中的高效数据传输与处理，并且还兼顾了一定程度的操作安全性。上述观点并未将这些区别特征进行整体考虑，而是将它们分割成四部分并分别确定出不同的技术问题，这种评述方式忽略掉了商业内容对技术内容产生的影响，确定出的技术问题没有体现出特征之间的关联以及本案的主要构思；此外，由于对所述区别特征进行了割裂，这可能会导致后续创造性评判时，直接地将这些特征认定为现有技术的简单叠加，从而影响了创造性评判的正确性。

基于所述区别特征，整体上确定该案权利要求 1 实际解决的技术问题应为：如何将 RFID 技术、互联网技术及移动通信等技术用于点餐服务领域以进行特定化信息处理，实现利用移动终端点餐过程中的高效数据传输与处理。

如果权利要求涉及的技术方案与最接近的现有技术相比存在多个区别特征，并且这些区别特征密切相关，那么应当将这些区别特征作为一个整体来判断该权利要求涉及的技术方案实际解决的技术问题，而不宜将这些区别特征割裂开，确定实际解决多个不同的技术问题。

（3）第三步：判断要求保护的发明对本领域技术人员而言是否显而易见。

在此步骤中，要从最接近现有技术和发明实际解决的技术问题出发，判断要求保护的发明对本领域技术人员而言是否显而易见。判断过程中，要确定的是现有技术整体上是否存在某种技术启示，即现有技术中是否给出将上述区别特征应用到该最接近现有技术以解决其存在的技术问题（发明实际解决的技术问题）的启示，这种启示会使本领域技术人员在面对所述技术问题时，有动机对该最接近现有技术进行改进从而获得要求保护的发明。如果现有技术存在这种技术启示，则发明是显而易见的，不具有突出的实质性特点。

此外，中国专利法还要求在创造性判断中加入显著的进步的判断。在评价发明是否具有显著的进步时，主要应当考虑发明是否具有有益的技术效果。以下情况通常应当认为发明具有有益的技术效果，具有显著的进步。

情形 1：发明与现有技术相比具有更好的技术效果，例如质量改善、产量提高、节约能源、防治环境污染等。

情形 2：发明提供了一种技术构思不同的技术方案，其技术效果能够基本上达到现有技术的水平。

情形3：发明代表某种新技术发展趋势。

情形4：尽管发明在某些方面有负面效果，但在其他方面具有明显积极的技术效果。

在"非显而易见性"判断中，审查员必须关注在现有技术中是否存在技术启示，其不能在没有技术启示的情况下想当然地认为该专利申请是显而易见的。这一规定的主要目的是防范所谓的"事后诸葛亮"问题。申请专利的发明绝大部分是所谓的改进发明，其是否具有创造性可能就在一念之间，许多发明在事后看来都非常简单，并不是什么复杂的技术进步。如果从事后的角度来看待专利申请，那么可能导致绝大部分专利申请都不会具有创造性。因而，专利创造性判断中必须要求现有技术作出明确的技术启示。判断发明或实用新型对本领域技术人员来说是否显而易见，要确定的是现有技术整体上是否存在某种技术启示，即现有技术是否给出将该发明或者实用新型的区别特征应用到最接近现有技术以解决其存在的技术问题的启示，这种启示会使本领域技术人员在面对相应的技术问题时，有动机改进最接近现有技术并获得该发明或者实用新型专利技术。当上述区别特征为公知常识或为与最接近现有技术相关的技术手段，或者为另一份对比文件披露的相关技术手段，且该技术手段在该对比文件中所起的作用与该区别特征在要求保护的发明或者实用新型中为解决相关技术问题所起的作用相同，通常可以认定存在相应的技术启示。

值得注意的是，区别特征是区别于对比文件的技术特征。这与必要技术特征是不同的概念。必要技术特征是解决发明创造技术问题的技术方案中必不可少的特征。缺乏任一必要技术特征，将无法有效解决其技术问题。

技术启示的判断方法主要包括以下几方面。

第一，技术启示与现有技术组合。专利创造性判断是一个相对较为主观的过程，特别是判断是否存在技术启示的过程。当使用两篇以上对比文件组合判断专利创造性时，应当根据所确定的区别技术特征准确界定另一份对比文件的相关技术手段。如果所述区别特征为另一份对比文件中披露的相关技术手段，该技术手段在该对比文件中所起的作用与该区别特征在本申请中为解决技术问题所起的作用相同，即可认定现有技术提供了将最接近现有技术与其他现有技术结合起来的教导或启示，使本领域普通技术人员有动机结合该教导或启示，从而获得本申请的技术方案。

目前，绝大多数的发明创造都是改进型技术，大部分源于已有要素的组合，每一个已有要素都能存在于现有技术中。然而，在发明中识别出现有技术并不能有效地反驳作为组合发明作为整体的可专利性。对于由已知要素组合而成的发明来说，要驳斥其专利的非显而易见性，审查过程中必须清楚指明其作出显而易见结论的基础。实践中，这要求审查员解释该领域的普通技术人员会受到明确清晰的教导或者启示来选择这样的对比文件，从而将它们组合起来。但是教导、启示与将现有技术组合在一起的动机并不需要无误地存在于现有技术中，技术启示、教导或者改进动机也许暗含于作为整体的现有技术中，而不是明白无误地表述于对比文件中，技术启示、教导或者改进动机也可能存在于普通技术人员的知识以及作为整体的待解决问题对于该领域普通技术人员的启示中。无论是以待解决技术问题的性质，或是现有技术的明确教导，或是普通技术人员的知识来判断是否存在组合的动机，审查员必须清楚地发现存在以发明的方式将现有技术组合在一起的动机。采用这样的审查标准，公众与申请人可以事先预测到专利行政部门的审查结果，从而将非显而易见性判断的主观随意性降低到最低限度，有效避免"事后诸葛亮"等问题的产生。

第二，技术启示与公知常识。当本申请与最接近现有技术公开的内容相比，且比对得出的区别特征属于本领域的公知常识时，例如公知的教科书或者工具书披露的解决重新确定的技术问题的技术手段，以及本领域中解决所述技术问题的惯用手段，那么可以认定本领域公知常识给出了技术启示或教导，使得本领域技术人员在最接近现有技术的基础上，结合本领域公知常识给出的技术启示或教导，从而获得本申请的技术方案。

第三，技术启示与取得意料不到的技术效果。发明的技术效果是判断创造性的重要因素。如果发明相对于现有技术所产生的技术效果在质或量上发生明显的变化，超出了本领域技术人员的合理预期，可以认定发明具有预料不到的技术效果。在认定是否存在预料不到的技术效果时，应当综合考虑发明所属技术领域的特点尤其是技术效果的可预见性、现有技术中存在的技术启示等因素。通常，现有技术中给出的技术启示越明确，技术效果的可预见性就越高。

三步法是判断创造性的主要方法，但是三步法在具体适用时可能会存在一定的僵化，导致创造性判断的误差。如在涉及化学混合物或者组合物的创造性的判断中，当本领域技术人员难以预测技术方案中组分及其含量的变化所带来的效果时，不能机械地适用三步法，应当根据技术方案是否取得预料不到的技术效果作为判断其是否具备创造性的方法。此时，可能需要对三步法进行一定的修正，例如，选择发明，此类发明是指从现有技术公开的较大范围中，有目的地选出现有技术中未提到的小范围或个体的发明。也就是说，构成选择发明的必须满足如下条件：条件一，该技术方案在现有技术公开的技术方案的范围之内；条件二，没有被现有技术具体公开。选择发明的技术效果是考察创造性的主要参考因素。在我国常用的创造性判断的三步法中，预料不到技术效果主要是在判断是否存在技术启示的过程中发挥作用，如果认定发明的技术方案取得了预料不到的技术效果，则该预料不到的技术效果对于认定现有技术是否给出相应技术启示具有非常重要的意义或作用，其可能会导致现有技术并未给出相应的技术启示或教导。

第四，技术启示与克服技术偏见。所谓技术偏见，应该是指在某段时间内、某个领域中，技术人员对某个技术问题普遍存在的、偏离客观事实的认识，它引导人们不去考虑其他方面的可能性，阻碍人们对技术领域的研究和开发。对于克服技术偏见的发明创造性而言，发明人应当将技术偏见明确记载在专利申请文件中，并说明该发明创造对克服技术偏见作出的贡献之所在。克服技术偏见可以作为满足创造性条件的重要证据。技术偏见中的技术启示是对所属领域技术人员的反向教导，因此克服了技术偏见一般认为是判断创造性的重要因素。

一般来说，无法在单一专利说明书的陈述中证明存在偏见，因单个专利说明书或科学文献中的技术信息可能是基于特定前提或作者的个人观点。但这一原则不适用于该领域中的标准作品或者代表公知常识的教科书。所提出的克服偏见的解决方案必须与现行的该领域技术指示相左，也就是说与所代表的一致经验和理念相左，而非仅仅引用个别的专家或公司的相左意见。某个缺点被接受或偏见被忽略的事实，并不意味着某个技术偏见被克服。

另外，相反技术启示是判断显而易见的重要考虑因素。当现有技术存在相反技术启示时，通常会认为本领域技术人员会向着与本专利相反的方向前进，并认定本专利具有创造性，除非有明确的证据证明本领域技术人员会沿着本专利的方向探索，改进最接近现有技术并获得要求保护的发明，从而可以认定本专利不具有创造性。

第五，技术启示与商业成功。商业成功在判断是否存在技术启示时是一个典型的辅助要素。现有技术中是否给出将上述区别特征应用到该最接近现有技术以解决其存在的技术问题（发明实际解决的技术问题）的启示不太明确时，商业的成功可以被认为是不存在技术启示的辅助考量因素。一般情况下，只有利用三步法难以判断技术方案的创造性或者得出无创造性的评价时，才将商业上的成功作为创造性判断的辅助因素；对于商业上的成功的考量应当持相对严格的标准，只有技术方案相比现有技术作出改进的技术特征是商业上成功的直接原因的，才可认定其具有创造性。但是，如果商业上的成功是由于其他原因所致，例如由于销售技术的改进或者广告宣传造成的，则不能作为判断创造性的依据。

3. 不同类型发明的创造性判断

（1）开拓性发明。

开拓性发明，是指一种全新的技术方案，在技术史上未曾有过先例，它为人类科学技术在某个时期的发展开创新纪元。开拓性发明与现有技术相比，具有突出的实质性特点和显著的进步，具备创造性。但由于科学技术的成熟，作出开拓性发明的空间和可能性越来越小。

（2）组合发明。

组合发明，是指将某些技术方案进行组合，构成一项新的技术方案，以解决现有技术客观存在的技术问题。在进行组合发明创造性的判断时通常需要考虑：组合后的各技术特征在功能上是否彼此相互支持、组合的难易程度、现有技术中是否存在组合的启示以及组合后的技术效果等。

①显而易见的组合。如果要求保护的发明仅仅是将某些已知产品或者方法组合或连接在一起，各自以其常规方式工作，而且总的技术

效果是各组合部分效果之总和，组合后的各技术特征之间在功能上无相互作用关系，仅仅是一种简单的叠加，则这种组合发明不具备创造性。此外，如果组合仅仅是公知结构的变形，或者组合处于常规技术继续发展的范围内，而未取得预料不到的技术效果，则这样的组合发明不具备创造性。

案例19

【案情介绍】

某案专利权利要求1：一种多功能教学实验车，其特征在于，包括载体实验车、实验设备、智能终端和控制系统。所述智能终端通过通信设备与所述控制系统连接，所述控制系统设置于所述载体实验车内部，所述实验设备包括分别与所述控制系统信号连接的气象监测系统、太阳能系统和水净化循环装置，所述气象监测系统和所述太阳能系统分别置于所述载体实验车的车顶外表面上，所述通信设备设置于所述载体实验车内；所述气象监测系统包括雨量监测装置，所述水净化循环装置置于所述载体实验车内，所述水净化循环装置用于净化实验废水和所述雨量监测装置收集的雨水；所述实验设备还包括用水实验设备，所述雨量监测装置的出水管与所述水净化循环装置的雨水集水管连通，所述水净化循环装置的出水管与所述用水实验设备的进水管连通，所述用水实验设备的出水管与所述水净化循环装置的废水集水管连通；所述气象监测系统包括一安装底板，所述安装底板固定在所述载体实验车的车厢尾部，所述雨量监测装置设置在所述安装底板的上表面上，所述安装底板的上表面上还设置有风向风速监测装置、湿度监测装置、空气质量监测装置以及大气压强监测装置；所述太阳能系统包括上下顺次连接的光照强度监测部件、太阳能面板和方位调整机构，所述方位调整机构固定在所述载体实验车的车厢头部。

该案说明书相关内容及附图如下。

如图4-3所示，该案提供一种多功能教学实验车，包括载体实验车1、实验设备、智能终端和控制系统6，智能终端通过通信设备5与控制系统6连接，控制系统6设置于载体实验车1的车厢后壁，实验设备包括分别与控制系统6信号连接的气象监测系统2、太阳能系统3和水净化循环装置4，气象监测系统2置于载体实验车1的车顶尾部，太阳能系统3置于载体实验车1的车顶头部，通信设备5设置于载体实验车1的车顶内表面。气象监测系统2包括雨量监测装置，水净化循环装置4置于载体实验车1内，并通过雨水集水管与雨量监测装置的出水管直接连通，同时水净化循环装置4的出水管与用水实验设备的进水管连通，用水实验设备的出水管又与水净化循环装置4的废水集水管连通，雨量监测装置收集的雨水被引入水净化循环装置4净化处理后，直接为用水实验设备提供普通实验用水，而实验废水也会被收集到水净化循环装置4进行净化处理，构成雨水、实验废水的收集、净化、循环利用系统。

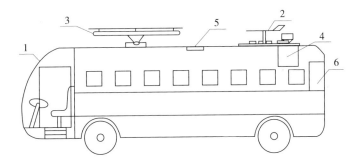

图4-3　多功能教学实验车示意图

【焦点问题】

上述一种多功能教学实验车涉及的实验设备是否属于显而易见的组合？

【分析与思考】

该案专利权利要求1请求保护一种多功能教学实验车，包括实验设备、智能终端和控制系统，智能终端通过通信设备与控制系统连接，实验设备与控制系统信号连接，由此实现教学车的实时监测与控制。通过检索发现上述内容现有技术。

其中，该实验车上还搭载（1）太阳能系统、（2）雨水净化循环装置以及（3）气象监测系统。所述（1）~（3）装置属于已有的技术手段，虽然现有技术没有公开上述装置的组合，但是所述（1）~（3）装置各自以其常规的方式工作，在功能上无相互作用关系，其整体只是将现有技术中的已有技术手段组合在一起，总的技术效果是各组成部分效果之总和，其仅仅是一种简单的组合发明。

②非显而易见的组合。如果组合的各技术特征在功能上彼此支持，并取得新的技术效果，或者说组合后的技术效果比每个技术特征效果的总和更优越，则这种组合具有突出的实质性特点和显著的进步，发明具备创造性。其中组合发明的每个单独的技术特征本身是否完全或部分已知并不影响对该发明创造性的评价。

案例20

【案情介绍】

某案专利权利要求1：一种用于治疗糖尿病的增效药物组合物，其特征在于该组合物以知母总皂苷和四角蛤蜊多糖为主要有效成分，所述知母总皂苷和四角蛤蜊多糖的质量比为（1~4）：（1~4）。

该案专利说明书相关内容如下。

知母总皂苷、四角蛤蜊多糖均有其能够降糖的研究报道，但关于知母总皂苷与四角蛤蜊多糖组合物降糖的研究报道尚未见到，知母总皂苷与四角蛤蜊多糖组合物增效作用的研究报道也尚未见到。

该发明的目的在于提供一种用于治疗糖尿病的增效药物组合物。该组合物以知母总皂苷与四角蛤蜊多糖为主要有效成分。本发明所涉及的知母总皂苷中单体成分（芒果苷、新芒果苷、知母皂苷BII）含量≥50%。四角蛤蜊多糖的纯度≥50%。

该发明将知母总皂苷与四角蛤蜊多糖各组合物进行体内、体外药效实验：知母总皂苷与四角蛤蜊多糖组合物对高糖诱导的HUVEC损伤模型细胞活力和NO分泌量的影响实验，结果表明知母总皂苷与四角蛤蜊多糖组合物对高糖诱导的HUVEC损伤模型细胞活力有明显的增强作用，对NO分泌量有显著的提高作用；知母总皂苷与四角蛤蜊多糖组合物对RIN细胞胰岛素分泌的影响实验，结果显示知母总皂苷与四角蛤蜊多糖组合物能显著增加RIN细胞胰岛素的分泌能力；知母总皂苷与四角蛤蜊多糖组合物对棕桐酸诱导的 HepG2 细胞胰岛素抵抗模型葡萄糖消耗量的影响实验，结果显示知母总皂苷与四角蛤蜊多糖组合物能显著性地促进 HepG2 细胞对葡萄糖的消耗量，具有改善胰岛素抵抗的作用。知母总皂苷与四角蛤蜊多糖组合物在降糖的上述实验中，与知母总皂苷、四角蛤蜊多糖单独使用比较，具有显著的增效作用。体内试验：结果表明知母总皂苷与四角蛤蜊多糖的组合物对四氧嘧啶诱导的糖尿病小鼠具有显著的降糖作用，该降糖作用与知母总皂苷、四角蛤蜊多糖单独使用比较，具有显著的增效作用，实验结果如表 4-1 所示。

　　该发明的有益效果：该发明首次发现知母总皂苷与四角蛤蜊多糖组合物与知母总皂苷、四角蛤蜊多糖比较，在体内外表现出了很好的降糖增效作用。

表 4-1　高糖诱导 HUVEC 损伤模型细胞活力实验数据

组　别	细胞活力增加率
1 号样品（知∶四 = 1∶1）	21.6%
2 号样品（知∶四 = 1∶2）	18.4%
3 号样品（知∶四 = 1∶3）	17.6%
4 号样品（知∶四 = 1∶4）	16.9%
5 号样品（知∶四 = 2∶1）	18.8%
6 号样品（知∶四 = 2∶3）	17.5%
7 号样品（知∶四 = 3∶1）	18.9%
8 号样品（知∶四 = 3∶2）	17.2%
9 号样品（知∶四 = 3∶4）	15.6%
10 号样品（知∶四 = 4∶1）	18.8%
11 号样品（知∶四 = 4∶3）	17.9%
12 号样品（知∶四 = 0∶5）	10.19%
13 号样品（知∶四 = 5∶0）	11.9%

　　实验结果显示：知母总皂苷与四角蛤蜊多糖组合物对高糖诱导的 HUVEC 损伤模型细胞活力有明显的增强作用，其作用显著优于相同剂量的知母总皂苷的降糖作用、优于四角蛤蜊多糖的降糖作用。证明知母总皂苷与

四角蛤蜊多糖组合具有显著的降糖增效作用。

【焦点问题】

现有技术已经公开知母总皂苷与四角蛤蜊多糖均具有降血糖作用，可单独用于治疗糖尿病。在此基础上，上述药物组合是否属于非显而易见的组合发明？

【分析与思考】

判断发明是否属于非显而易见的组合，其关键在于组合的各技术特征在功能上是否彼此支持，并取得新的技术效果；或者说组合后的技术效果比每个技术特征效果的总和是否更优越，也就是说组合中的各部分是否能够达到"1 + 1 > 2"的技术效果。

具体到该案，其主要发明构思为：提供一种用于治疗糖尿病的增效药物组合物，通过将知母总皂苷与四角蛤蜊多糖两种成分组合，达到协同增效治疗糖尿病的效果。其中，在本申请说明书中记载了在有关降糖的体内体外药效实验中，将知母总皂苷和四角蛤蜊多糖在质量比为（1~4）：（1~4）范围内的实施例与单独使用相同剂量的知母总皂苷或四角蛤蜊多糖的药效比较，具有显著的增效作用。然而，现有技术仅分别公开了四角蛤蜊多糖和知母总皂苷具有降糖作用，能够用于治疗糖尿病，但均未公开将这两种有效成分组合，更未披露两者组合治疗糖尿病具有显著的增效作用。可见，两者的组合是非显而易见的。

（3）选择发明。

选择发明，是指从现有技术中公开的宽范围中，有目的地选出现有技术中未提到的窄范围或个体的发明。在进行选择发明创造性的判断时，选择所带来的预料不到的技术效果是考虑的主要因素。选择发明是化学领域中常见的一种发明类型，其创造性的判断主要参考发明的技术效果。如果选择发明的技术方案能够取得预料不到的技术效果，则具有突出的实质性特点和显著的进步，具有创造性。

由于选择发明仅是从现有技术中筛选得到的发明创造，对该发明的创造性高度的要求应体现在选择的难度上，而选择的难度主要体现在是否取得预料不到的技术效果。因此，对于选择发明创造性的判断，关键在于该发明是否取得了预料不到的技术效果。

【案情介绍】

某案涉及一种血小板凝集抑制剂——普拉格雷衍生物酸加成盐，其具有血小板凝集抑制作用，用于预防或治疗血栓形成或栓塞。其中，权利要求 1 请求保护普拉格雷的盐酸盐和马来酸盐。

该案专利说明书相关记载如下。

该发明声称要解决的技术问题是提供一种具有良好的口服吸收性、代谢活性和血小板凝集抑制作用，毒性弱，保存稳定性良好的药物。

说明书记载的相应制备实施例中声称盐酸盐的 B1 结晶的保存稳定性比盐酸盐的 A 结晶的稳定性好，盐酸盐的 B2 结晶的保存稳定性比盐酸盐的 B1 结晶的保存稳定性好，但仅断言性结论，并未进行具体的稳定性对比试验，且授权权利要求也未保护具体的晶型。

说明书记载的药效试验实施例仅记载了普拉格雷盐酸盐和马来酸盐相比于普拉格雷游离碱而言，在口服给药后的药动学参数 AUC（药物浓度－时间曲线下面积）和 Cmax（最高血药浓度）效果更好，相同剂量下其盐酸盐和马来酸盐相比其游离碱具有更高的血小板凝集抑制率。

某对比文件公开一种通式化合物及其药学上可接受的盐，还公开了包括普拉格雷在内的十几种具体化合物，其说明书描述了该系列具体化合物可以进一步形成药学上可接受的盐，并列举了多种能够成盐的常见的酸，包括药学上常见的无机酸和有机酸，如盐酸和马来酸等；其中，还具体公开了普拉格雷及其药学上可接受的盐的技术方案，以及其他具体化合物的盐酸盐或马来酸盐。但是，没有具体公开普拉格雷的盐酸盐和马来酸盐，且该对比文件主要涉及通式化合物具有血小板凝集抑制作用，用于血栓或栓塞的预防与治疗，对于该化合物的药学上可接受的盐衍生物仅仅是泛泛提及，并未关注该化合物成盐后的药学性能，更没有相关成盐后的药学代谢相关效果实验。

【焦点问题】

该案涉及普拉格雷的盐酸盐和马来酸盐相对于现有技术是否构成选择

发明？其是否具备创造性？

【分析与思考】

首先，根据对比文件公开的内容可知，现有技术已存在具体化合物普拉格雷及其药学上可接受的盐的技术方案，而该案具体涉及普拉格雷的盐酸盐和马来酸盐，显然是从现有技术大范围中进行选择的特定盐，符合选择发明的定义。

其次，关于该案涉及的选择发明是否取得预料不到的技术效果，如上所述，该案专利说明书相关效果实验部分仅记载了普拉格雷盐酸盐和马来酸盐相比普拉格雷游离碱，在口服给药后的药动学参数 AUC 和 Cmax 效果更好，且相同剂量下其盐酸盐和马来酸盐相比其游离碱具有更高的血小板凝集抑制率。然而，本领域技术人员普遍预期成盐能够改善难溶或微溶药物的溶解度，而溶解度改善会导致药动学参数 AUC 和 Cmax 得到改善，因此，药动学参数的改善也是本领域技术人员可以预期的；在此基础上，由于药动学参数 AUC 和 Cmax 得到了改善，其相应可以降低用药剂量，可见，该案专利说明书中记载的技术效果均在该领域技术人员可预期的范围内，并非是预料不到的。

鉴于该案并未提供普拉格雷盐酸盐或马来酸盐与其他药学上常用的盐的成药性有效对照效果数据，即目前该案专利说明书记载的效果实验数据并不能证明该案涉及的选择发明相对于现有技术取得任何预料不到的技术效果。

假如该案专利说明书中已公开了选择普拉格雷的盐酸盐或马来酸盐相比选择其他的常用盐，例如，在稳定性、吸收性、生物利用度等方面取得了预料不到的技术效果，则该案所作的贡献在于从一个大范围内选择了特定的小范围，这个小范围相比大范围来说具有预料不到的技术效果，符合选择发明创造性的构成要素，则其创造性应另作考量。

（4）转用发明。

转用发明，是指将某一技术领域的现有技术转用到其他技术领域中的发明。在进行转用发明的创造性判断时通常需要考虑：转用的技术领域的远近、是否存在相应的技术启示、转用的难易程度、是否需要克服技术上的困难、转用所带来的技术效果等。

案例22

【案情介绍】

某案专利权利要求1：一种多孔混凝土表面孔径的测定方法，其特征在于包括以下具体步骤：①多孔混凝土表面设置标尺，采用数码照相或摄像机的 CCD 成像技术获取附标尺的多孔混凝土的数字图像；②将拍摄的图片用图像分析软件进行灰度处理，得到黑白二值化图像后，选择该孔的不同方向的粒径进行测定，以获得混凝土的表面等效孔径数据。

对比文件1公开一种车辆轮毂的安装孔的形位参数的检测方法，并具体公开了以下内容：采用摄像头6获取带有标定模板（相当于标尺）的轮毂15的数字图像，对获取的数字图像进行灰度转换和图像二值化处理，将二值化图像进行基于连通区域查找的区域分割，得到轮毂各个安装孔的有效区域，然后通过边缘提取定位安装孔边界，对安装孔边界进行插值和畸变矫正得到精确的边界，根据上述确定的安装孔边界的随机点，利用最小二乘法拟合各个安装孔的圆心和直径。

【焦点问题】

该案与对比文件1两者具体应用的技术领域不同，该领域技术人员能否将对比文件1的技术方案转用至该案的具体应用领域，从而获得该案的技术方案？

【分析与思考】

对比文件1的分类号为"G01B11/08"，其含义是"通过光学方法计量直径"，该案的分类号为"G01B11/12"，属于"G01B11/08"的下位组，具体含义是"测量内径"，两者都属于相同的光学方法测量孔径的技术领域。

然而，该案的测量对象是"多孔混凝土"，是对多孔混凝土上凹凸不平、不规则孔表面进行的检测；而对比文件1的测量对象是"车辆轮毂"，是对车辆轮毂上规则的定位孔进行的检测，两者具体应用的技术领域不同。

更进一步地，对比文件1中涉及孔的形状是"规则"的，故通过对二值化处理的图像再进行安装孔图像边缘确定后，可以根据确定的边界选择随机点通过最小二乘法拟合即得到直径参数。而该案涉及混凝土表面的孔是"不规则孔"，直接按照对比文件 1 的方法来计量该案涉及的"不规则孔"的直径是不妥当的，不准确的。为此，本领域技术人员需要克服测量对象不同，需要对计量方法进行改变，该案通过选择该不规则孔的直径测量方向来确定和计算上述不规则孔的"等效孔径"，更恰当地得到孔的形态大小。也就是说，由于测量对象形状自身的特征的改变而导致了测量方法不同。因此，不能简单地将对比文件 1 公开的测量方法直接转用到对该案涉及的混凝土表面不规则孔径的测量。

（5）要素变更的发明。

要素变更的发明，包括要素关系改变的发明、要素替代的发明和要素省略的发明。在进行要素变更发明的创造性判断时通常需要考虑：要素关系的改变、要素替代和省略是否存在技术启示，其技术效果是否可以预料，或者要素省略后是否依然保持原有的全部功能等。

案例 23

【案情介绍】

某案涉及一种烧结机多辊布料器，该案背景技术部分提到的现有技术中，布料辊的一端通过连接螺钉和连接法兰等部件而与传动齿轮箱相连接，而布料辊的另一端通过连接螺钉和连接法兰等部件与轴承座相连接，所述布料器如图 4 - 4 所示。

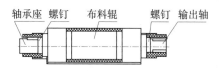

轴承座　螺钉　布料辊　螺钉　输出轴

图 4 - 4　烧结机多辊布料器结构图

由于烧结机多辊布料器大多在恶劣环境下运行，因此对于这种布料器会出现零件之间（即连接螺钉与布料辊之间）锈死的问题，不便于布料辊的拆卸。

该案为了克服现有技术中存在的问题，进行了如下改进：布料辊的一端通过连接螺栓和连接法兰等部件而与传动齿轮箱相连接，布料辊的另一端通过连接螺栓和连接法兰等部件与轴承座相连接，即将螺钉连接改进为螺栓连接，所述布料辊如图4-5所示。

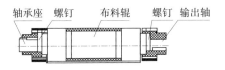

图4-5 布料辊结构图

在使用中，将螺栓中段设置成没有螺纹，而依靠螺栓两头的螺母进行固定，因此在拆卸布料辊的时候，可以将螺母切割，然后方便地取出螺栓，这样一定程度上解决了螺栓锈死问题，缩短了更换布料辊的时间。

该案专利权利要求1：一种烧结机多辊布料器，由泥辊给料器（1）、支梁（2）、烧结机台车（3）、多辊布料器（4）、联轴器（7）和布料辊（12）组成，其特征在于布料辊（12）的一端通过齿轮箱花键输出轴（9）、法兰（10）、螺栓（11）与传动齿轮箱（8）相连，布料辊（12）的另一端通过法兰（14）和螺栓（13）与双轴承座（15）相接。

对比文件1公开了一种烧结机多辊布料器，由泥辊给料器（1）、支梁（2）、烧结机台车（3）、多辊布料器（4）、连轴器（7）和布料辊（12）组成，其特征在于布料辊（12）的一端通过齿轮箱花键输出轴（9）、连接法兰（10）、连接螺钉（11）与传动齿轮箱（8）相连，布料辊（12）的另一端通过连接螺钉（13）和连接法兰（14）与轴承座（15）连接。其所公开的技术方案与该案的权利要求1相比，区别仅仅在于用螺栓替换了螺钉。

【焦点问题】

观点一认为：该案与对比文件1的区别在于该案将布料辊两端法兰与齿轮箱及轴承座之间的连接件由螺钉替换为螺栓，然而所述区别特征是该领域惯用手段的直接替换，因此该专利不具备创造性。

观点二认为：对于该案与对比文件1的区别，将螺钉连接换成螺栓连接，解决了零件之间锈死的问题，使得更换布料辊的时间缩短，因此该专利具备创造性。

【分析与思考】

根据该领域技术人员所知，螺栓是指由头部和螺杆（带有外螺纹的圆柱体）两部分组成的紧固件，需要与螺母配合使用，用于紧固连接两个带有通孔的零件。如果将螺母从螺栓上旋下，可以使两个零件分开。螺钉是指具有各种结构形状头部的螺纹紧固件，不需要与螺母配合使用。可见，螺钉和螺栓在固定连接作用方面，属于两种该领域常用手段的直接替换。

然而，对于防止锈死后无法将固定连接件取出的技术问题而言，螺钉和螺栓显然不属于常用手段的直接替换。首先，现有技术中由于采用了螺钉连接的方式，因此螺钉通过法兰后有一部分嵌入进布料辊之中，这样在布料器使用一段时间后螺钉和布料辊可能会发生锈死现象，从而造成螺钉无法拆卸，难以采用切割的方式将其取出。其次，为了解决该技术问题，该案采用了将布料辊两端法兰与齿轮箱及轴承座之间的连接件由螺钉变为螺栓的技术手段，采用螺栓连接后，螺母暴露在外，从而在螺栓锈死后可以采用切割的方法将其取出。因此该案所述螺栓不仅起到固定连接的作用，而且还具有防止锈死后无法将固定连接件取出的功能。

可见，该案中由于采用螺栓替代螺钉，其在实现固定连接作用的同时，解决了额外的防止锈死的技术问题，产生了预料不到的防止锈死的技术效果。

4. 化学发明的创造性判断

（1）化合物的创造性。

结构上与已知化合物不接近的、有新颖性的化合物，并有一定用途或者效果，审查员可以认为它有创造性而不必要求其具有预料不到的用途或者效果。结构上与已知化合物接近的化合物，必须要有预料不到的用途或者效果。此预料不到的用途或者效果可以是与该已知化合物的已知用途不同的用途；或者是对已知化合物的某一已知效果有实质性的改进或提高；或者是在公知常识中没有明确的或不能由常识推论得到的用途或效果。两种化合物结构上是否接近，与所在的领域有关，审查员应当对不同的领域采用不同的判断标准。应当注意，不要简单地仅以结构接近为由否定一种化合物的创造性，还需要进一步说明它的用途或效果是可以预计的，或者说明本领域的技术人员在现有技术的基础上通过合乎逻辑的分析、推理或者有限的试验就能制造或使用此化合物。若一项技术方案的效果是已知的必然趋势所导致的，则该技术方案没有创造性。

（2）化学产品用途发明的创造性。

其中涉及新产品用途发明的创造性与已知产品用途发明的创造性。前者对应新的化学产品，如果该用途不能从结构或者组成相似的已知产品预见到，可认为这种新产品的用途发明有创造性。后者对应已知产品，如果该新用途不能从产品本身的结构、组成、分子量、已知的物理化学性质以及该产品的现有用途显而易见地得出或者预见到，而是利用了产品新发现的性质，并且产生了预料不到的技术效果，可认为这种已知产品的用途发明有创造性。

延伸思考——发明与实用新型现有技术启示判断的不同：在判断现有技术中是否存在技术启示时，发明专利申请与实用新型专利申请存在区别，这种区别体现在以下两个方面。

第一，现有技术的领域。对于发明专利申请而言，不仅要考虑该申请所属的技术领域，还要考虑其相近或者相关的技术领域，以及该发明所要解决的技术问题能够促使本领域的技术人员到其中去寻找技术手段的其他技术领域。对于实用新型专利申请而言，一般着重于考虑该申请所属的技术领域。但是现有技术中给出明确的启示，例如，现有技术中有明确的记载，促使本领域技术人员到相近或相关的技术领域寻找有关技术手段的，可以考虑相近或相关的技术领域。

发明专利申请与实用新型专利申请的创造性标准不同，因此技术比对时所考虑的现有技术领域也应当有所不同，这是体现发明专利申请和实用新型专利申请创造性标准差别的一个重要方面。技术领域，应当是要求保护的发明或者实用新型技术方案所属或者应用的具体技术领域，而不是上位的或者相邻的技术领域，也不是发明或者实用新型本身。技术领域的确定，应当以权利要求所限定的内容为准，一般根据专利的主题名称，结合技术方案所实现的技术功能、用途加以确定。专利申请在国际专利分类表中的最低位置对其技术领域的确定具有参考作用。相近的技术领域一般指发明或实用新型专利产品功能以及具体用途相近的领域，相关的技术领域一般指发明或实用新型专利与最接近现有技术的区别特征所应用的功能领域。

由于技术领域范围的划分与专利创造性要求的高低密切相关，考虑到实用新型专利申请创造性标准要求较低，因此在评价其创造性时所考虑的现有技术领域范围应当较窄，一般应当着重比对实用新型专利申请所属技术领域的现有技术。但是在现有技术已经给出明确的技术启示，促使本领域技术人员到相近或相关的技术领域寻找有关技术手段的情形下，也可以考虑相近或相关技术领域的现有技术。所谓明确的技术启示，是指明确记载在现有技术中的技术启示或者本领域技术人员能够从现有技术直接、毫无疑义地确定的技术启示。

第二，现有技术的数量。

对于发明专利申请而言，可以引用一项、两项或者多项现有技术评价其创造性。对于实用新型专利申请而言，一般情况下可以引用一项或者两项现有技术评价其创造性，对于由现有技术通过"简单叠加"而成的实用新型专利申请，可以根据情况引用多项现有技术评价其创造性。

三、实用性

根据《专利法》第 22 条第 4 款的规定："实用性，是指该发明或者实用新型能够制造或者使用，并且能够产生积极效果。"

（一）法条释义

一项发明或者实用新型若想要获得专利权的保护，必须能适于实际应用。换言之，发明或实用新型不能是抽象的、纯理论性的、仅存在于理想状态下的，它必须是能够在实际产业中予以应用，该发明或实用新型一旦付诸产业实践，应当能够解决技术问题，产生预期的技术效果。

《专利法》的实用性条款中所称"能够制造或者使用"是指：如果申请的主题是一种产品（包括发明和实用新型），那么该产品必须在产业中能够制造，并且能够解决技术问题；如果申请的主题是一种方法（仅限发明），那么该方法必须在产业中能够使用，并且能够解决技术问题。这里提到的"能够解决技术问题"对于理解实用性条款中的"能够制造或者使用"的含义很重要，例如，对于"永动机"的情形，虽然就单纯的制造而言，所谓的"永动机"是完全可以制造出来的，但是由于这样的"永动机"不能够解决技术问题，因此这样的产品也是不符合实用性意义上的"能够制造"的含义的。

所谓产业应当具有广义的含义，包括工业、农业、林业、水产业、畜牧业、交通运输业以及文化体育、生活用品和医疗器械等各行各业。

应当注意的是，"能够制造或者使用"并非要求该发明或者实用新型在申请时已经在产业上实际予以制造或者使用，而是只要申请人在说明书中对技术方案进行说明，使得所属技术领域人员结合其具有的技术知识就能够判断出该技术方案应当是能够在产业上制造或者使用即可。

"能够产生积极效果"，是指发明或者实用新型制造或者使用后，能够产生预期的积极效果。这种效果可以是技术效果，也可以是经济效果或者社会效果。一项发明或者实用新型与现有技术相比即使谈不上有什么优点，但是仅从其为公众提供了更多选择余地的角度来看，也可以认为它具有了《专利法》的实用性条款所称的"能够产生积极效果"。

应当注意的是，要求发明或者实用新型"能够产生积极效果"，并不要求发明或者实用新型毫无缺陷。事实上，任何技术方案都不可能是完美无缺的，只要发明或者实用新型产生了正面的效果，而没有使技术整体上发生倒退或变劣，或者只要不是明显无益、脱离社会需求、有害无益，即可认为该发明或者实用新型"能够产生积极效果"。

（二）法条审查

通常，在审查发明或者实用新型申请文件的实用性时，需注意在其权利要求书中是否包含不具有实用性的技术方案（即不包含可满足实用性的要求）。但需要注意的是，对于违反自然规律的技术方案，不得出现在申请文件的任何部分中，即所有的申请文件中（包括摘要），都不应当存在违反自然规律的内容。

<u>案例 24</u>

【案情介绍】

某案专利权利要求 1：压缩气体发动机的叶轮室，包括开设有至少一个进气口和至少一个排气口的叶轮室，其特征在于所述叶轮室的内表面上开设有喷气导入槽，所述进气口与所述喷气导入槽相通。

经检索现有技术和进行审查之后，审查员拟认为该案中关于叶轮室的结构的技术内容具备授权前景。但在该申请的说明书"背景技术"部分涉及对专利文献 1 和 2 的描述，而上述两件专利文献中均涉及利用风阻作为动力来使发动机工作进而对机动车进行持续驱动的方案，不符合实用性的相关规定。

【焦点问题】

该案"背景技术"引证的两件专利文献中涉及的风气发动机、风阻发动机均是利用汽车行驶过程中所遇到的风阻气流来驱动发动机进而持续地驱动汽车，所述方案违背能量守恒定律，不具备实用性，而本申请正是以上述发动机作为改进基础，针对其叶轮室进行的优化设计和改进，这样的技术方案是否同样存在实用性的问题？同时，在申请人删除了说明书"背景技术"中的上述内容后，权利要求的技术方案是否还存在实用性的问题？

【分析与思考】

该案专利权利要求 1 要求保护的是一种压缩气体发动机的叶轮室，其中，在该案背景技术所涉及的不具备实用性的"风气发动机及机动车系统"中，压缩气体发动机的叶轮室仅属于上述系统中的一个部件，而该案专利权利要求请求保护的仅仅是这具体的部件。

对于一个从整体上由于违背能量守恒定律而不具备实用性的系统，不能因为该系统的工作原理从整体上不具备实用性，而否认该系统中的某个部件也不具备实用性。但若其满足授权条件，要保证授权时的权利要求书和说明书不包括不符合实用性规定的相关内容。

该案中，这一具体部件在产业中能够制造，并且可以应用到其他通用领域，并不仅限于应用到不具备实用性的风气发动机及机动车的系统中，即该压缩气体发动机的叶轮室在产业中也能够使用，且还能够产生应有的技术效果。对于背景技术中涉及不符合实用性规定的相关内容应予以删除。

在实用性的审查中，不仅要判断权利要求书中是否包含不具有实用性的技术方案，还要注意说明书是否包含不具有实用性的相关内容。

1. 违背自然规律

具有实用性的发明或者实用新型专利申请应当符合自然规律。违背自然规律的发明或者实用新型专利申请是本领域技术人员无法实施的。其中，那些违背能量守恒定律的专利申请主题，比如永动机等，不具备实用性。

案例 25

【案情介绍】

某案专利权利要求 1：一种由电力机车（1）、梯形平衡杠杆（2）、中心固定轴大伞轮（3）、加速机（4）、发电机（5），输入输出循环控制室（6）组成的发电装置，其特征在于：电力机车（1），通过梯形平衡杠杆（2）在 4 ~ 2000 米直径范围内轨道上带动大伞轮（3），驱动加速机（4）推动 4 组发电机（5）发电，从而通过发电机（5）给电力机车（1）提供电力。上述发电装置如下图 4 - 6 所示：

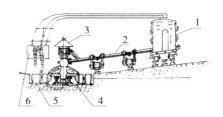

图 4 - 6　发电装置结构图

【分析与思考】

根据能量守恒定律，能量只能从一种形式转化成另一种形式，能量不能消失，也不能创造。因此，在系统内的机械能减少或增加的同时，必然有等值的其他形式的能量增加或减少。对于该案涉及的发电装置，用电力带动机车沿环形轨道运行时具有转动动能，动能通过发电机转化成电能，电能又提供给电力机车，在不考虑任何其他损耗的情况下，电力机车能一直运行，但是电力机车是一种消耗电力而行驶的交通工具，在这种能量转化过程中，必然会有机车发动机的热能损失、车辆传动系统中的摩擦所消耗的能量损失，以及车轮与铁轨之间的摩擦所消耗的能量损失等，因此，驱动电力机车所消耗的电能必然大于由该机车所产生的动能再转化成的电能。即在没有外界提供动力的情况下，如果电力机车能一直运行下去，则不符合能量守恒定律。

2. 不能重复再现

具有实用性的发明或者实用新型专利申请主题，应当具有再现性。再现性，是指所属技术领域的技术人员，根据公开的技术内容，能够重复实施专利申请中为解决技术问题所采用的技术方案。这种重复实施不得依赖任何随机的因素，并且实施结果应该是相同的。

案例26

【案情介绍】

某案专利权利要求1：一种用风能发电的系统，该系统包括：一垂直支座（2），该支座带有一与支撑表面固定的底端部分；一吊舱（3），安装成可围绕支座（2）顶端部分上的垂直轴转动；一旋转部分（10），包括一轮毂（13）和两个或多个与轮毂（13）固定的基本上沿径向的叶片（14）；一轴承（15），在轴承内的吊舱（3）的旋转部分（10）旋转且该轴承有一大致水平的轴；以及一发电机（12），包括一与吊舱（3）固定的定子（17）和一利用大致与旋转部分（10）的旋转轴垂直的固定件（20）与旋转部分（10）的轮毂（13）固定的转子（16）。

该系统的特征是：转子（16）和定子（17）二者都有各自的工作部分，每个工作部分都呈安装有对立的电磁件（19，19'）的圆盘的形式；旋转部分（10）在单个轴承（15）内的吊舱（3）上旋转，该轴承的直径比与表面的旋转部分（10）的轴线垂直的横断面内的内切圆的直径小20%，其中的表面由叶片（14）连接到轮毂（10）的面积形成；以及将转子（16）与轮毂（13）固定的固定件（20），沿着轴承（15）的轴线方向与轴承（15）靠近。

其中，该案的关键技术手段在于：发电机的转子和定子均有各自的工作部分，每个工作部分都呈装有对立电磁件的圆盘形式；旋转部分在单个轴承内的吊舱上旋转，轴承直径比与表面的旋转部分轴线垂直的横断面内的内切圆的直径小 20%；固定件沿着轴承轴线方向与轴承靠近。

【分析与思考】

该案专利说明书中记载了本领域公知可以使用系统从风中捕获能量，并给出了一种使用永久磁铁的圆盘发电机。所属技术领域的技术人员根据公开的风能发电机的具体结构，能够重复实施该技术方案，利用自然条件的风来获得电能。虽然风力可能存在差异，实施效果程度上会有所差异，但是结果并不是完全随机的，所获得的结果是能够重复再现的。因此，权利要求 1 的技术方案能够在产业上制造或使用并且能够产生积极效果。

案例 27

【案情介绍】

某案涉及一种救生艇动力装置。

背景技术：用于海上救援的救生艇，一般不设置动力装置，多通过人划动桨叶提供推进力，但是这种驱动方式会消耗人的体力，降低救生概率。

解决的技术问题为：如何为救生艇提供节省人力且动力稳定的动力装置。

技术方案：利用鱼来驱动救生艇，节省人力；同时，设置刺鱼机构，能对鱼进行驱策，保证动力的稳定性。

该案专利权利要求 1：一种救生艇动力装置，包括有板体，其特征在于所述板体由密度小于水的材料制成，所述板体尾端设有对称的第一拉杆，第一拉杆上设有第一拉环，所述板体上阵型排列有若干槽孔，槽孔后侧壁设有支杆，支杆上铰接有摆杆，摆杆下端横设有筒体，筒体上均设有针刺，摆杆上部设有第二拉环，槽孔两侧壁对称设有第三拉环，槽孔前方设有呈锥形布置的三根第二拉杆，三根第二拉杆后端分别钩设在第二拉环和第三拉环上，其中两根第二拉杆前端形成相互交错的两个回钩，回钩前端设有卡住鱼嘴的钩体，所述三根第二拉杆上还设有束缚鱼身的箍环。

【焦点问题】

观点一：该案具备实用性。基于所述救生艇动力装置，鱼在咬钩后只能往前游动，且刺鱼机构能保证鱼持续游动，提供稳定的动力，而救生艇上设置的浮力设备能阻止救生艇向水下运动，因此普通鱼类不经过驯化也能驱动救生艇前进。

观点二：该案不具备实用性。由于鱼未经驯化，且鱼的体型、尺寸不一，导致产生的动力具有随机性，不一定能提供向前的动力，同时，海洋中的复杂环境、洋流等因素影响，也会导致无法实现救援。

【分析与思考】

虽然本申请已对救生艇动力装置的组成和结构作出清楚、完整的说明，但是，由于鱼是一种低等动物（与哺乳动物相比），其无法形成规律、统一的反应，也无法如马、牛、狗等动物被驯化；同时，各种鱼对针刺效果的应激反应不同，并不一定会向前游，可能是抽搐、抖动、挣扎、跳跃等，也可能无序随意游动，如向水底钻；此外，有鱼鳞的鱼对针刺的反应有限，不一定能受到有效的刺激。可见，该案无法形成有效动力驱动救生艇，该技术方案既无法再现，也不具有积极效果。

3. 利用独一无二的自然条件

具备实用性的发明或者实用新型专利申请不得是由自然条件限定的独一无二的产品。应当注意的是，利用独一无二的自然条件的产品不具备实用性，构成该产品的构件本身不一定不具备实用性。

案例28

【案情介绍】

某案专利权利要求1：适用于开发黄河小北干流水土、水能资源的一种方法，其特征在于所述的方法是于禹门口上游设取水口（闸）、自流引水，然后开凿河（渠），将水送往下游兴利除害。

该案专利说明书记载：利用黄河禹门口狭窄的天然关卡上游水流稳定可靠的有利条件，在口内左（山西侧）右（陕西侧）两岸，分设取水口（闸），然后开凿河（渠、隧洞）道，将水送往下游，分别实现灌溉、航运、供水（电灌站供水）、水力发电、开发滩涂、防洪护岸、水产养殖等效益。为了改善取水条件，可在此基础上，于禹门口上设坝、抬高水位、澄清泥沙，然后送往下游兴利除害。

【分析与思考】

该案的目的在于满足"黄河小北干流"（禹门口至潼关河段）两岸的灌溉、航运、水电开发等的需要。其权利要求请求保护的方法主要是自禹门口自流引水至某地终止（不一定到潼关）。由于权利要求的技术方案利用了禹门口这一独一无二的自然条件，使得该权利要求请求保护的技术方案无法在产业上使用。

案例29

【案情介绍】

某案专利权利要求1：一种既可通行又可进行水下观景的桥梁，它由桥面和水下通道组合而成桥体，桥体底部设有可调节水量的储水箱，从而可控制桥体的水位，桥体两端为索桥，所述的水下通道上开有观看水中生物的窥视孔。

该案说明书记载：本申请属于架设在水流平缓的旅游湖区、水库和公园中的一种既可通行又可欣赏水中生物自由活动，并可变换架设位置的观景桥。该桥主体为一水下通道，通道内壁有窥视孔，游客可在此观看湖中鱼群，通道以上部分升出水面，架设桥面，两端为架设在湖两岸的索桥，桥面上修建与湖区相适应的建筑物，游人也可由此通行，并饱览湖光山色。可再选择另外相应阔度的水域的两岸预埋混凝土墩后，增大储水箱的储水量，使桥的重心下降；松开原桥两端的钢缆，将桥牵引至选定的地点，在新设的混凝土墩上拉紧钢缆；铺设索桥面；调整水位；整座观景桥便可更换地点照原样投入使用。

【分析与思考】

该案请求保护一种既可通行又可进行水下观景的桥梁。根据说明书和权利要求记载，该案所请求保护的桥梁可架设于水流平缓的旅游湖区、水库或公园中，既可通行，又可欣赏水中生物活动，并可变换架设位置，该桥梁无桥墩，两端由钢缆在混凝土墩上固定拉紧成索桥使用，可在一定水域内移动桥的架设位置。可见，要求保护的桥梁限定于一定规模的水体之中。根据本领域技术人员的常识，符合本申请的一定规模的水体既可以人工形成，也可以自然形成，而且即使是自然形成，也不是独一无二的。因此该发明请求保护的桥梁不属于利用独一无二的自然条件的产品，其能够在产业上制造，并且具有积极效果。

案例 30

【案情介绍】

某案专利权利要求涉及一种饮料，其特征在于所述饮料是利用喜马拉雅山上的无污染冰水制造的。

【分析与思考】

利用特定自然条件的原材料所获得的产品不能被认为是利用独一无二的自然条件的产品。虽然生产中利用的原材料，即喜马拉雅山上的无污染冰水，可能是有限的或者特定的，但是生产所获得的产品并不是独一无二的，其产品可以在产业上制造，其方法可以在产业上使用，因此有实用性。

需要注意的是，利用独一无二的自然条件的产品是指利用特定自然条件建造的"自始至终不可移动的唯一产品"，这样的产品才不具备实用性，并非所有利用了自然条件的产品都不具备实用性。

4. 非治疗目的的外科手术

外科手术方法包括治疗目的和非治疗目的的手术方法。治疗目的的外科手术方法属于不授予专利权的客体；非治疗目的的外科手术方法，由于是以有生命的人或动物为实施对象，无法在产业上使用，因而不具备实用性。

案例 31

【案情介绍】

某案涉及一次性无疤痕去除文眉的美容方法，包括对眉毛处局部麻醉，用激光刀头对准文眉部分，根据皮纹方向去除文眉。

【分析与思考】

该案涉及的美容方法中包括了对人体眉毛处皮肤进行局部麻醉和用激光刀头对文眉部分皮肤进行处置的步骤，因此属于非治疗目的的外科手术方法。

案例32

【案情介绍】

某案专利权利要求1：一种新型种鸡输精方法，其包括：吸取精液，使用授精器械吸取足量精液；捉鸡固定，打开鸡笼，左手伸入笼内抓住种鸡双腿提出到笼门口横梁，使鸡只向右侧卧，右手辅助将种鸡侧身固定；翻肛，左手向下按压种鸡腹部，把种鸡泄殖腔由里向外翻；输精，右手持输精器插入泄殖腔，拇指与食指转动输精器输入精液，左手配合松开放鸡回笼。

【焦点问题】

观点一：不具备实用性。《专利审查指南》规定，"外科手术方法，是指使用器械对有生命的人体或者动物体实施的剖开、切除、缝合、文刺等创伤性或者介入性治疗或处置的方法，这种外科手术方法不能被授予专利权"；"外科手术方法分为治疗目的和非目的的外科手术方法"；"以治疗为目的的外科手术方法，属于治疗方法，根据《专利法》第25条第1款第(3)项的规定不授予其专利权"；"非治疗目的的外科手术方法，由于是以有生命的人或者动物体为实施对象，无法在产业上使用，因此不具备实用性"。

具体到该案，权利要求1提出了一新型种鸡输精方法，其中步骤包括"输精，右手持输精器插入泄殖腔，拇指与食指转动输精器输入精液，左手配合松开放鸡回笼"。该方法是以有生命的鸡为直接实施对象，涉及采用输精器进行输精的步骤，而采用输精器进行输精属于对有生命的鸡实施的介入性处置，因此属于对动物体实施的非治疗目的的外科手术方法。根据《专利审查指南》相关规定，由于该方法是以有生命的动物为实施对象，无法在产业上使用，因此不具备实用性。

观点二：具备实用性。对于包含了简单的介入性处置步骤的方法权利要求，如果其请求保护的主题不属于治疗目的的外科手术方法，且该介入性处置步骤的实施不依赖于个体差异，整体技术方案能够重复再现，则该权利要求能够在产业上使用，因而具有实用性。

具体到该案，从权利要求1的主题名称可以看出，其是一种给种鸡进行输精的方法，该方法是家禽养殖领域为提高受精率而采用的常规方法，这类方法可以在养殖场由本领域的普通技术人员实施，因此，权利要求1的主题不属于外科手术方法，亦不是非治疗目的的外科手术方法。关于权利要求1中的"右手持输精器插入泄殖腔，拇指与食指转动输精器输入精液"步骤，本领域公知，为了提高种鸡的受精率，常规采用人工将输精器插入泄殖腔的方式对种鸡进行授精，属于简单的介入性处置手段，该操作不需要复杂的技术步骤，也不依赖于实施人的技术水平，对种鸡个体没有特定要求，不会因为个体的差异而影响技术方案的实现，能够重复再现，也即能够在产业上使用，因此具备实用性。

上述两种观点主要争议的焦点在于：包含对有生命的动物体实施介入性操作步骤的方法权利要求，是否具备实用性？

【分析与思考】

关于权利要求是否具有实用性的判断，其判断的标准需要站位在本领域技术人员的位置，判断其是否能够在产业上制造或者使用。从该案例请求保护的方法的具体方案来看，虽然都包括了对有生命的动物体实施介入性的操作步骤，但该步骤对于本领域技术人员来说，个体差异小，能够实现，不存在无法再现的问题，因此可以在产业上使用，具备实用性。而对于介入性的操作步骤简单与否，并不影响对实用性的判断，判断的本质还是要看请求保护的方法是否能够在产业上使用，无论介入性的操作步骤简单还是复杂，只要请求保护的方法不受个体差异的影响，具有再现性，能够在产业上使用，则具备实用性。

5. 无积极效果

具备实用性的发明或者实用新型专利申请的技术方案应当能够产生预期的积极效果。明显无益、脱离社会需要的发明或者实用新型专利申请的技术方案不具备实用性。

案例33

【案情介绍】

某案专利权利要求涉及一种香烟雾净化器，包括吸风口、风机、电离盒、过滤盒、外壳，其特征在于过滤净化装置与高压静电发生器两种结构相复合。

说明书记载该香烟雾净化器能够过滤香烟雾中的尼古丁和烟碱，并使一氧化碳转变为二氧化碳。

【分析与思考】

该案所述香烟雾净化器显然能够制造，而且由于其能够过滤香烟雾中的尼古丁和烟碱，并使一氧化碳转变为二氧化碳，故能够产生积极效果。该香烟雾净化器可能存在造价高、产生微量臭氧的缺点，但是，由于所存在的缺点或不足没有严重到使该发明明显无益、脱离社会需要的程度，所以不能以此否定该发明的积极效果，从而否认该发明的实用性。

案例34

【案情介绍】

某案专利权利要求涉及一种医疗保健美容品的制造方法，其特征在于包括如下步骤：a. 收集新鲜的鱼胆，然后对它们进行消毒，并清除其中的杂质，得到洁净的混合物（A）；b. ……

根据说明书描述，主要是利用鱼胆制备保健美容品的方法，变废为宝。其中关于步骤 a 中的消毒，描述为"在实际使用中，可采用微波消毒的方法"，最后制备成片剂、胶囊、丸剂或冲剂，没有描述具体的鱼的种类。

【分析与思考】

该案专利权利要求请求保护的是以鱼胆为原料的医疗保健美容品的制造方法，但是，由于鱼胆中含有胆盐和鲤醇硫酸酯钠，因而在现有技术中公知具有明显的毒性。该权利要求所述的技术方案只是对原料进行"消毒，并清除杂质"的处理，说明书所相应描述的"在实际使用中，可采用微波消毒的方法"也只是一种常规的杀死有害微生物（如细菌）的处理，显然这些处理均不足以除去其中的毒性成分或消除其毒性，因此在未对原料进行去除毒性成分处理且以片剂、胶囊、丸剂或冲剂服用的情况下，该权利要求所述的方法制得的产品明显存在损害人身体健康的缺陷，属于无积极效果的发明。

第二节　"非三性"法条审查

一、发明的定义

根据《专利法》第 2 条第 2 款的规定,"发明,是指对产品、方法或者其改进所提出的新的技术方案"。

根据《专利法》第 2 条第 3 款的规定,"实用新型,是指对产品的形状、构造或者其结合所提出的适于实用的新的技术方案"。

根据《专利法》第 2 条第 4 款的规定,"外观设计,是指对产品的整体或者局部的形状、图案或者其结合以及色彩与形状、图案的结合所作出的富有美感并适于工业应用的新设计"。

(一)法条释义

《专利法》第 1 条阐明了专利法的立法宗旨,即,对发明创造授予专利权是为了保护专利权人的合法权益,鼓励发明创造,推动发明创造的应用,提高创新能力,促进科学技术进步和经济社会发展。什么是《专利法》意义上的发明创造?这是《专利法》需要回答的诸多问题中的首要问题。因此,《专利法》第 2 条紧接着第 1 条规定了"发明创造"的含义,其中,《专利法》第 2 条第 2 款、第 3 款以及第 4 款分别对专利法意义上的"发明""实用新型"以及"外观设计"给出了明确的、正面的定义。

在上述定义中,能够对发明专利权的保护客体产生限制作用的主要是"技术方案"这一措辞,产品或方法都是由技术方案来体现的。技术方案是对要解决的技术问题采取的包含利用了自然规律的技术手段的集合,也就是说,技术方案是针对所要解决的技术问题而采取的一系列技术手段的集合,而技术手段通常是由技术特征来体现的。各个技术特征之间的相互关系也属于技术特征。反之,未采用技术手段解决技术问题以获得符合自然规律的技术效果的方案,不属于《专利法》第 2 条第 2 款规定的"技术方案"。其中，"利用了自然规律"并不是要求申请文件中必须指明具体应用了什么自然规律。

一项技术方案应该同时具备技术手段、技术问题和技术效果三要素。判断一个方案是否是技术方案，应当将要求保护的方案作为一个整体来考虑，判断整个方案是否采用了技术手段，解决了技术问题并产生了技术效果。而不应仅根据方案中存在技术特征即直接得出整个方案为技术方案的结论，还应判断方案中的技术特征对发明所要解决的问题和实现的效果能否起作用，并判断所要解决的问题和实现的效果是否为技术问题和技术效果。

本条款中出现的"新的"一词，是用于界定能够获得发明专利的技术方案的性质，若无"新的"一词，就将导致对产品、方法提出的任何技术方案都可以被称为"发明"，这显然有悖立法宗旨和发明的基本概念，会导致公众误解。所述的"新的技术方案"，仅仅是对可申请专利保护的发明客体的一般性定义，并不是判断新颖性的具体审查标准。

案例 35

【案情介绍】

某案专利权利要求涉及一种油炸食品的制造方法，其中，该方法采取配料、和面、成形、黏挂辅料和炸制等技术手段，解决现有油炸食品中保质期短等技术问题。

【焦点问题】

该案专利权利要求保护的方法是传统工艺，不是新的技术方案，是否符合《专利法》第2条第2款规定的"新的技术方案"？

【分析与思考】

《专利法》中所称的发明是对产品、方法或其改进提出的新的技术方案，这是对可申请专利保护的发明客体的一般性定义，不是判断新颖性、创造性的具体审查标准，故该权利要求保护的方法无论是否是传统工艺，都并不影响其符合《专利法》第2条第2款规定的发明定义。就所述权利要求而言，其保护一种油炸食品的制作方法，该方法采取配料、和面、成形、黏挂辅料和炸制等技术手段，解决现有油炸食品中保质期短等技术问题，由此可见，所述权利要求是由解决所述技术问题的技术手段集合构成的技术方案。

（二）法条审查

鉴于《专利法》第2条第2款的审查对象为权利要求书，在审查过程中，关键在于判断权利要求的方案是否属于技术方案，即要判断权利要求所描述的技术方案是否同时具备技术手段、技术问题和技术效果三要素。

案例36

【案情介绍】

某案涉及一种电动汽车电池安全设计方法，权利要求如下。

权利要求1：一种电动汽车电池安全设计方法，其特征在于，所述设计方法包括：在电动汽车电池向安全事故发展的各个环节上，通过对发生可能性等级的评价，来评价系统设计安全事故发生的可能性等级；对于安全事故发生可能性等级高于预期要求的，通过选用可采用技术手段来降低可能性，并对于系统整体安全事故发生的可能性等级进行评估，直到系统整体安全性事故发生可能性等级达到预期。

权利要求2：根据权利要求1所述的电动汽车电池安全设计方法，其特征在于，所述电动汽车电池向安全事故发展的各个环节，为各种原因导致电池电失控，继发为热失控，热传递失控，起火，火传递失控，财物受损或人员受伤，严重伤害形成安全事故。

权利要求3：根据权利要求2所述的电动汽车电池安全设计方法，其特征在于，所述安全事故发生可能性等级分为：原理上不能发生、满足特定极端条件可能发生、在规定使用条件范围内可能发生、在规定使用条件范围内容易发生，并分别给各等级赋予数值发生概率为 0、$0 \sim (1/1000000)$，$(1/1000000) \sim (1/10000)$，$(1/10000) \sim 1$。

权利要求4：根据权利要求3所述的电动汽车电池安全设计方法，其特征在于，所述系统整体安全事故发生的可能性等级，为各个逻辑因果关联环节发生概率的乘积归结到最靠近的安全事故可能性等级。

权利要求5：根据权利要求2所述的电动汽车电池安全设计方法，其特征在于，所述的某环节事件发生的概率，由行业公认的统计数据、经验公式算得，或者由专家评审组打分得到。

权利要求6：根据权利要求2所述的电动汽车电池安全设计方法，其特征在于，所述安全事故发生可能性等级高于预期要求，是指针对特定用途具备实用价值的一个概率，比如公交车要求人员严重伤害从原理上不能出现，车辆财物烧毁的概率要求低于万分之一。

权利要求7：根据权利要求2所述的电动汽车电池安全设计方法，其特征在于，所述采用技术手段来降低可能性，指采用某种技术后，某环节发生的概率能够明显下降；采用的技术包括主动安全设计和被动安全设计。

权利要求8：根据权利要求7所述的电动汽车电池安全设计方法，其特征在于，所述的被动安全设计包括下述措施的至少一种。

措施1：更改空调管路和顶棚线束走向，使高压舱内无管线直接进入乘客区。

措施2：高压舱采用独立结构，封闭隔断内（电池舱）填充防火材料，确保乘客区的安全；高压舱内安装电池高温报警、烟雾报警，安装视频监视探头、管状干粉喷淋灭火器。

措施3：高压舱内安装纯电动空调，用于高压舱内储能系统降温。

措施4：将电机控制器从高压舱内移出。

措施5：将膨胀水箱移至发动机舱内。

措施6：纯电动车型全部取消电池舱通风管。

措施7：纯电动公交车选装电池自动灭火装置。

权利要求9：根据权利要求7所述的电动汽车电池安全设计方法，其特征在于，所述的主动安全设计包括下述措施的至少一种。

措施1：混合动力车型全部采用电池和高压柜的二级绝缘。

措施2：采用二路高压采集，完全避免高压误报。

措施3：对超级电容进行管理，温度超65℃时切断超级电容。

措施4：统一电池充放电温度：50 ℃时报警；55 ℃时降功率；60 ℃时切断；所有降功率及切断指令均由整车控制器发出。

措施5：混合动力车型均采用逆向串联控制，纯电动永磁电机滑行时整车控制器发送过零扭矩控制以防电容电池高速滑行过充。

措施6：预充逻辑及指令全部由整车控制器控制。

措施7：混动电池应用区间调整为65%～70%，确保电池温度控制及使用寿命要求。

【焦点问题】

对于该案专利权利要求1～9是否符合《专利法》第2条第2款的规定存在分歧，存在以下两种观点。

观点一：设计方法首先对事故发展的各个环节上对事故发生的可能性等级评估，是基于人为主观意愿的方式来获得的，例如经验公式、专家评分等方式，虽然记载可采用技术手段来降低可能性，但只是说要采用技术手段，采用什么技术手段则没有限定，并且在评估安全事故发生的可能性是否降到预期范围，这也是根据设计者的主观意愿来决定的，因此权利要求1～7并未采用符合自然规律的技术手段来解决技术问题，也没有获得符合自然规律的技术效果，不符合《专利法》第2条第2款的规定；而权利要求8～9给出了被动安全设计和主动安全设计的具体措施，例如高压舱采用独立结构、安装纯电动空调、温度超过65 ℃时切断超级电容、采用逆向串联控制等等，这些措施的集合都是利用了自然规律的技术手段，并且从技术三要素来看，整个方案中，采用了利用符合自然规律的技术手段，解决了电动汽车电池安全设计时安全事故发生的可能性高的技术问题，也取得了降低安全事故发生可能性的技术效果，因此满足技术方案的三要素要求，符合《专利法》第2条第2款的规定。

观点二：权利要求1请求保护一种电动汽车电池安全设计方法，该方法根据电动汽车电池向安全事故发展的各个环节来获得事故发生的可能性等级，并利用技术手段降低事故发生的可能性以满足设计安全性要求。如说明书所述，这些环节为接连发生的电失控、热失控、热传递失控、起火、火传递失控、财务受损或人员受伤，由此可见，这些环节是基于电池的固有属性及其在电动机车上的具体应用进行划分的，考虑了该应用场景下安全事故发展的自然规律；此外，该方案将每个环节的概率相乘结果作为整体事故发生的可能性等级的判断因素，考虑了各环节发生事故的先后依赖关系；再者，该方案在降低安全事故发生的可能性时考虑了在电动汽车上安装电池的位置、采用的线路以及相关安全装置等技术手段。由此可见，该设计方法采用的手段并非简单的人为制定的规则，而属于受自然规律约束的技术手段，并且解决了提高电动汽车电池设计安全性的技术问题并获得了相应的技术效果，因此属于专利保护客体，符合《专利法》第2条第2款的规定。

【分析与思考】

从该案公开的内容看，其要解决如何保障电动汽车中电池设计安全性的问题，目的是使得在将电池安装在电动汽车上后，电动汽车的安全性能够高于预期要求。在解决这一问题时所采用的手段包括将电动汽车电池引发安全事故的路径划分成多个环节，判断每一环节的可靠性等级并基于各个环节之间的依赖关系形成整体的可靠性判断结果，当该结果表示安全事故发生的可能性高于预期要求时，利用一些技术手段来提高某个或多个环节的可靠性，直到整体可靠性达到预期。在上述手段中，对于各环节的划分考虑了安全事故发生的自然规律，即电池电失控、继而导致的热失控、热传递失控、失火以致最后导致的财务受损或人员受伤等，对于整体可靠性判断结果的产生也考虑了这些环节之间的因果依赖关系，即整体可能性等级为各个环节发生事故的概率的乘积，乃至之后使用技术手段提高各环节的可靠性以使得整体可靠性达标等都考虑了在电动汽车中发生安全事故的自然规律。由此可见，该案利用了遵循自然规律的技术手段解决了上文提到的技术问题，并获得了提高电动汽车电池设计安全性的技术效果。

通常情况下，下列内容不属于专利法意义上的产品发明。如果申请人以这些内容作为权利要求请求保护的主题提出申请，将会导致申请不符合《专利法》第2条第2款的规定。

情形1：气味或者诸如声、光、电、磁、波等信号或者能量本身。对于主题为声、光、电、磁、波的权利要求，无论权利要求的特征部分采用何种撰写方式，都会被直接认定为不符合《专利法》第2条第2款的规定，不受专利法保护，但其发生装置及方法或利用其性质解决技术问题的方法属于可授予专利权的客体。

情形2：图形、平面、曲面、弧线等本身。对于主题为图形、平面、曲面或弧线等本身的权利要求，无论权利要求的特征部分采用何种撰写方式，都会被直接认定为不符合《专利法》第2条第2款的规定，不受专利法保护，但具有图形、平面、曲线、弧线等的产品属于可授予专利权的客体。

对于上述主题的权利要求，无论权利要求的特征部分采用何种撰写方式，都会被审查员直接认定为该权利要求的主题不符合《专利法》第2条第2款的规定。

但是，虽然声、光、电、磁、波等信号或者能量本身不受专利法保护，但其发生装置或方法属于可授予专利权的客体。

同样的，图形、平面、曲面、弧线等本身不受专利法保护，但具有图形、平面、曲面、弧线等的产品属于可授予专利权的客体。

案例37

【案情介绍】

某案专利权利要求涉及一种利用 γ 射线对油品进行辐射脱硫的方法，其特征在于常温常压下采用 γ 射线对油品进行辐照处理。

【分析与思考】

该案专利权利要求请求保护的主题是一种利用 γ 射线对油品进行辐射脱硫的方法，虽然技术主题涉及 γ 射线，但是利用 γ 射线解决油品脱硫这样的技术问题，因而该权利要求符合《专利法》第2条第2款的规定。

案例38

【案情介绍】

某案专利权利要求涉及一种白芷药材指纹图谱，通过如下方法得到（1）白芷药材的提取：……得到供试品溶液；（2）白芷药材指纹图谱的建立：采用高效液相色谱方法进行测定……得到白芷药材水提液指纹图谱。

【分析与思考】

该案专利权利要求请求保护的主题是一种中药材指纹图谱。指纹图谱系指中药材经适当处理后，采用一定的分析手段得到的能够标示该中药材特性的共有峰的图谱。虽然权利要求 1 的特征部分对获得指纹图谱的方法进行了限定，但指纹图谱本身是一种图形，而图形本身不属于《专利法》第 2 条第 2 款意义上的发明。

案例 39

【案情介绍】

某案专利权利要求涉及一种由稳频单频激光器发出的稳频单频激光，其特征在于，所述稳频单频激光器具有激光管和稳频器。

【分析与思考】

该案专利权利要求请求保护的主题是一种激光，虽然其特征部分对产生激光的激光器的具体构成部件例如激光管等进行了限定，但由于请求保护的主题是激光，因此该权利要求作为一个整体请求保护的是激光本身，而激光本身不属于专利法意义上的产品发明。

案例 40

【案情介绍】

某案专利权利要求涉及一种发出稳频单频激光的稳频单频激光器，其特征在于，所述稳频单频激光器具有激光管和稳频器。

【分析与思考】

该案专利权利要求请求保护的主题是一种激光器，作为激光的发生装置，该产品属于专利法意义上的产品发明。

案例 41

【案情介绍】

某案专利权利要求涉及一种电视节目菜单图标，其特征在于：图标呈十字交叉形，其中横向上的图标为第一形状，纵向上的图标为第二形状。

【分析与思考】

该案专利权利要求请求保护的主题是一种电视节目菜单图标,该权利要求的技术特征是界面上的图标位置和图标形状,其实质上请求保护的主题是一种图形,而图形本身不属于《专利法》第2条第2款意义上的产品发明。

1. 涉及商业方法的发明

商业方法是指实现各种商业活动和事务活动的方法,是一种对人的社会和经济活动规则和方法的广义解释,例如包括证券、保险、租赁、拍卖、广告、服务、经营管理、行政管理、事务安排等。

商业方法相关发明专利申请是指以利用计算机及网络技术实施商业方法为主题的发明专利申请。判断这类发明专利申请是否属于保护的客体,通常采用"三要素"判断法,即判断该申请解决的问题是否属于技术问题,采用的手段是否属于技术手段,取得的效果是否属于技术效果。

案例 42

【案情介绍】

某案专利权利要求涉及一种双向数字电视的商品购买方法,其特征在于通过网络与广播电台、家庭购物中心或与超级购物中心的数据库相连的双向数字电视购买,购入商品的方法是由下述阶段组成。

阶段1:通过电视遥控器、附着在电视本体上的局部键、键盘输入或选择用户希望广告的阶段。

阶段2:对在上述阶段1中输入或选择的希望广告在电视检索框中随时进行检索的阶段。

阶段3:对在上述阶段2中检索的广告信息与用户希望广告是否一致进行判断的阶段。

阶段4:在上述的阶段3中检索的广告信息能够被确认的,在电视显示屏中进行显示的阶段。

阶段5:对在上述的阶段4中显示的信息进行确认后,对显示的信息与希望广告相一致的商品是否购入进行决定的阶段。

【分析与思考】

该案专利权利要求请求保护的技术方案是利用公知的双向数字电视和广播通信网络，接收用户输入的希望购买商品的相关信息，对广告信息进行检索，并将检索结果显示给用户，用户根据显示信息决定其购买操作。在本方案中，虽然通过双向数字电视进行购买操作并通过对用户输入信息的相关处理对订购过程进行了控制，但该双向数字电视是一种公知设备，在订购过程中执行的对商品信息的检索、显示及相应的存储和控制，既没有给双向数字电视的内部性能带来改进，也没有给双向数字电视的构成或功能带来任何技术上的实质改变。并且，该方案解决的问题是如何在观看电视节目的过程中根据用户的愿望订购商品，不构成技术问题；所采用的手段是用户输入反映其主观愿望的信息并根据查找结果来决定是否购买商品，其中发生的各项操作都是以用户的主观愿望和手动操作为依据，不受自然规律的约束，因而不属于技术手段；该方案获得的效果是用户可以在观看电视节目的过程中根据其愿望来选择和购买商品，不是技术效果。

案例43

【案情介绍】

某案专利权利要求涉及一种计费处理方法，其特征在于，所述的方法包括：收到用户的实时计费请求消息，所述实时计费请求消息产生于一实时计费事件，在对该用户进行实时计费处理之前，根据定期计费事件获得对该用户的相应定期计费周期内的定期计费处理结果；根据所述的定期计费处理结果，对该用户的实时计费事件进行实时计费处理。

【分析与思考】

该案专利权利要求要解决的技术问题是如何将实时计费与定期计费进行关联，以获得准确的用户费用信息。采用的技术手段是：对现有通信技术中两个互相独立的计费处理流程进行改进，具体来讲，就是根据定期计费时间获得定期计费处理结果；根据定期计费处理结果，对该用户的实时计费事件进行计费处理。产生的技术效果是：根据获得的用户费用信息实现控制用户通信。

由上可知，该权利要求请求保护的计费方法解决的并不是信息服务领域的经济问题或商业问题，而是一种通过采用技术手段，即对现有通信技术中计费处理流程进行改进，解决了将实时计费事件和定期计费事件相互关联以获准确的用户费用信息的技术问题，从而达到了控制用户通信的技术效果，构成了技术方案。

2. 涉及计算机程序的发明

涉及计算机程序的发明是指为解决发明提出的问题，全部或部分以计算机程序处理流程为基础，通过计算机执行按上述流程编制的计算机程序，对计算机外部对象或者内部对象进行控制或处理的解决方案。涉及计算机程序的解决方案并不必然包含对计算机硬件的改变。

为了解决技术问题而利用技术手段，并获得技术效果的涉及计算机程序的发明专利申请属于《专利法》第2条第2款规定的技术方案，因而属于专利保护的客体。

案例44

【案情介绍】

某案涉及一种英文单词记忆系统及记忆方法，为克服现有英文记忆书籍中记忆方法的不足，申请提出一种由情境关联以缩短记忆英文单词所需时间的系统和方法。

权利要求1：一种英文单词记忆系统，其特征在于其包括全览模块，该全览模块包含有依含义相排列设置复数的场景模块，及依含义设于对应的该场景模块上的名人单元；与该全览模块信息对应的字网图，该字网图包含依含义相排列设置的复数中文模块；及复数母字单元与复数子字单元，各该母字单元与各该子字单元依次代表的意义或字首字母分别设置于该场景模块及该中文模块上，使该全览模块与该字网图具有相同的、但排列位置不同的各该母字单元与各该子字单元，令该全览模块与该字网图信息对应。

【分析与思考】

对于权利要求1，其主题为一种英文单词记忆系统，说明书中记载了该记忆系统结合于电子设备中，电子设备包括计算机、智能手机或PDA等，因此权利要求1属于涉及计算机程序的发明。该申请的记忆系统虽然主题名称是一种系统，但内容中限定的全览模块、字网图都是人为设定的规则和方法，解决的问题是如何通过情境关联以缩短记忆英文单词所需的时间，根据人的主观愿望而确定，并不构成技术问题，所采用的手段是人为制定了学习规则，并按照规则的要求来进行，不受自然规律的约束，因而未利用技术手段，同时也未借助自然规律产生任何技术效果，因而不构成技术方案。

案例45

【案情介绍】

某案专利权利要求涉及一种去除图像噪声的方法，其特征在于，包括以下步骤：获取输入计算机的待处理图像的各个像素数据；使用该图像所有像素的灰度值，计算出该图像的灰度均值及其灰度方差值；读取图像所有像素的灰度值，逐个判断各个像素的灰度值是否落在均值上下3倍方差内，如果是，则不修改该像素的灰度值，否则该像素为噪声，通过修改该像素的灰度值去除噪声。

【分析与思考】

该案专利权利要求涉及一种图像数据处理方法，所要解决的问题是如何在有效地去除图像噪声的同时，又能够减少因去除图像噪声处理产生的图像模糊现象，是技术问题，该方法通过执行计算机程序实现图像数据的去除噪声处理，反映的是根据具有技术含义的像素数据的灰度均值及其灰度方差值，对灰度值落在均值上下3倍方差外的像素点视为图像噪声予以去除，对灰度值落在均值上下3倍方差内的像素点视为图像信号不修改其灰度值，避免像现有技术那样对所有像素点都用均值替代的缺陷，利用的是遵循自然规律的技术手段，获得既能有效去除图像噪声又能减少因去除图像噪声处理造成的图像模糊现象的效果，同时由于被替换的像素点明显减少，使得系统的运算量减少，图像处理速度和图像质量提高，因而获得的是技术效果。

二、违反法律、社会公德或者妨害公共利益

（一）《专利法》第 5 条第 1 款

根据《专利法》第 5 条第 1 款的规定，"对违反法律、社会公德或者妨害公共利益的发明创造，不授予专利权。"

1. 法条释义

从维护国家和社会利益的角度出发，《专利法》根据我国国情对可授予专利权的发明创造的范围做出了某些限制性规定。规定对违反法律、社会公德或者妨害公共利益的发明创造不授予专利权，目的在于防止对可能扰乱正常社会秩序、导致犯罪或者造成其他不安定因素的发明创造授予专利权。

（1）违反法律。

对违反法律的发明创造不授予专利权。《专利法》第 5 条第 1 款所称的法律，是指全国人民代表大会或者全国人民代表大会常务委员会依照立法程序制定和颁布的法律，不包括行政法规和规章，例如国务院颁布的各种条例等并不在《专利法》第 5 条第 1 款所称的法律的范畴内。需要说明的是，法律是动态的，根据现实需要会颁布实施新的法律，修改或废止内容过时或者与社会现实情况不适应的原有法律，因此需要关注法律的变化。

违反法律的发明创造，是指发明创造为法律明文禁止或与法律相违背，这样的发明创造不能被授予专利权。

（2）违反社会公德。

社会公德，是指公众普遍认为正当的、并被接受的伦理道德观念和行为准则。它的内涵基于一定的文化背景，随着时间的推移和社会的进步不断发生变化，而且因地域不同而各异。也就是说，社会公德的内涵是不断变化的，既具有一定的文化背景，又与社会的发展、地域性的不同相关。

中国专利法中所称的社会公德限于中国内地，不包括港澳台地区。

（3）妨害公共利益。

妨害公共利益，是指发明创造的实施或使用会给公众或社会造成危害，或者使国家和社会的正常秩序受到影响。但是，如果发明创造因滥用而可能造成妨害公共利益的，或者发明创造在产生积极效果的同时存在某种缺点的，不会因"妨害公共利益"而被拒绝授予专利权。

2. 法条审查

《专利法》第5条的审查对象为整个申请文件，即权利要求书、说明书（包括附图）和说明书摘要，整个申请文件都不应该出现违背《专利法》第5条的内容。

（1）违反法律。

发明创造与法律相违背的，不能授予专利权。例如，用于赌博的设备、机器或工具；吸毒的器具；伪造国家货币、票据、公文、证件、印章、文物的设备等都属于违反法律的发明创造，不能被授予专利权。

案例46

【案情介绍】

某案涉及一种用于博彩的彩金分享系统，包括服务器和多个用户终端，多个用户终端通过网络与服务器通信连接；用户终端配置有语音识别单元，用户可以通过语音命令进行下注操作；服务器接收用户的语音命令，控制博彩游戏的进程。

【分析与思考】

该案涉及用于赌博的设备，违反我国相关法律，不符合《专利法》第5条第1款的规定。

对于化学领域中有可能因违反法律而导致无法获得授权的专利申请的情形，需要注意的是涉及与人类身体健康密切相关的专利申请，如食品、药品和化妆品等，是否违反相关的法律法规，如《中华人民共和国食品安全法》等。这些法律法规往往是动态的，必要时可以到相关网站查找最新规定。

案例 47

【案情介绍】

某案专利权利要求涉及一种葛根淀粉脂肪模拟物制备方法，包括：取葛根淀粉……然后添加硫酸二甲酯，硫酸二甲酯与淀粉的体积重量比为 1∶2……得葛根淀粉脂肪模拟物。

说明书中记载了该葛根淀粉脂肪模拟物用于食品中。

【分析与思考】

由于硫酸二甲酯是一种剧毒的无色液体，在食品制备中使用"硫酸二甲酯"，会导致最终食品带有毒性，对食用者的生命构成威胁。权利要求 1 记载的技术方案中使用硫酸二甲酯对淀粉进行处理，并且硫酸二甲酯的体积是淀粉重量的 0.5 倍，由于使用了剧毒的溶剂对原料进行处理，而且所用比例较大，并且在最终产品中无法判断这种毒性是否去除，因此使用权利要求 1 记载的技术方案得到的产品会损害人身体健康，违反《中华人民共和国食品安全法》。

发明创造并没有违反法律，但是由于其被滥用而违反法律的，则不属此列。其中，常见的因滥用而违反国家法律的情形有：例如，用于医疗目的的一些药物，这些药物本身还有其他医药用途，如镇痛等，但这些药物如果被滥用，如作为毒品，则违反国家法律，但不能因为其被滥用而不给予专利保护，类似的主题还有麻醉品、镇静剂、兴奋剂等。

案例 48

【案情介绍】

某案专利权利要求涉及一种药物制剂，它包含式（Ⅰ）化合物或其药学上适用的盐，式（Ⅰ）为……

专利说明书记载了本发明是一类新的兴奋剂，可用于治疗焦虑症、抑郁症、偏头痛、中风和高血压等。

【分析与思考】

该案专利权利要求请求保护的是一种药物制剂，该药物制剂可用于抑郁症、肥胖症、老年痴呆症等的治疗，对公众健康有利，是可以被授予专利权的。如果是基于发明创造被滥用而可能造成危害，这种情况并不属于《专利法》第 5 条第 1 款规定的情形。

《专利法实施细则》第 10 条规定，《专利法》第 5 条所称违反法律的发明创造，不包括仅其实施为法律所禁止的发明创造。其含义是，如果仅仅是发明创造的产品的生产、销售或使用受到法律的限制或约束，则该产品本身及其制造方法并不属于违反法律的发明创造。例如，用于国防的各种武器的生产、销售及使用虽然受到法律的限制，但这些武器本身及其制造方法仍然属于可给予专利保护的客体。

（2）违反社会公德。

涉及暴力、色情的专利申请违反了社会公德，不符合我国传统的伦理道德，难以被人们所接受。因此，属于《专利法》第 5 条规定的不授予专利权的范围。

案例 49

【案情介绍】

某案涉及一种用于在游戏机上提供玩家跟踪服务的方法和设备。专利说明书中记载，获得并保持游戏玩家对玩游戏的兴趣的一个相关方法是在各种游艺场所中提供玩家跟踪程序。控制器模块可以控制许多利用玩家跟踪单元的多媒体能力的应用程序，例如脱衣舞等。显然，该玩家跟踪程序是涉及色情的多媒体视频。

【分析与思考】

该案中采用玩家跟踪程序向玩家提供奖励，促使访问游戏设施的玩家参与到各种游戏活动中。其提供色情视频作为玩游戏的奖励，显然不符合我国传统的伦理道德，属于《专利法》第 5 条规定的不授予专利权的范围。

某些特殊领域，例如生物领域，常见的违反社会公德的专利申请有涉及克隆人或克隆人的方法、人胚胎的工业或商业目的的应用、改变人生殖系遗传同一性的方法等。其中，关于"人胚胎的工业或商业目的的应用"

的专利申请较为常见。对于"人胚胎的工业或商业目的的应用"，应当注意的是认定其中的"人胚胎"是从受精卵开始到新生儿出生前任何阶段的胚胎形式，包括卵裂期、桑葚期、囊胚期、着床期、胚层分化期的胚胎等。其来源也应包括任何来源的胚胎，包括体外授精多余的囊胚、体细胞核移植技术所获得的囊胚、自然或自愿选择流产的胎儿等。

人类胚胎干细胞的维持、扩增、富集、诱导分化、修饰方法，这类发明由于也是以人类胚胎干细胞作为原料，因此如果人类胚胎干细胞的获得有悖于伦理道德，则这类发明的实施也有违伦理道德，不能被授予专利权。此外，人类胚胎干细胞及其制备方法，处于各个形成和发育阶段的人体，包括人的生殖细胞、受精卵、胚胎及个体，均属于违反社会公德而不能被授予专利权的发明。

案例50

【案情介绍】

某案专利独立权利要求如下。

权利要求1：一种促进未分化胚胎干细胞生长的方法，所述方法包括……

权利要求2：一种促进胚胎干细胞向神经元分化的方法，所述方法包括……

权利要求3：一种促进胚胎干细胞分化的方法，所述方法包括……

专利说明书中记载了所述胚胎干细胞是人或动物胚胎干细胞。

【分析与思考】

该案专利权利要求请求保护的技术方案均涉及以胚胎干细胞为原料的方法，由于说明书中记载了所使用的胚胎干细胞可以来源于人类胚胎，因此这些主题涉及了"人类胚胎的工业或商业目的的应用"，不能被授予专利权。另外，需要说明的是，即使只是在说明书中出现上述有关胚胎或胚胎干细胞的主题，也应该认为该案涉及"人类胚胎的工业或商业目的的应用"，不能被授予专利权。

如今，为了顺应人类胚胎干细胞技术的快速发展和创新主体对相关技术专利保护的迫切需求，修改后的《专利审查指南》，不再对未经过体内发育的受精 14 天以内的人类胚胎分离或者获取干细胞技术的专利保护以《专利法》第 5 条涉及 "违反社会公德" 为理由完全排除。

众所周知，由于技术的局限性，早期获取人类胚胎干细胞只能通过破坏人自生胚胎的方式，导致人类胚胎干细胞的科学研究面临较大的伦理争议。随着科技的不断发展，人类胚胎干细胞领域不断涌现出新技术，体外获取技术已成为目前人类胚胎干细胞的主要获取途径，这就避免了从体内获取干细胞的相关伦理争议。尤其受精 14 天以内的囊胚还没有进行组织分化和神经发育，从体外发育 14 天以内的囊胚获得人类胚胎干细胞不存在违背伦理道德的问题，2003 年 12 月 24 日，中华人民共和国科学技术部和原中华人民共和国卫生部联合印发《人胚胎干细胞研究伦理指导原则》，第 6 条中规定 "进行人胚胎干细胞研究，必须遵守以下行为规范：（一）利用体外受精、体细胞核移植、单性复制技术或遗传修饰获得的囊胚，其体外培养期限自受精或核移植开始不得超过 14 天"。

人类胚胎干细胞因具有无限增殖及分化全能性而成为全球研究热点，其在疾病治疗和再生医学领域具有广阔的应用前景。因此，随着人类胚胎干细胞研究的深入和临床治疗曙光的出现，考虑到全社会最大利益的实现，此次修改不再对未经过体内发育的受精 14 天以内的人类胚胎分离或者获取干细胞技术的专利保护以《专利法》第 5 条为由完全排除。从而实现了对于部分胚胎干细胞研究相关发明给予适当专利保护的目的，解决了目前 "一刀切" 的局面，符合我国产业科研政策的规定，也符合相关伦理道德的要求。

（3）妨害公共利益。

因妨害公共利益而无法获得授权的情形通常有：会致人伤残或损害财务、涉及国家重大政治事件或宗教事件、伤害人民感情或民族情结、宣传封建迷信等。化学领域常见的因妨害公共利益而无法获得授权的情形主要有严重污染环境、破坏生态平衡等。但是，如果是在产生积极效果的同时存在某种缺点的，不会因 "妨害公共利益" 而被拒绝授予专利权。

案例 **51**

【案情介绍】

某案涉及一种防尘杀菌纱窗,申请人为解决现有纱窗的隔尘效果差、杀菌率低问题,提出了一种具有能耗低、高效防尘杀菌等功能的纱窗,其采用的技术方案是:在窗纱固定框和窗户框上设置有可产生 1000～3500 V 直流高压电和 20～35 V 直流低压电的电源控制器,外窗纱通过导线接 1000～3500 V 直流高压电正极,内纱窗通过导线接 20～35 V 直流低压电负极,纱窗工作时,当人从室内接近纱窗并进入警戒范围时,设置在纱窗上的人体红外感应装置工作使内纱窗和外纱窗自动断电,确保人身安全。

【分析与思考】

该案中外纱窗接 1000～3500 V 直流高压电,而人体红外感应装置仅用于防止室内人员触电,并未考虑室外人员的安全,当人员从室外接近外纱窗时可能因触电而受到伤害。这样的主题属于《专利法》第 5 条中"妨害公共利益的发明创造"。

案例 **52**

【案情介绍】

某案涉及一种手持电子设备,其具有镜头隐蔽板,在非拍摄期间镜头隐蔽板处于光阻塞状态,因而避免了照相机镜头被发现。权利要求:一种手持电子设备,包括:照相机镜头,用于形成目标图像;镜头屏蔽板,用于屏蔽所述照相机镜头;判断装置,用于判断预定条件是否满足;控制装置,用于基于所述判断装置的结果控制所述镜头屏蔽板。

【分析与思考】

该案提供一种具有照相功能的手持电子设备,其包括一个形成目标图像的照相机镜头和隐蔽照相机镜头的镜头屏蔽板,其中镜头屏蔽板处于照相机镜头一侧,根据操作员的操作,在非拍摄期间镜头屏蔽板处于光阻塞状态,因而避免了照相机镜头被发现;在拍摄期间镜头屏蔽板处于光传输状态,因而使得拍摄能够进行,这样,在非拍摄期间即使在操作者周围有很多人的地方执行手持电子设备的操作，也能够防止露出照相机镜头给其他人带来不舒服或者不愉快的感觉。此外，由于镜头屏蔽板是固定的，也可以防止灰尘等粘在照相机镜头上，与机械式打开/关闭的镜头盖的情况相比，不需要手工打开/关闭的时间和劳动，并且能够自动设置拍摄的状态，从而可以执行快速和可靠的拍摄。

由此可见，该案未包含致人损害的手段，其实施和使用也未对环境、能源或资源、生态平衡、公众健康等造成严重不利影响，其内容也不涉及国家重大政治事件或宗教信仰，不伤害人民或民族感情。但是，当本申请的手持电子设备用于间谍活动或者偷拍时，有可能因其使用而违反国家法律或者妨害公共利益，但是《专利法》第 5 条规定的不授予专利权的客体不包括仅其实施或者使用违反国家法律或者妨害公共利益的情况。因此，该案不属于《专利法》第 5 条规定的妨害公共利益的发明创造。

针对《专利法》第 5 条第 1 款的审查，其审查对象为整个申请文件，即权利要求书、说明书（包括附图）和说明书摘要，在实践审查过程中，不仅需要关注权利要求书相关内容是否涉及《专利法》第 5 条第 1 款，还要关注其他申请文件，如说明书（包括附图）和说明书摘要等，是否存在违反法律、社会公德或者妨害公共利益的内容。然而，实际审查中，该条款审查的难点不仅在于需要核查全部申请文件，更在于需要全面掌握目前我国其他相关法律的含义，我国伦理道德范围以及如何准确界定公共利益等方面内容，这对审查员提出了更为全面的要求。

案例 53 ~ 54

【案情介绍】

案例 53 涉及基于数字货币实现筹资交易的方法、系统以及装置，权利要求 1：一种基于数字货币实现筹资交易的方法，其特征在于出资人钱包应用装置根据交易智能合约向出资人银行钱包发送所述支付请求；所述支付请求包括支付数字货币的金额、筹资人银行钱包标识、联合签名智能合约申请和授权使用智能合约申请。

所述出资人银行钱包在收到所述支付请求后，向数字货币系统发送所述支付请求。

所述数字货币系统受理所述支付请求后，按照所述支付请求，将出资人的原有数字货币作废，重新生成带有联合签名标识的数字货币，然后将该数字货币发送至筹资人银行钱包。

所述联合签名标识包括签名规则标识和使用规则标识；所述签名规则标识对应联合签名智能合约，所述使用规则对应授权使用智能合约；所述数字货币是加密字串，所述加密字串包括所述数字货币的金额、发行方标识和所有者标识。

案例 54 涉及一种处理数字货币的方法和系统，权利要求如下。

权利要求 1：一种处理数字货币的方法，其特征在于接收由数字货币核心系统发送的数字货币的操作信息；解析所述操作信息；将解析后的操作信息存储在各个网络节点对应的数据库中。

……

权利要求 5：根据权利要求 1 或 2 所述的方法，其特征在于，所述操作信息包括发行的数字货币、销毁数字货币的指令信息或数字货币图谱。

【焦点问题】

案例 53 和案例 54 保护的涉及数字货币的技术方案是否违反 2003 年修正的《中华人民共和国中国人民银行法》（以下简称《中国人民银行法》）第 20 条的有关规定？是否涉及未批准的非法公开融资的行为，存在金融风险，使国家正常的金融秩序受到影响，妨害公共利益？

【分析与思考】

第一，所述案例是否存在违反相关法律法规的问题。

《中国人民银行法》第 2 条规定："中国人民银行是中华人民共和国的中央银行。中国人民银行在国务院领导下，制定和执行货币政策，防范和化解金融风险，维护金融稳定。"

《中国人民银行法》第 20 条规定："任何单位和个人不得印制、发售代币票券，以代替人民币在市场上流通。"

2017 年 9 月 4 日，中国人民银行等七部门联合发布《中国人民银行 中央网信办 工业和信息化部 工商总局 银监会 证监会 保监会关于防范代币发行融资风险的公告》（以下称《公告》），认为"代币发行融资是指融资主体通过代币的违规发售、流通，向投资者筹集比特币、以太币等所谓'虚拟货币'，本质上是一种未经批准非法公开融资的行为，涉嫌非法发售代币票券、非法发行证券以及非法集资、金融诈骗、传销等违法犯罪活动……代币发行融资中使用的代币或'虚拟货币'不由货币当局发行，不具有法偿性与强制性等货币属性，不具有与货币等同的法律地位，不能也不应作为货币在市场上流通使用"，并规定"任何组织和个人不得非法从事代币发行融资活动"。

案例53和案例54请求保护的技术方案均涉及数字货币，在理解技术方案和判断是否违反《专利法》第5条第1款的规定时，首先需要理清其具体含义以及与代币之间的关系。

第二，关于"数字货币"的含义。

《专利审查指南》第二部分第二章3.2.2节规定："一般情况下，权利要求中的用词应当理解为相关技术领域通常具有的含义。在特定情况下，如果说明书中指明了某词具有特定的含义，并且使用了该词的权利要求的保护范围由于说明书中对该词的说明而被限定得足够清楚，这种情况也是允许的。但此时也应要求申请人尽可能修改权利要求，使得根据权利要求的表述即可明确其含义。"

"数字货币"目前在所属领域中对其还没有通常的解释。案例53的权利要求1以及案例54的从属权利要求6中均明确限定了"所述数字货币是加密字串，所述加密字串包括所述数字货币的金额、发行方标识和所有者标识"。特别是案例53记载了："所述数字货币系统是由数字货币发行机构提供的，提供数字货币的发行、转移、验证、生产、作废、管理等运行操作"。案件54记载了："目前，一般认为数字货币是由中央银行发行或中央银行授权发行的……数字货币……现今由作为数字货币核心系统的中央银行发行并进入流通领域。"根据以上记载可知，"数字货币"由特定的数字货币发行机构（中央银行）发行，这与没有集中的发行方或发行机构且采用去中心化的支付系统的比特币、以太币等虚拟货币或"代币发行融资"中使用的代币的情况不同，因而不能根据"数字"表面含义而简单地将其与比特币、以太币等形式的虚拟代币或代币混同起来。

根据《专利审查指南》的上述规定，可以在专利审查过程中要求申请人在权利要求中对数字货币的发行方等内容进行明确限定或在意见陈述书中予以释明。

第三，所述案例是否存在违反法律的问题。

根据《专利法》第5条第1款的规定，发明创造的公开、使用、制造违反了法律的，不能被授予专利权。《专利审查指南》第二部分第一章第3.1.1节对"法律"的含义做了进一步解释，是指由全国人民代表大会或者全国人民代表大会常务委员会依照立法程序制定和颁布的法律。它不包括行政法规和规章。《中国人民银行法》于1995年由全国人大通过，并于2003年由全国人民代表大会常务委员会修正，属于法律的范畴。从技术方案来看，案例53和案例54技术方案主要涉及的是在数字货币发行之后如何利用技术的手段增强资金的监管以及提升数字货币验证的便利性和可靠性，并不涉及该条规定所禁止的印刷、发售代币票券的行为并造成代替人民币在市场上流通的结果。

第四，所述案例是否存在妨害公共利益的问题。

出台所述《公告》的目的主要是保护投资者合法权益，防范化解金融风险，维护经济金融秩序，但该《公告》并非法律，即使存在《公告》禁止的行为，也不能以"违反法律"为由拒绝授予专利权。

在考虑是否属于《专利法》第5条第1款规定的"妨害公共利益"的情形时，如上述第（2）点所述，案例53和案例54中的数字货币有别于比特币或代币，未涉及代币非法公开融资行为，相应技术方案主要解决资金监管和数字货币验证的可靠性和便利性的问题，并未扰乱金融秩序，也未给公众或社会造成伤害和使国家和社会的正常秩序受到影响。

（二）《专利法》第5条第2款

根据《专利法》第5条第2款的规定，"对违反法律、行政法规的规定获取或者利用遗传资源，并依赖该遗传资源完成的发明创造，不授予专利权"。该条款是2008年《专利法》修改时增加的，其目的在于在专利制度中落实《生物多样性公约》的有关规定，有效地保护我国的生物遗传资源，促进我国遗传资源的合理和有序利用。我国是一个发展中国家，同时也是一个遗传资源极为丰富的国家。遗传资源的保护和合理利用关系到我国的切身利益，受到我国各界的高度关注。长期以来，我国一致以积极姿态参与 WIPO 和 WTO 的有关讨论，致力于推动有关国际规则的形成，并希望首先形成国际规则，然后在国际规则的框架下形成国内法律，以合理协调专利制度与保护遗传资源制度之间的关系，但遗憾的是这一愿望没有能够实现。鉴于国际规则的制定陷入僵局，一时也难以达成一致，故我国从本国立法先启动，于是在 2008 年《专利法》修改时将本条款加入。

1. 法条释义

《专利法》第 5 条第 2 款明确规定，"对违反法律、行政法规的规定获取或者利用遗传资源，并依赖该遗传资源完成的发明创造，不授予专利权"。

本条款中所述的法律指全国人民代表大会或其常委会颁布实施的法律，行政法规是指国务院颁布的行政法规。在适用时均以已经颁布施行的法律和行政法规为准。同样需要说明的是，法律法规是动态的，根据现实需要会颁布实施新的法律，修改或废止内容过时或者与社会现实情况不适应的原有法律法规，因此需要关注法律法规的变化。

《专利法》所称遗传资源，是指取自人体、动物、植物或者微生物等含有遗传功能单位并具有实际或者潜在价值的材料；《专利法》所称依赖遗传资源完成的发明创造，是指利用了遗传资源的遗传功能完成的发明创造。

遗传功能是指生物体通过繁殖将性状或者特征代代相传或者使整个生物体得以复制的能力。

遗传功能单位是指生物体的基因或者具有遗传功能的 DNA 或者 RNA 片段。

取自人体、动物、植物或者微生物等含有遗传功能单位的材料，是指遗传功能单位的载体，既包括整个生物体，也包括生物体的某些部分，例如器官、组织、血液、体液、细胞、基因组、基因、DNA 或者 RNA 片段等。

发明创造利用了遗传资源的遗传功能是指对遗传功能单位进行分离、分析、处理等，以完成发明创造，实现其遗传资源的价值。

违反法律、行政法规的规定获取或者利用遗传资源，是指遗传资源的获取或者利用未按照我国有关法律、行政法规的规定事先获得有关行政管理部门的批准或者相关权利人的许可。

2. 法条审查

《专利法》第 5 条的审查对象为整个申请文件，即权利要求书、说明书（包括附图）和说明书摘要（其中《专利法》第 5 条第 2 款的审查还涉及遗传资源来源披露登记表），应该注意整个申请文件都不应该出现违背《专利法》第 5 条的内容，必要时需要提交遗传资源来源披露登记表。

在 2009 年 10 月 1 日起施行的《专利法》和 2010 年 2 月 1 日起施行的《专利法实施细则》引入了关于非法获取或利用遗传资源的发明创造的相关条款。

根据《专利法》第 5 条规定，对违反法律、行政法规的规定获取或者利用遗传资源，并依赖该遗传资源完成的发明创造，不授予专利权。《专利法》第 26 条第 5 款规定，依赖遗传资源完成的发明创造，申请人应当在专利申请文件中说明该遗传资源的直接来源和原始来源；申请人无法说明原始来源的，应当陈述理由。

《专利法实施细则》第 26 条进一步对专利法所称遗传资源进行了注释，是指取自人体、动物、植物或者微生物等含有遗传功能单位并具有实际或者潜在价值的材料；专利法所称依赖遗传资源完成的发明创造，是指利用了遗传资源的遗传功能完成的发明创造。

就依赖遗传资源完成的发明创造申请专利的，申请人应当在请求书中予以说明，并填写国务院专利行政部门制定的表格。

在实践审查过程中，该条款的审查也对审查员提出了较高的要求，不仅要充分理解该法条的含义，更要掌握相关法律及行政法规的相关规定，例如《中华人民共和国种子法》《中华人民共和国野生动物保护法》《中华人民共和国环境保护法》《中华人民共和国水土保持法》等，以及与保护生物资源有关的行政法规，如《中华人民共和国野生动植物保护条例》《中华人民共和国植物新品种保护条例》《中华人民共和国中药品种保护条例》《中华人民共和国自然保护区条例》《中华人民共和国水产资源繁殖保护条例》等。尽管在实际审查过程中，不符合《专利法》第 5 条第 2 款的规定的情况较为罕见，但应引起专利审查行政部门的重视，严格按照相关法律或行政法规的规定进行审查，从而更有效地保护我国的生物遗传资源。

三、重复授权

《专利法》第 9 条规定，"同样的发明创造只能授予一项专利权。但是，同一申请人同日对同样的发明创造既申请实用新型专利又申请发明专利，先获得的实用新型专利权尚未终止，且申请人声明放弃该实用新型专利权的，可以授予发明专利权。两个以上的申请人分别就同样的发明创造申请专利的，专利权授予最先申请的人。"

（一）法条释义

根据《专利法》第 9 条规定，同样的发明创造只能授予一项专利权。两个以上的申请人分别就同样的发明创造申请专利的，专利权授予最先申请的人。该条款规定了不能重复授予专利权的原则。禁止对同样的发明创造授予多项专利权，是为了防止权利之间存在冲突。

对于发明或实用新型，《专利法》第 9 条或《专利法实施细则》第 41 条中所述的"同样的发明创造"是指两件或两件以上申请（或专利）中存在的保护范围相同的权利要求。在判断方法上应当仅就各自请求保护的内容进行比较即可。

（二）法条审查

一般认为，在新颖性判断与重复授权判断中，专利法虽然都使用了同样的发明创造的概念，但同样的发明创造的范畴存在差异：一方面，两者比较的对象不同，新颖性判断中的"同样的发明创造"是将权利要求所述的技术方案与对比文件中所公开的全部内容进行比较，例如对比文件为专利文献时，对比的内容包括说明书、权利要求书以及附图等专利文件，比较的对象为现有技术或抵触申请，而在判断是否存在重复授权时，只需将权利要求所述的技术方案与其他专利（申请）权利要求的技术方案相比较即可，比较的对象主要为同申请日的同样的发明创造，且两者均符合授予专利权的其他条件；另一方面，两者比较的内容不同，新颖性判断中"同样的发明创造"主要比较两者技术领域、所要解决的技术问题、采用的技术方案以及预期效果是否实质上相同，而重复授权判断中"同样的发明创造"主要比较两者的权利要求保护范围是否相同，部分新颖性判断的审查基准不适用于重复授权判断，例如在新颖性判断中，针对同一类性质的技术特征，具体（下位）概念可直接公开一般（上位）概念，但在重复授权判断中，具体（下位）概念与一般（上位）概念并不对等，不属于重复授权范畴。需要注意的是，在先申请构成抵触申请或已公开构成现有技术的，应根据《专利法》第22条第2、第3款，而不是根据《专利法》第9条，对在后专利申请（或专利）进行审查。

此外，目前专利申请过程中普遍存在相同技术方案的发明创造既申请发明专利又申请实用新型专利的情况，但专利法规定两者必须是同日提出，以避免申请人分次提出实用新型专利和发明专利申请时保护期限可能超过二十年的不合理现象，同时还规定，随后授予发明专利权的另一条件是"在先获得的实用新型专利尚未终止"，这一规定可以有效避免申请人已经放弃或者专利权已经届满的权利再次被授予专利权，为社会公众提供一个明确的权利范围界限。

众所周知，专利法上的禁止重复授权是指同样的发明创造不能有两项或者两项以上的处于有效状态的专利权同时存在，而不是指同样的发明创造只能授予一次专利权，这就是禁止重复授权的立法宗旨。

案例 55

【案情介绍】

某案专利权利要求1涉及一种圆盘式组装机构，包括驱动一转盘步进式旋转的驱动机构，所述转盘上绕着轴心均匀地设置有多个组装定位冶具，以及设于所述转盘上方，用于组装和卸料的机械手；其特征在于，所述定位冶具上设有滑动机构，所述滑动机构的外端设有导向孔，所述驱动机构驱动所述转盘旋转时，位于所述转盘上方的推动凸轮推动所述滑动机构滑动，使所述导向孔与所述定位冶具的定位型腔重合和分离。

经对申请人进行追踪检索发现，同一申请人同日提交了实用新型专利申请，其中，该实用新型专利授权的权利要求1为：圆盘式组装机构，包括驱动一转盘步进式旋转的驱动机构，所述转盘上绕着轴心均匀地设置有多个组装定位治具，以及设于所述转盘上方，用于组装和卸料的机械手；其特征在于，所述定位治具上设有滑动机构，所述滑动机构的外端设有导向孔，所述驱动机构驱动所述转盘旋转时，位于所述转盘上方的凸轮推动所述滑动机构滑动，使所述导向孔与所述定位治具的定位型腔重合和分离。

然而，实用新型专利申请的请求书中并未标明两者属于同样的发明创造，同时所述发明专利申请也未标明同一日还申请了实用新型专利。申请人为了克服重复授权的问题，在某一次通知书后主动放弃实用新型专利。

【焦点问题】

该发明专利申请与实用新型专利的权利要求1是否存在重复授权问题？申请人能否通过放弃实用新型专利的方式以克服重复授权问题？

【分析与思考】

首先，通过比较两者权利要求1的内容，区别仅在于发明专利申请的权利要求1为"推动凸轮"，而实用新型专利为"凸轮"。经核实发明专利申请的审查过程发现，权利要求1限定的"推动凸轮"，是申请人答复审查意见通知书时，为区分从属权利要求的"凸轮"与独立权利要求1的"凸轮"，将权利要求1的"凸轮"修改为"推动凸轮"。然而，本领域技术人员根据该实用新型专利的权利要求1限定的"位于所述转盘上方的凸轮推动所述滑动机构滑动"内容，可知该凸轮同样也具有推动作用，所述"凸轮"与"推动凸轮"实质上属于相同的部件，两者功能相同，即两者权利要求1的"推动凸轮"和"凸轮"实质上相同。

其次，由于该案未声明对同样的发明创造在申请本发明专利的同日申请了实用新型专利，况且，从公众的角度来看，该实用新型专利在该案审查过程中已经被放弃，也就是说，该实用新型专利保护的发明创造已经进入了共有领域，任何人都可以自由实施应用，进而可以自由实施该发明创造；然而不料该专利权人后来就此发明创造又获得一项发明专利权，导致公众的该发明创造的实施行为很可能被指控为侵犯该发明专利权的行为，这显然是有失公平的。因此，虽然在该案审查过程中，申请人主动放弃该实用新型专利权，但是放弃实用新型专利权并不能使得该案克服重复授权问题，只能通过修改权利要求以使两者保护范围不同，才有可能克服重复授权的问题。

《专利法》第9条的立法目的在于给予涉及同一发明创造的发明和实用新型一个转换机制，使得涉及相同发明创造的发明能够在放弃实用新型的条件下获得授权，此规定是为了保证实用新型专利权与发明专利权既无重叠也无真空问题的出现，意在避免公众因所获得信息的不全面而导致其作出错误的判断，以致造成其利益不受损害。但是，该条款中将申请人提交双重申请时必须履行声明义务这一限定条件作为进行"转换保护"的必要条件。

同日声明的主要作用在于对公众和审查员的一种告知，而该告知是在专利公报公布和审查员进行审查时才起作用的。分案申请虽然享有原申请的申请日，但作为一件新申请并不享受原申请所提出的同日声明的效力，因为每一件发明专利申请的请求书上均设置第21栏"声明本申请人对同样的发明创造在申请本发明专利的同日申请了实用新型专利"，要求申请人申请时分别说明对同样的发明创造已申请了另一专利，也就是说提交发明申请时需提交同日声明，未作声明的发明申请将不能通过放弃实用新型而获得发明授权。

四、不授予专利权客体

根据《专利法》第25条的规定，对于科学发现、智力活动的规则和方法、疾病诊断和治疗方法、动物和植物品种以及用原子核变换方法获得的物质等，不授予专利权。

（一）法条释义

从各国专利法的规定以及专利法的实施情况来看，并非任何发明创造都可以获得专利保护，各国都将其中一部分排除在专利保护之外，并且，不授予专利权的客体会随着科学与经济的发展而有所变化。

1. 科学发现

科学发现，是指对自然界中客观存在的物质、现象、变化过程及其特性和规律的揭示。科学理论是对自然界认识的总结，是更为广义的发现。

科学发现和科学理论都属于人们认识的延伸，这些被认识的物质、现象、过程特性和规律不同于改造客观世界的技术方案，不是专利法意义上的发明创造，因此不能被授予专利权。

发现与发明的区别在于，发现是一种对客观世界的认知，而发明则是一种对客观世界的改造；发现仅仅是揭示自然界原本就存在而人类尚未认识的事物，而发明是利用技术手段改造了自然界中客观存在的事物。

发明和发现虽有本质不同，但两者关系密切。通常，很多发明是建立在发现的基础之上的，进而发明又促进了发现。

2. 智力活动的规则和方法

智力活动，是指人的思维运动，它源于人的思维，经过推理、分析和判断产生出抽象的结果，或者必须经过人的思维运动作为媒介，间接地作用于自然产生结果。智力活动的规则和方法是指导人们进行思维、表述、判断和记忆的规则和方法。由于其没有采用技术手段或者利用自然规律，也未解决技术问题和产生技术效果，因而不构成技术方案。

专利法是禁止未经专利权人许可而进行制造、使用、销售之类的生产经营活动，而不是用专利权来禁锢人的思想，智力活动的规则和方法涉及的是在人的头脑中进行的活动，试图将这样的活动置于专利独占权的范围之内是不合理与不现实的。此外，由于智力活动的规则和方法没有采用技术手段或者利用自然规律，也未解决技术问题和产生技术效果，因而不构成技术方案，不是专利法意义上的发明创造。基于这些原因，在《专利法》第 25 条中，将智力活动的规则和方法排除在可授予专利权的客体之外。

3. 疾病的诊断和治疗方法

出于人道主义的考虑和社会伦理的原因，医生在诊断和治疗过程中应当有选择各种方法和条件的自由。另外，疾病的诊断和治疗方法直接以有生命的人体或动物体为实施对象，无法在产业上利用，不属于专利法意义上的发明创造，因此，不能被授予专利权。

疾病的诊断和治疗方法是指以有生命的人体或动物体为直接实施对象，进行识别、确定或消除病因或病灶的过程。需要说明的是，疾病的诊断和治疗方法虽然不能被授予专利权，但是用于实施疾病诊断和治疗方法的仪器或装置，以及在疾病诊断和治疗方法中使用的物质或材料都可以给予专利保护。

（1）疾病的诊断方法是指为识别、研究和确定有生命的人体或者动物体的病因或病灶状态的过程。判断涉及疾病诊断方法的权利要求时，应当关注两点：对象；直接目的，即判断该方法的对象是否为有生命的人体或动物体（包括离体样本），以及该方法的直接目的是否是为了获得疾病的诊断结果或健康状况。如果上述两个条件同时满足，那么该权利要求属于疾病的诊断方法。

（2）疾病的治疗方法是指为使有生命的人体或者动物体恢复或获得健康或减少痛苦，进行阻断、缓解或者消除病因或病灶的过程。治疗方法包括以治疗为目的或者具有治疗性质的各种方法。

4. 动植物品种

专利法所称的动物是指不能自己合成，而只能靠摄取自然的碳水化合物及蛋白质来维系其生命的生物。专利法所称的动物不包括人。

专利法所称的植物是指可以借助光合作用，以水、二氧化碳和无机盐等无机物合成碳水化合物、蛋白质来维系生存，并通常不发生移动的生物。

动物和植物品种可以通过专利法以外的其他法律法规保护，但是对动物和植物品种的生产方法，可以授予专利权。但这里所说的生产方法是指非生物学的方法，不包括主要是生物学的方法。一种方法是否属于"主要是生物学的方法"，取决于在该方法中人的技术介入程度。如果人的技术介入对该方法所要达到的目的或者效果起到了主要的控制或决定性作用，则该方法不属于"主要是生物学的方法"。

5. 原子核变换方法以及用原子核变换方法获得的物质

原子核变换方法以及用该方法获得的物质关系到国家的经济、国防、科研和公共生活的重大利益，不宜为单位或私人垄断，因此不能被授予专利权。

原子核变换方法，是指使一个或几个原子核经分裂或者聚合，形成一个或者几个新原子核的过程。例如，磁镜阱法等，这些变换方法不能被授予专利权。

用原子核变换方法所获得的物质，主要是指用加速器、反应堆以及其他核反应装置生产、制造的各种放射性同位素，这些同位素不能被授予发明专利权。

(二)　法条审查

《专利法》第 25 条的审查对象为权利要求。也就是说，如果说明书和摘要中存在涉及《专利法》第 25 条的内容，而权利要求书中不存在该内容，不会导致申请因为《专利法》第 25 条而被驳回。

1. 科学发现

(1)　自然存在的物质。

自然存在的物质是对客观存在的物质的揭示，基于这种主题的专利申请在化学领域较为常见，但是由于这样的主题属于科学发现，因此不能被授予专利权。

案例 56

【案情介绍】

某案专利权利要求：一种中国中药野芙蓉，其特征是选择在 6~9 月野芙蓉 Abelmoschus manihot L. Medicus 鲜品花进行采收而得，限定时间以野芙蓉花蕾顶端开裂为基点时间，以距上述基点时间前后相距 3 小时内开放的鲜品花为最好，在距此基点前 36 小时和其后 18 小时这段时限外的花一律弃去不用。

【分析与思考】

该案专利权利要求所要求保护的是在特定时间采收的野芙蓉花，并未对其进行人工加工处理，只是对采收的时机作出了选择。而未经过人工处理的、作为中药材使用的药用部位实际上是动植物的一部分，是天然存在的物质，属于科学发现。

案例57

【案情介绍】

某案专利权利要求涉及一种中国中药野芙蓉中药材饮片，其特征是选择野芙蓉 Abelmoschus manihot L. Medicus 鲜品花进行采收，经清洗、烘干、粉碎后作为制备中药制剂的原料。

【分析与思考】

该案专利权利要求中，野芙蓉的花采收后，对其进行了人工加工处理，所要求保护的中药材饮片已经不是天然存在的状态，属于可以专利保护的客体。

上述两个案例的区别在于后者对所要保护的客体进行了人工处理而前者没有。中药材原植物只有经人工处理（如加工炮制或粉碎）之后才属于可被保护的客体。判断是否进行了人工处理的依据是原植物是否经过如干燥、切削、粉碎等人为手段使其原有状态如组织发生变化或被破坏。

（2）物质的性能。

虽然自然界中存在的物质本身仅仅是一种科学发现，不能被授予专利权。但是利用自然界中存在的物质所具有的性能去解决某个技术问题并获得了有益效果则可以构成专利法意义上的发明创造，可以被授权。

案例58

【案情介绍】

某案专利权利要求如下。

权利要求1：一种黑荆树皮，其特征在于其中含有的鞣酸成分能够使蛋白质收敛。

权利要求2：一种处理蛋白质的试剂，其特征在于含有黑荆树皮提取液。

权利要求3：一种处理蛋白质的方法，其特征在于用权利要求2所述的试剂对蛋白质进行处理。

专利说明书中记载了用黑荆树皮提取液处理过的蛋白质具有很好的耐湿热稳定性，可以适于某些用途。

【分析与思考】

黑荆树皮是自然界中客观存在的物质,它含有的鞣酸能够使蛋白质收敛是自然界中客观存在的现象,因此权利要求1的主题只是一种发现,不是专利保护的客体;但是根据这种发现制造出的处理蛋白质的试剂以及用此试剂处理蛋白质的方法则可以被授予专利权,因此权利要求2和3的主题属于专利保护的客体。

案例59

【案情介绍】

某案专利权利要求涉及一种高硅石英粉的生产方法,其工艺流程包括石英原矿的精选—装窑—烧结—分选—球磨—筛分—成品,特征在于:烧结温度为1480~1600 ℃。

【分析与思考】

石英在1480~1600 ℃经烧结会转变成高硅石,虽然是自然界客观存在的变化过程的一种揭示,但是权利要求1要求保护的是高硅石英粉的生产方法,其利用能够促成上述客观存在的变化过程的方法条件作为一种技术手段来改造客观世界,解决了技术问题并取得了有益的技术效果,因而不仅仅是科学发现,而是属于可授权的客体。

2. 智力活动的规则和方法

如果一项权利要求仅仅涉及智力活动的规则和方法,则不应当被授予专利权。如审查专利申请的方法,组织、生产、商业实施和经济等方面的管理方法及制度,交通行车规则、时间调度表、比赛规则,演绎、推理和运筹的方法,图书分类规则、字典的编排方法、情报检索的方法、专利分类法,日历的编排规则和方法,不授予专利权的申请,各种语言的语法、汉字编码方法,计算机的语言及计算规则,速算法或口诀,数学理论和换算方法,心理测验方法,教学、授课、训练和驯兽的方法,各种游戏、娱乐的规则和方法,统计、会计和记账的方法,乐谱、食谱、棋谱,锻炼身体的方法,疾病普查的方法和人口统计的方法,信息表述方法,计算机程序本身等智力活动的规则和方法不能被授予专利。

值得注意的是，与技术相结合的智力活动的规则和方法在某些情况下是可以获得专利保护的。修改前的《专利审查指南》（2010 年）规定，商业实施等方面的管理方法及制度作为智力活动的规则和方法，属于不授予专利权的客体。随着互联网技术的发展，涉及金融、保险、证券、租赁、拍卖、投资、营销、广告、经营管理等领域的商业模式创新不断涌现，这些新商业模式市场运行效果好、用户体验佳，提升了资源配置和流动效率，节约了社会成本，增进了社会福利，因此应当对此类商业模式创新中的技术方案给予积极鼓励和恰当保护，不能仅仅因为技术方案包含商业规则和方法就不授予专利权。涉及商业模式的权利要求，如果既包含商业规则和方法的内容，又包含技术特征，则不应当依据《专利法》第 25 条排除其获得专利权的可能性。

因此，对于该条款的审查，其关键在于请求保护的发明创造是否采用技术手段或者利用自然规律，并解决了相应的技术问题，且产生相应的技术效果，从而判断其是否构成技术方案。

案例 60

【案情介绍】

某案涉及一种英文单词记忆系统及记忆方法，为克服现有英文记忆书籍中记忆方法的不足，本申请提出一种由情境关联以缩短记忆英文单词所需时间的系统和方法。

权利要求 1：一种英文单词记忆的方法，其特征在于其方法，内容如下。

步骤 1：记忆全览模块所包含的复数场景模块、设于各该场景模块上的复数名人单元及设于各该场景模块上的复数母字单元与复数子字单元其相对位置。

步骤 2：且记忆字网图所包含的复数中文模块的相对位置。

步骤 3：并记忆设于各该中文模块上的各该母字单元与各该子字单元相对位置。

【焦点问题】

该案是否属于《专利法》第 25 条规定的不授权客体中的智力活动的

规则和方法？针对上述问题，存在以下不同的观点。

观点1：权利要求中包含对被记忆的全览模块、字网图结构上的限定，该全览模块、字网图及其对应关系就是技术手段，在有技术手段、形成技术方案的条件下，该记忆方法属于可被授予专利权的客体。

观点2：该记忆方法要求保护的是人对某一对象的记忆过程，因记忆的效果因人而异，因此，无论该对象中是否包含技术手段，人记忆该对象的行为方法，都属于智力活动的规则和方法，属于《专利法》第25条规定的不授予专利权的客体。

【分析与思考】

首先，从主题上看，权利要求1的主题为一种英文单词记忆的方法，属于《专利审查指南》第二部分第一章第4.2节提到的"智力活动的规则和方法是指导人们进行思维、表述、判断和记忆的规则和方法"。其次，从内容上看，权利要求1限定的内容为英文单词的记忆实施方法，要保护的是实物上设计的内容，而其内容属人为的规定，类似于游戏方法、审查方法等；方案中虽然包括全览模块、字网图结构上的限定、该全览模块与字网图的对应关系等特征，但这些特征本身还是体现在智力规则设计方面。

案例61

【案情介绍】

某案专利权利要求1：杂交水稻品种田间快速评价方法，其特征在于包括以下步骤。

步骤1：将杂交水稻品种及杂交组合在试验中田间的表现及综合农艺性状分为4个：①丰产性：用于表示产量相关的性状，包括植株分蘖力、成穗率、穗子大小、粒重；②长势长相：用于表示植株长势相关的性状，包括植株长势形态、株型株高、叶型叶相、穗型；③熟色熟相：用于表示成熟相关的性状，包括处于成熟期的转色状况、籽粒的结实率、充实度；④粒型粒相：用于反映米质状况，包括籽粒形态、颖壳厚薄粗糙程度；同时根据不同的育种目标或/和不同的区域特点，以及各性状在品种比较试验中的实际生物学意义设置各个性状的相对权重。

步骤2：对田间采集到的水稻进行各项打分，包括以下子步骤：S21：选择对照品种；S22：以对照品种为参照，将采集到的水稻与对照品种进行对比评分，性状优于对照品种的水稻的评分高于中等级别，反之则低于中等水平。

步骤3：根据已经设定好的权值以及评分计算出综合分值。

步骤S22中所述的评分的计算采用如下方法：采用专家评分法分别计算四种性状的评分，每一种性状的计算评分如下式：

$$A = \frac{\sum_{i=1}^{m} \frac{1}{n_{i1}}}{\sum_{i=1}^{m} \frac{1}{s_{i1}}} w_1 + \sum_{j=2}^{k} \left(\frac{\sum_{i=1}^{m} \frac{1}{n_{ij}}}{\sum_{i=1}^{m} \frac{1}{s_{ij}}} \right) w_j;$$

式中，A 表示综合评分，w_1 为第1个影响因素的权重；w_j 为第 j 个影响因素的权重；n_{i1} 为第 i 个专家给采集到的水稻的第1个影响因素打的分数；n_{ij} 为第 i 个专家给采集到的水稻的第 j 个影响因素打的分数；s_{i1} 为第 i 个专家给对照品种的第1个影响因素打的分数；s_{ij} 为第 i 个专家给对照品种的第 j 个影响因素打的分数；k 为影响水稻评分因素的个数；m 为打分专家的个数。

【焦点问题】

该案涉及采用专家打分法评价水稻品种优劣，但除了专家打分法之外，权利要求还具有评价指标的选取、权重的设计、与对照品种相比等步骤，关于这些步骤是否属于智力活动的规则和方法，存在以下两种不同观点。

观点一：农艺性状的选择（如用植株分蘖力、成穗率、穗子大小、粒重表示水稻品种丰产性，用植株长势形态、株型株高、叶型叶相、穗型表示水稻品种长势长相，用处于成熟期的转色状况、籽粒的结实率、充实度表示水稻品种熟色熟相，用籽粒形态、颖壳厚薄粗糙程度表示水稻品种水稻粒型粒相）依赖人为主观选择，各个农艺性状所占权重的设定取决于人为判断，专家打分受不同专家主观影响，本申请的技术手段依赖人为设定，因此属于《专利法》第25条中的"智力活动的规则和方法"。

观点二：该案如步骤1记载"同时根据不同的育种目标或/和不同的

区域特点，以及各性状在品种比较试验中的实际生物学意义设置各个性状的相对权重"，权重的设定结合了不同的区域特点及各性状在品种比较试验中的实际生物学意义，依赖于本领域技术人员的常规经验，隐含了利用自然客观规律。步骤 2 的以对照品种为参照进行对比评分判断品种级别不一定属于智力活动。虽然专家打分法中有人为打分步骤，但最终得分是（待评价品种得分/对照品种得分）乘以权重，计算出综合分值，整个技术方案不属于《专利法》第 25 条中的"智力活动的规则和方法"。

【分析与思考】

如果权利要求既含有智力活动的规则和方法，又含有技术特征，则该权利要求整体而言不是智力活动的规则和方法。具体到该案，权利要求中评价指标的选取，如穗子大小、穗重、株高、结实率等参数，是作物的自然反应，取决于植物生长的客观性，不因人为而改变，是产品自带的，因此不属于利用智力活动规则。也就是说，如果一项权利要求仅仅涉及智力活动的规则和方法，则不应当被授予专利权。如果一项权利要求中既包含智力活动的规则和方法的内容，又包含技术特征，则该权利要求就整体而言并不是一种智力活动的规则和方法。

（1）仅以计算机程序本身为特征的产品。

一项权利要求除其主题名称之外，对其进行限定的全部内容仅仅涉及计算机程序本身，则该权利要求实质上仅涉及智力活动的规则和方法，属于《专利法》第 25 条第 1 款第（2）项规定的不授予专利权的客体。

案例62

【案情介绍】

某案专利权利要求涉及一种具有计算机可执行部件的计算机可读媒体，其特征在于，所述介质分成以下几个部件。

第一部件，用于创建包含与第一 XML 模式相关联的第一类型元素及与第二 XML 模式相关联的第二类型元素的可扩展标记语言文档部件，并且所述第一部件被配置为显示第一类型元素中的违背了所述第一 XML 模式的元素。

第二部件，用于存储节点，所述每个节点与所述第一部件中的相应元素相关联。

第三部件，用于确认元素，所述第三部件被安排为通过响应确认的违背信息，将错误返回到所述第一部件。

【分析与思考】

该权利要求请求保护一种计算机可读媒体，其中包括能完成一定功能的若干部件。这些部件由存储在计算机可读媒体上的计算机程序按照功能划分而成，并不是真正构成该计算机可读媒体的组成部件。申请人意图将所请求保护的计算机程序产品化为形式上的存储介质的物理结构，以掩盖其请求保护计算机程序本身的实质。该权利要求实质上仍然属于一种仅仅由所记录的程序限定的计算机可读媒体。

（2）"计算机程序"本身。

计算机程序本身是指为了能够得到某种结果而可以由计算机等具有信息处理能力的装置执行的代码化指令序列，或者可被自动转换成代码化指令序列的符号化指令序列或者符号化语句序列。如果一项权利要求请求保护的主题名称为"程序"，无论其限定内容如何，均不属于专利保护的客体。

案例63

【案情介绍】

某案专利权利要求涉及一种用来判定介质的程序产品，该程序产品包括：专用信息获取装置，用来取得有关介质的专用值的信息，其中关于专用值的信息记录在预形成于介质里的摆动凹槽；正当性判定装置，用来基于关于专用值的信息来判定介质的正当性；读准许装置，用来在介质被正当性判定装置判定为正当时准许读入主程序；读禁止装置，用来在介质被正当性判定装置判定为不正当时禁止读入主程序。

【分析与思考】

主题名称实质为"程序"，例如"程序""程序产品""补丁""指令"等的权利要求，无论其限定的内容如何，均认为其要求保护的是计算机程序本身。

如果涉及计算机程序的发明专利申请的解决方案中执行计算机程序的目的是解决技术问题，运行计算机程序获得符合自然规律的技术效果，则该解决方案属于技术方案，属于专利保护的客体。

案例 64

【案情介绍】

某案专利权利要求请求保护一种挂网处理的方法，其特征在于包括：将页面上的内容解析为多个对象；对所述对象进行选择操作；对所述选择的对象设置挂网参数。

其中，所述方法的三个步骤均是在计算机软件程序中实现的。

该发明旨在提供一种挂网处理的方法和装置，以解决不能实现对页面上的局部内容呈现不同于其他位置的印刷效果的问题。

【焦点问题】

对于该案，由于其要保护的方法中三个步骤均在计算机软件程序中实现，是否属于专利第 25 条规定的不授予专利权的客体的情形？

【分析与思考】

《专利审查指南》第二部分第九章中指出：如果一项权利要求仅仅涉及一种算法或数学计算规则，或者计算机程序本身或仅仅记录在载体上的计算机程序，则该权利要求属于不授予专利权的客体；如果涉及计算机程序的发明专利申请的解决方案中执行计算机程序的目的是解决技术问题，运行计算机程序获得符合自然规律的技术效果，则该解决方案属于技术方案，属于专利保护的客体。

具体到本申请，本申请保护的是一种挂网处理的方法，该技术主题不属于计算机程序类，通过执行计算机程序解决了不能实现对页面上的局部内容呈现不同于其他位置的印刷效果的技术问题，达到了处理挂网的技术效果，故本申请的方案属于技术方案。

（3）通信协议本身。

协议是指相互通信的双方（或多方）对如何进行信息交换所一致同意的一套规则。在网络软件的结构化技术中，为了降低网络设计的复杂性，绝大多数网络都组织成一堆相互叠加的层。同等层之间的实体通信时，有关通信规则和约定的集合就是该层协议。由此可见，协议本质上是一种规则或约定，属于《专利法》第25条第1款第（2）项规定的不授予专利权的客体。

但是，当涉及协议的专利申请的权利要求表现为与某一具体技术领域相结合时，由于此类发明是为了解决该技术领域中的特定技术问题，同时通常需要采用基于该协议的相应的技术手段，并由此能够获得相应的技术效果，因此认为其符合《专利法》第2条第2款的规定，不属于《专利法》第25条第1款第（2）项规定的不授予专利权的客体。

案例65

【案情介绍】

某案专利权利要求涉及一种用于在姿态验证会话期间在认证、授权和记账（AAA）服务器和姿态验证服务器之间交换信息的主机证书授权协议（HCAP），包括：至少一个版本协商请求消息、至少一个版本协商响应消息、至少一个姿态验证请求消息、至少一个姿态验证响应消息。

【分析与思考】

该权利要求的主题为协议，其主要限定了该协议包括版本协商请求消息、版本协商响应消息、姿态验证请求消息以及姿态验证响应消息等四种消息。属于《专利法》第25条第1款第（2）项规定的不授予专利权的客体。

案例66

【案情介绍】

某案专利权利要求：一种用户面的数据跟踪方法，其特征在于包括：用户面协议栈处理模块根据操作维护管理模块对跟踪参数的配置采集用户面的数据；用户面协议栈处理模块将所采集的用户面数据发到操作维护管理模块；操作维护管理模块存储所收到的数据，以便对其进行分析处理。

【分析与思考】

该权利要求请求保护的主题是一种用户面的数据跟踪方法，将协议应用到具体的技术领域，结合了技术手段，并非仅仅涉及协议本身，不属于《专利法》第25条第1款第（2）项规定的不授予专利权的客体。

（4）商业方法。

商业方法是指实现各种商业活动和事务活动的方法，是一种对人的社会和经济活动规则和方法的广义解释，包括证券、保险、租赁、拍卖、广告、服务、经营管理、行政管理、事务安排等。2017年修改后的《专利审查指南》明确规定：涉及商业模式的权利要求，如果既包含商业规则和方法的内容，又包含技术特征，则不应当依据《专利法》第25条排除其获得专利权的可能性；同时删除了"组织、生产、商业实施和经济等方面的管理方法及制度"作为智力活动的规则和方法。由此可见，《专利审查指南》关于商业方法的规定仍在不断完善，尤其是对于利用计算机或者网络技术实现的商业方法发明专利申请等。那么关于带有商业方法的发明专利的客体问题该如何判断，是商业方法专利保护的关键。

其中，商业方法的发明专利申请可分为单纯商业方法发明专利申请和商业方法相关发明专利申请。单纯商业方法发明专利申请是指以单纯的商业方法为主题的发明专利申请，没有采用技术手段或者利用自然规律，也未解决技术问题和产生技术效果，既属于《专利法》第25条第1款规定的智力活动的规则和方法，又不满足《专利法》第2条第2款客体的规定。

案例 67

【案情介绍】

某案专利权利要求涉及一种股票配股缴款方法，客户与证券商先签订股票配股缴款代理合同书，在合同期内，证券商在每只股票配股缴款截止日前检查客户资料，并对满足条件的客户代理自动缴纳配股款，其特征在于，检查客户资料的内容和步骤如下：客户是否拥有该种配股；客户是否尚未自行缴款；客户是否中途书面申请齐全该配股；客户是否有足额资金。

该案说明书中记载：一种股票配股缴款方法，使证券商在每只股票配股缴款截止日前，检查客户资料是否需要配股缴款，即能很方便地实现代理客户自动配股缴款，从而减少客户的损失。

【分析与思考】

上述案例涉及一种股票配股缴款方法，其是通过人的行为来实施商业运作，均涉及单纯的商业方法，没有采用技术手段或者利用自然规律，也未解决技术问题和产生技术效果，因而不构成技术方案，既属于智力活动的规则和方法，又不属于专利保护的客体。

商业方法相关发明专利申请的权利要求不仅包含商业方法模式特征，也包含得以在技术上实现的技术特征，因此就整体而言不是智力活动的规则和方法，不属于《专利法》第25条的情形。但是，当所采用的技术仅为公知网络或者计算机技术时，并未对现有的网络或计算机系统等内部性能带来改进，亦未对其构成或功能带来任何技术上的改变，只是通过人为制定的规则进行交互或信息传送，则并未构成技术手段，可以得出不属于"技术方案"的结论，进而不属于专利权保护的客体。

案例 68

【案情介绍】

某案专利权利要求涉及一种进货方法，该方法包括以下几个步骤。

步骤1：在收款设备中记录顾客的购物信息，并将该购物信息按照货物种类、购物时间进行分类存储。步骤2：按照存储的购物信息生成进货清单。步骤3：将该进货清单通过网络发送到供货平台。

【分析与思考】

现有的方案中在售货过程中存在有货物积压或者缺货的问题，该案对收款设备进行了改进，解决了自动控制进货的技术问题，利用计算机网络的系统构架，采取了记录、存储、生成、发送等信息处理方式的技术手段，将该技术手段应用于进货量的控制业务中，实现准确、有效控制进货信息的技术效果。因此该解决方案具备了技术三要素，构成了技术方案，符合客体的规定，不属于《专利法》第 25 条规定的相关情况。

综上，关于商业方法的发明专利客体判断，关键还是在于客体判断三要素。商业方法专利客体判断标准与其他领域发明专利相同，判断的关键在于"技术"二字，即从解决方案整体来看，商业应用的过程中是否使用技术手段，解决了技术问题，达到技术效果，技术手段、技术问题、技术效果三要素缺一不可。只有对要解决的技术问题采取遵循自然规律的技术手段，并且由此获得技术效果，解决方案才能构成技术方案。对于表现形式为计算机程序的商业方法权利要求，亦是如此，判断执行该计算机程序的目的是否是要解决技术问题，是否采用了技术手段，以及是否获得了技术效果，技术性可以体现在计算机或网络技术的改进，如数据库技术、安全传输技术。

（5）人为制定的方法、规则。

对于将标准专利化的专利申请，如质量控制方法，由于质量控制方法往往取决于人为的规定，其质量控制的项目和标准都是人为的规定，因此质量控制方法的主题名称和内容都属于智力活动的规则和方法，不属于可以专利保护的客体。化学领域常见的情形是将一些实质为化学过程质量控制的标准撰写为专利申请文件。

案例 69

【案情介绍】

某案专利权利要求涉及一种治疗妇科炎症的胶囊制剂的质量控制方法，其特征在于：质量控制方法由性状、鉴别、检查和含量测定组成，其中鉴别是对地稔、头花蓼、黄柏、五指毛桃和延胡索的鉴别，含量测定是用高效液相色谱法对胶囊制剂中没食子酸的含量测定。

【分析与思考】

该权利要求涉及药品的质量控制方法，一般来说，质量控制方法都是人为的规定，测定哪些成分，控制哪些指标，检测哪些项目，都是根据产品的特点制定的。因此，这样的主题属于一种智力活动的规则和方法。

需要注意的是，在审查过程中，即便权利要求的主题名称未出现"质量控制方法"或类似的表述，也不能克服这样的主题不属于专利保护客体的问题，只要其实质是一种质量控制方法，均不属于专利保护的客体。

此外，一些人为的编排方法、标记方法等涉及人为的规定，由于不满足客体判断三要素的要求，同样也属于智力活动的规则和方法的范畴。

案例70

【案情介绍】

某案专利权利要求涉及一种测定温度、pH及底物对蔗糖酶活性的影响的实验方法，其特征在于包括以下步骤：（1）选择葡萄糖的生成量作为质量特性指标；（2）选择温度、pH和底物作为相关因素；（3）确定20 ℃、30 ℃和50 ℃作为温度水平，确定3、4和5作为pH水平，选择白糖、红糖和冰糖作为底物；（4）以因素和水平构建正交表；（5）配列因素水平，制定实验方案；（6）记录实验结果；（7）评估实验结果并选定最佳温度和pH。

【分析与思考】

该案专利权利要求涉及一种实验方法，其目的是选择出最佳温度和pH以提高酶的反应速度、提高酶活力等。但是该技术方案的本质是一种正交实验方法，而正交实验方法是为了利用整体设计、综合比较、统计分析的手段，通过少数实验次数找到较好生产条件，以达到最高生产工艺效果而人为设计的一种实验方法，其中，测定何特性指标，选择因素的种类及相应水平的分布等，都是根据待测对象的特点来人为设定的，因此，该主题是一种智力活动的规则和方法。

案例71

【案情介绍】

某案专利权利要求1涉及一种计算机键盘组合态的标记方法，其特征在于：〈Shift〉键＋其他键构成的组合态对应第1种标记颜色，〈Alt〉键＋其他键构成的组合态对应第2种标记颜色，〈Alt Gr〉键＋其他键构成的组合态对应第3种标记颜色，〈Ctrl〉键＋其他键构成的组合态对应第4种标记颜色，〈Shift〉键＋〈Alt〉键＋其他键构成的组合态对应第5种标记颜色，〈Shift〉键＋〈Ctrl〉键＋其他键构成的组合态对应第6种标记颜色，〈Alt〉键＋〈Ctrl〉键＋其他键构成的组合态对应第7种标记颜色，〈Shift〉键＋〈Alt〉键＋〈Ctrl〉键＋其他键构成的组合态对应第8种标记颜色，键位组合态与标记颜色一一对应，在〈Shift〉键、〈Alt〉键、〈Alt Gr〉键、〈Ctrl〉键上标有与标记颜色相一致的彩色标记，其他键位上的彩色字符的颜色与对应的键位组合态的标记颜色相一致。

该案专利说明书中记载了本发明要解决的问题是＜Shift＞＜Alt＞＜Ctrl＞与其他键的组合不便于记忆，应用时非常容易混淆。

【分析与思考】

该案专利权利要求1请求保护一种计算机键盘组合态的标记方法，虽然在该权利要求的主题名称中含有计算机键盘这一技术内容，但是上述方案并不是对计算机键盘的物理硬件结构或计算机键盘输入方法的改进，而是通过对〈Shift〉键、〈Ctrl〉键、〈Alt〉键、〈Alt Gr〉键与其他键组合赋予颜色来方便区分〈Shift〉键、〈Ctrl〉键、〈Alt〉键与其他键构成的不同组合键态，解决了使用者对键盘组合态容易混淆、不便记忆的问题，因此，该权利要求1的方案解决的并非技术问题，采用的手段也是以人为选定的颜色来对按键标记上不同的颜色，也不是技术手段，所达到的效果也仅是辅助键盘使用者记忆各键位组合态，不是技术效果。该方案实质上仍然是一套指导人们进行判断和记忆的规则和方法，属于智力活动的规则和方法。

（6）汉字编码方法。

汉字编码方法属于一种信息表述方法，它与声音信号、语言信号、可视显示信号或者交通指示信号等各种信息表述方式一样，解决的问题仅取决于人的表达意愿，采用的解决手段仅是人为规定的编码规则，实施该编码方法的结果仅仅是一个符号/字母数字串，解决的问题、采用的解决手段和获得的效果也未遵循自然规律。因此，仅仅涉及汉字编码方法的发明专利申请属于《专利法》第25条第1款第（2）项规定的智力活动的规则和方法，不属于专利保护的客体。

单纯的汉字编码方法属于《专利法》第25条第1款第（2）项规定的智力活动的规则和方法，但是在将汉字编码方法与特定键盘（例如计算机键盘）相结合而构成计算机汉字输入方法后，属于专利保护的客体。

案例 72

【案情介绍】

某案专利权利要求 1：一种基于优化字根键盘的电脑汉字输入方法，其特征是将不小于 33 个键位的电脑键盘中的英文字母键和标点符号键分成拼音首字母区、象形字母区、象形标点区三个键位分区，将优选的 296 个字根，按照其拼音首字母相同、形态相近或相关的特征，结合让键盘中各键位使用频率趋于均衡的工艺，分别归入对应的三个键盘分区的相应键位中，组成各键位包含特定汉字字根的电脑字根键盘，由该字根键盘以及与该字根键盘相适应的汉字拆分、编码、输入方法相互结合，由此形成的电脑汉字输入方法。

该发明"活字码"的目的在于：在继承传统文化精髓和吸取前人创造性思想精华的基础上，进一步改进和完善汉字输入编码技术，克服现有编码技术的诸多不足，创造出一种能够同时实现"精确性、实用性、简洁性、规范性"的理想的汉字输入法编码方案。

【分析与思考】

该案专利权利要求 1 请求保护的主题是一种基于优化字根键盘的电脑汉字输入方法，其中将不小于 33 个键位的电脑键盘分为了三个键位分区，将 296 个字根分入上述三个分区的键位中，各个键位包含有特定汉字字根。从上述分析的内容可知，权利要求 1 中的根据 296 个字根分区的电脑键盘就是权利要求 1 请求保护的汉字输入方法中输入汉字所需的键盘，权利要求 1 请求保护的汉字输入方法是使用根据 296 个字根分区的电脑键盘来实现计算机汉字输入的方法，因此权利要求 1 属于与特定键盘相结合的计算机汉字输入方法，构成了《专利法》第 2 条第 2 款规定的技术方案。

3. 疾病的诊断和治疗方法

（1）疾病的诊断方法。

在针对是否属于疾病的诊断方法进行审查时，应当关注两点：对象；直接目的。即判断该方法的对象是否为有生命的人体或动物体（包括离体样本），以及该方法的直接目的是否是为了获得疾病的诊断结果或健康状况。

其中，常见的不可授权的主题：血压测量法、诊脉法、足诊法、X 光诊断法、超声诊断法、胃肠造影诊断法、内窥镜诊断法、同位素示踪影像诊断法、红外光无损诊断法、患病风险度评估方法、疾病治疗效果预测方法、基因筛查诊断法。

常见的可授权的主题：①在已经死亡的人体或动物体上实施的病理解剖方法；②直接目的不是获得诊断结果或健康状况，而只是从活的人体或动物体获取作为中间结果的信息的方法，或处理该信息（形体参数、生理参数或其他参数）的方法；③直接目的不是获得诊断结果或健康状况，而只是对已经脱离人体或动物体的组织、体液或排泄物进行处理或检测以获取作为中间结果的信息的方法，或处理该信息的方法。

注意：对上述主题②和主题③需要说明的是，只有当根据现有技术中的医学知识和该专利申请公开的内容从所获得的信息本身不能够直接得出疾病的诊断结果或健康状况时，这些信息才能被认为是中间结果。

审查实践过程中，以下几种情形较为常见。

情形 1：直接目的的判断方法。

①如果方法中包括了诊断全过程，即包括对检测结果进行分析、比较，以及得出诊断结果的过程，则该方法的直接目的是获得疾病的诊断结果或健康状况；②如果方法中没有包括具体的诊断结果，但包括与正常值进行对照、比较的步骤，则该方法的直接目的是获得疾病的诊断结果或健康状况；③虽然检测方法没有分析、比较等过程，如果根据该检测值可以直接得到疾病的诊断结果或健康状况，则其直接目的是获得疾病的诊断结果或健康状况；如果根据该检测或测量值不能直接得到疾病的诊断结果或健康状况，则该检测或测量值属于中间结果信息，该方法不属于疾病的诊断方法。

案例 73

【案情介绍】

某案专利权利要求涉及一种用于大肠癌诊断的肿瘤标记物 COX – 2 的

检测方法，在 RNA 分解酶抑制剂的存在下，在采集后，根据情况，将使用液氮立即冻结的生物学样品均质化，调制悬浊物，从得到的悬浊物中提取 RNA，将提取的 RNA 逆转录，得到 cDNA，扩增得到的 cDNA，检测扩增的 cDNA。

【分析与思考】

该案所涉及方法检测到的是肿瘤标记物 COX - 2，该肿瘤标记物 COX - 2 对大肠癌的诊断具有特异性，根据该检测值可筛查大肠癌患者，因此该方法属于疾病的诊断方法。

案例74

【案情介绍】

某案专利权利要求涉及一种血液中乙肝病毒的化学发光定性定量检测方法，其特征在于，通过乙型肝炎病毒表面抗原化学发光定性定量检测试剂盒检测乙型肝炎病毒表面抗原，通过乙型肝炎病毒表面抗体化学发光定性定量检测试剂盒检测乙型肝炎病毒表面抗体，根据上述表面抗原与表面抗体的检测结果，确定血液中乙肝病毒的存在。

【分析与思考】

该案所涉及的方法通过抗原抗体测定来检测血液中乙肝病毒的存在，根据该检测结果不能直接得到疾病的诊断结果或健康状况，该检测方法只能确定其主体的血液中是否存在乙肝病毒，而不能确定其主体是否为乙肝患者，因为血液中存在乙肝病毒反映出该血液主体为乙肝病毒携带者，但乙肝病毒携带者可分为肝功能正常的乙肝病毒携带者和肝功能受损的乙肝病毒携带者。在肝功能正常的乙肝病毒携带者中，有些携带者的病毒检测结果可自然转阴，结束携带状态；有些携带者可以为持续终生的携带者；有些携带者可发展为肝炎。因此根据血液中乙肝病毒的存在不能直接判定其主体是否患有乙型肝炎或患有乙型肝炎的风险度，其直接目的不是诊断，该方法不属于疾病的诊断方法。

审查实践中，如何判断根据该检测结果能否直接得到疾病的诊断结果或健康状况，成为审查的重点和难点所在，部分观点可能认为目前来看，单一一种检测方法的结果并不能直接成为某种疾病的最终诊断结果，其必须依赖其他检测方法来进行综合判断，因而可能认为单一的一种检测方法仅仅是中间结果信息而已。

情形2：健康状况。

"健康状况"应当理解为：患病风险度、健康状况、亚健康状况以及治疗效果等。因此，患病风险度评估方法、健康状况（包括亚健康状况）的评估方法都属于疾病的诊断方法。

案例75

【案情介绍】

某案专利权利要求1：一种检测患者患癌症风险的方法，包括如下步骤：步骤1，分离患者基因组样本；步骤2，检测是否存在或表达 SEQ ID NO：1 序列所包含的基因，其中存在或表达所述基因表明患者有患癌症的风险。

权利要求2：一种检测患者患癌症风险的装置，包括如下装置：分离患者基因组样本的装置；检测是否存在或表达 SEQ ID NO：1 序列所包含的基因的装置，其中存在或表达所述基因表明患者有患癌症的风险。

其中，专利说明书仅仅给出了流程图，并未给出实体结构框图。

【分析与思考】

该案专利权利要求1请求保护的方法的直接目的是获得患者患有癌症的风险度，是以获得同一主体的健康状况为直接目的的，因此该方法属于疾病的诊断方法。

用于实施疾病诊断和治疗方法的仪器或装置，以及在疾病诊断和治疗方法中使用的物质或材料都可以给予专利保护。然而，该案权利要求2并非属于用于实施疾病诊断和治疗方法的仪器或装置，权利要求2采用与方法权利要求的各个步骤完全对应一致的方式撰写，其本质上是为了实现各个步骤所建立的功能模块，所以该产品权利要求应理解为功能模块构架形式的产品，而不应理解为实体装置。因此，这类装置权利要求也不能获得专利权的保护。

案例76

【案情介绍】

某案专利权利要求1：一种用于估算特定个人在一特定时间段或年龄间隔内获得特定生物状况的概率的方法，所述方法包括：

步骤1：在一测试时间段内至少两次周期性地从一组测试人口的每个个人成员采集一组生物指示值，其中至少一部分所述生物指示值是通过测量来自该组测试人口的个人成员的生物样品而获得的。

步骤2：在所述测试时间段内监视该组测试人口的个人成员并采集关于所述个人成员是否在所述测试时间段内获得所述特定生物状况的数据。

步骤3：从所述特定个人采集一组生物指示值，其中至少一部分所述生物指示值是通过测量来自所述特定个人的生物样品而获得的。

步骤4：处理在步骤（a）、（b）和（c）中采集的数据并根据所处理的数据来计算所述特定个人在一特定时间段或年龄间隔内获得所述特定生物状况的概率。

步骤5：显示或输出所计算的概率。

权利要求2：一种用于预测个体未来健康的系统，包括：

处理装置，用于执行计算机程序，该计算机程序包括以下步骤。

步骤1：从被测试总体的个体个人成员中纵向得到的生物标识中选择生物标识子集，以便判别是否属于子总体D和$\overline{D}$的成员，子总体D确定为在特定时间段或年龄间隔内已获得特定生物状况，子总体$\overline{D}$确定为在特定时间段或年龄间隔内未获得特定生物状况。

步骤2：采用所选生物标识的分布来进行统计过程，将被测总体的成员分级成两类，一类属于在特定时间段或年龄间隔内获得特定生物状况具有指示性高概率的子总体PD，另一类属于在特定时间段或年龄间隔内获得特定生物状况具有指示性低概率的子总体$\overline{PD}$；或者对每个被测总体成员进行定量判断，推算在特定时间段或年龄间隔内获得特定生物状况的概率。

【分析与思考】

该案专利权利要求1要求保护一种用于估算特定个人在一特定时间段

或年龄间隔内获得特定生物状况的概率的方法，其主要内容是检测特定个体的生物指标，将其与该个体所属的群体的相应生物指标一起进行数据处理分析，从而得出该特定个体获得特定生物状况的概率。上述方法是以有生命的人为检测对象，其目的是为了获得个体"特定生物状况"概率，也就是说所述方法的目的是为了获知个体罹患各种疾病的潜在可能性。因此权利要求 1 实质上是一种患病风险度的评估方法，属于疾病诊断方法。

而且，当前的权利要求 2 并非属于用于实施疾病诊断和治疗方法的仪器或装置，其实际上是执行权利要求 1 中处理步骤的计算机程序的装置，并且说明书中也未给出任何实体装置图，所以该产品权利要求应理解为功能模块构架形式的产品，而不理解为实体装置。因此这类装置权利要求也不能获得专利权的保护。

在实际审查中，能否根据检测结果可以直接得到健康状况，是判断的关键。其中，权利要求涉及的主题名称可能直接体现，例如上述案例 75，但是部分申请可能未体现在主题名称中，例如案例 76，需要结合说明书等申请文件对方法涉及的相关步骤进行详细分析才能得出其是否属于疾病的诊断方法。需要注意的是，案例 76 涉及的权利要求 2 的主题名称虽然表面上属于装置类的产品权利要求，但本质上却是为了实现各个步骤所建立的功能模块，该产品权利要求应理解为功能模块构架形式的产品，而不应理解为实体装置。更进一步来说，对与计算机程序流程一一对应的产品权利要求的判断，应从其实质内容出发进行考虑，不同于传统的产品权利要求，其是通过计算机程序实现解决方案的功能模块架构，不是硬件实体装置。此类权利要求应理解为是相应方法权利要求的物化形式，因此对其权利要求保护范围的解读应等同于方法。若其对应的方法属于疾病的诊断和治疗方法，则该产品权利要求也应当属于疾病的诊断和治疗方法的范畴。

情形 3：离体样本。

一种离体样本检测方法，如果该方法的直接目的是获得同一主体的疾病诊断结果或健康状况，则属于疾病的诊断方法。

案例77

【案情介绍】

某案专利权利要求涉及一种胰腺癌血清差异蛋白的检测方法，其特征在于以下几个步骤。

步骤1：采集病人手术前的血清，使用1×磷酸盐缓冲液稀释50倍后制成待测血清样品。

步骤2：将已知浓度的人血浆凝溶胶蛋白标准品，按照一定浓度梯度与所述待测血清样品共同经十二烷基硫酸钠－聚丙烯酰胺凝胶电泳分离，其中，每块含有所述待测血清样品的胶上至少含有4个泳道连续浓度的所述人血浆凝溶胶蛋白标准品。

步骤3：通过电转移将经过分离的蛋白质从所述的胶上转移至聚偏氟乙烯膜上，该膜经脱脂牛奶封闭后，用抗人凝溶胶蛋白抗体进行免疫印迹反应，反应信号经化学发光、放大，并在暗室内对X光片曝光，形成凝溶胶蛋白印迹结果X光片。

步骤4：使用扫描仪对凝溶胶蛋白印迹结果X光片扫描，用图像分析软件根据已知凝溶胶蛋白标准品含量信号强度绘制标准曲线，并在标准曲线的线性范围内计算出同一块胶上所述待测血清样品中未知的凝溶胶蛋白含量。

【分析与思考】

该案专利权利要求1涉及一种胰腺癌血清差异蛋白的检测方法，该方法包括采集病人手术前的血清，然后经十二烷基硫酸钠－聚丙烯酰胺凝胶电泳分离、电转移、免疫印迹反应、X光片扫描的步骤，获得所述待测血清样品中未知的凝溶胶蛋白含量。同时结合说明书内容可知，该案是针对目前现有的用血清肿瘤标志物辅助诊断胰腺癌的方法的必要性和现有方法的局限性提出的，该检测方法的直接目的是通过检测血清中凝溶胶蛋白含量来辅助诊断胰腺癌，判断患胰腺癌的风险度。

虽然其形式上是以离体样品的血清为检测对象，但是属于离体样本的检测本身并不必然导致一种检测方法必然不属于诊断方法；尽管胰腺癌的确诊需要多种诊断方法结合使用，但是其中每种方法都可以提供有关是否患病的风险度，帮助医生判断患者是否患有某种疾病，每种方法也都是以获得疾病诊断结果和健康状况为直接目的。

部分观点可能认为根据血清中凝溶胶蛋白含量不能唯一地、确定地得出患者患有胰腺癌的结论，也不能评价患胰腺癌风险的大小。然而，无论涉及导致血清中凝溶胶蛋白含量变化的因素是否还包括诸如非过敏性哮喘、疟疾以及多种其他肿瘤等疾病，并不能否定该案是以获得患者的健康状况为直接目的，血清凝溶胶蛋白含量明显降低可以作为一个血清学标志。该领域技术人员可以根据本申请检测结果作出判断，如果血清中凝溶胶蛋白含量明显降低，则患者患有恶性肿瘤的风险度高，从而判断患者患胰腺癌风险的程度。因此，该案的检测方法属于疾病的诊断方法。

案例78

【案情介绍】

某案涉及一种测定唾液中酒精含量的方法，该方法通过检测被测人唾液中酒精含量，以反映出其血液中酒精含量。

【分析与思考】

该案涉及一种离体样本的检测方法，其直接目的是检测该样本主体的血液中的酒精含量，并不能最终确定患者是否是酒精中毒，即不是为了获得疾病的诊断结果，因此该方法不属于疾病的诊断方法。

在审查过程，对于涉及离体样本的检测方法，如果该方法的直接目的是获得同一主体的疾病诊断结果或健康状况，则属于疾病的诊断方法。其中，判断的重点主要在于该检测方法的直接目的是否为获得疾病诊断结果或健康状况，而"健康状况"应当理解为：患病风险度、健康状况、亚健康状况以及治疗效果等。审查实践中，部分申请在申请文件中并不会直接出现"健康状况"等明显字眼，可能会采用例如生物学状态等相关术语，诸如"外伤、组织变性、身体健全、肥胖症以及情绪"等，那么在判断相应生物学状态的评估是否属于"健康状况"时，需要充分考虑该术语本身在申请文件中的含义是否与生物体的健康状况相对应。

（2）疾病的治疗方法。

治疗方法包括以治疗为目的或者具有治疗性质的各种方法。预防疾病或者免疫的方法视为治疗方法。

其中，常见的不可授权的主题包括：①治疗目的的外科手术方法；②以治疗为目的的针灸、麻醉、推拿、按摩、刮痧、气功、催眠、药浴、空气浴、阳光浴、森林浴和护理方法；③以治疗为目的利用电、磁、声、光、热等种类的辐射刺激或照射人体或者动物体的方法；④以治疗为目的采用涂覆、冷冻、透热等方式的治疗方法；⑤为预防疾病而实施的各种免疫方法；⑥以治疗为目的的受孕、避孕、增加精子数量、体外受精、胚胎转移等方法；⑦以治疗为目的的整容、肢体拉伸、减肥、增高方法；⑧处置人体或动物体伤口的方法，例如伤口消毒方法、包扎方法；⑨以治疗为目的的其他方法，例如人工呼吸方法、输氧方法。

常见的可授权的主题：①制造假肢或者假体的方法，以及为制造该假肢或者假体而实施的测量方法，例如一种制造假牙的方法；②非外科手术方式处置动物体以改变其生长特性的畜牧业生产方法，例如通过对活羊施加一定的电磁刺激促进其增长、提高羊肉质量或增加羊毛产量的方法；③动物屠宰方法；④对于已经死亡的人体或动物体采取的处置方法，例如解剖、整理遗容、尸体防腐、制作标本的方法；⑤单纯的美容方法，即不介入人体或不产生创伤的美容方法，包括在皮肤、毛发、指甲、牙齿外部可为人们所视的部位局部实施的、非治疗目的的身体除臭、保护、装饰或者修饰方法。

案例79

【案情介绍】

某案涉及超声波治疗领域，具体涉及一种高强度聚焦超声的子孔径控制方法，该方法首先识别靶区，然后根据靶的位置和形状、子孔径与靶的接近程度、角度分布和测量到的其他参数分布（如应力或温度分布）来确定哪些子孔径需要激活以及激活的强度，以便能够更好地聚焦覆盖靶区。

权利要求1：一种高强度聚焦超声的子孔径控制方法，该方法包括：

识别（30）靶；从多个子孔径中选择（32）至少一个第一子孔径，该选择（32）是根据至少第一子孔径提供的焦点区域的区域形状与靶的匹配进行的；和以至少第一子孔径而不是其他子孔径对靶应用（44）高强度聚焦超声。

【焦点问题】

该案涉及一种超声波的聚焦方法，目的是把超声波的焦点区域控制在靶（一般是针对肿瘤）的范围内，最终目的涉及疾病的诊断和治疗，但权利要求本身的重点是对于超声波焦点区域的控制，该组权利要求是否适用于《专利法》第25条第1款第（3）项疾病的诊断和治疗方法进行评述？

观点一：权利要求1本身的重点是对于超声波焦点区域的控制，而超声波焦点区域控制本身和治疗方法本身并没有直接关系，因此不属于疾病的诊断和治疗方法。

观点二：权利要求中明确提及"对靶引用高强度聚焦超声"，该步骤以人体（靶）为实施对象，通过施加超声，可以获得治疗的效果，因此，符合《专利法》第25条的规定，以有生命的人体为直接实施对象，用于治疗疾病，属于疾病的诊断和治疗方法的范围。

【分析与思考】

对于该案而言，判断是否为疾病的诊断和治疗方法的重点是权利要求中有没有施加入人体的步骤，而该案权利要求1中最后一句"以至少第一子孔径而不是其他子孔径对靶（有生命的动物体）应用（施加）高强度聚焦超声（能量）"涉及了对人体施加的步骤，即已包括治疗步骤，应属于疾病的诊断和治疗方法。权利要求1涉及的技术方案虽然包括了怎么样控制好孔径的方法，但是权利要求保护范围的确定应该要把全部的步骤都考虑进去，而目前的权利要求1是存在施加到人体的过程，并实现治疗的目的，因此权利要求1属于疾病的诊断和治疗方法。

如果申请人将"对靶应用高强度聚焦超声"这一特征删除，改为仅包括选择特定孔径，而不包括施加能量到人体上的步骤，即不包括介入人体的操作步骤，那么该权利要求涉及的方法是否还属于疾病的诊断和治疗方法？

案例80

【案情介绍】

某案专利权利要求1如下。

权利要求1：一种用于计算在射线治疗设备中局部的部分射线剂量（Di）的方法，用于在目标体积中利用多个射束施加总射线剂量（Dpr），该方法包括：

确定至少一个第一控制平面，用于控制射束（3，3a，3b，3c，3d，3e，3f）的定剂量，其中，所述至少一个第一控制平面（1）中的每个将所述目标体积（4）划分为两个子体积。

分别对于所述至少一个第一控制平面的每个的正面（10，10a，10b，10c，10d，10e）和背面（11，11a，11b，11c，11d，11e）：对应至少一个射束。

对于每个第一控制平面（1，1a，1b）：对于两个子体积的每个分别确定子体积总射线剂量（Do，Dr），作为总射线剂（Dpr）量的分数（Fo，Fr）。

该方法还包括：确定至少一个第二控制平面（2，2a，2b，2c，2d，2e，2f，2g），用于控制射束的定位，其中，所述至少一个第二控制平面（2，2a，2b，2c，2d，2e，2f，2g）中的每个将目标体积（4）划分为两个子体积。

将至少一个射束（3，3a，3b，3c，3d，3e，3f）与所述至少一个第二控制平面（2，2a，2b，2c，2d，2e，2f，2g）中的每个对应。

其中，将与第二控制平面（2，2a，2b，2c，2d，2e，2f，2g）对应的射束（3，3a，3b，3c，3d，3e，3f）通过各自的第二控制平面这样两分，使得这样获得的两个射束（3，3a，3b，3c，3d，3e，3f）的局部的部分射线剂量（Di）分别在不同的通过各自的第二控制平面定义的子空间中不等于零。

该方法还包括：对于第一控制平面的至少一个面：隔离地计算所有与该第一控制平面（1，1a，1b）对应的射束的相应的局部的部分射线剂量（Di），从而与各自的第一控制平面（1，1a，1b）的面向各自的子体积的面对应的那些射束的局部的部分射线剂量之和得到各自的子体积总射线剂量（Do，Dr），并且其余的与所述第一控制平面（1，1a，1b）对应的射束（3，3a，3b，3c，3d，3e，3f）的局部的部分射线剂量之和得出在各自的子体积总射线剂量（Do，Dr）和总射线剂量（Dpr）之间的差。

【焦点问题】

该案涉及对治疗或放射方式的改进，但权利要求的改进重点本身不是直接针对治疗方式，而是发明了新的对剂量的计算方法，因此对剂量的计算方法是否算疾病的诊断和治疗方法，存在两种不同观点。

观点一：首先权利要求中出现"用于在目标体积中利用多个射束施加总射线剂量"，该语句限定该方法用于治疗或与治疗相关，而不是对例如模型等非生命物体的作用，其次，该用于计算在射线治疗设备中局部的部分射线剂量的方法，对剂量的测定涉及病情，和疾病诊断息息相关，对剂量的测定可以考虑为对病情的诊断，其最终获得的剂量值是为了在后续的治疗中使用该值，该值将直接影响治疗效果，因此可视为手术规划，因此，属于不授权客体。

观点二：该方法虽然涉及剂量的计算，但主要在于准确的定位靶（肿瘤），并且采用将分裂平面和块平面结合的方式来定位，解决了如何精确定位和测定靶的技术问题，属于专利法保护的客体；并且，对该方法的使用并不会对行医权有所限制，因此不适合判断为疾病的诊断和治疗方法。

【分析与思考】

该案中判断是否为治疗方法的重点是有没有施加入人体的步骤。首先，该案专利权利要求1中虽然有"用于在目标体积中利用多个射束施加总射线剂量"的描述，但这仅是对权利要求1最终用途的描述，而本质上并不包括施加射线（能量）至人体的步骤。其次，权利要求技术方案的改进，要看是对技术层面的改进还是对医学层面的改进，总体上看，权利要求1仅为一般技术意义上的射线剂量计算方法，而非针对特定病人制定的治疗方案，故不属于观点1中的手术规划，不属于医学层面的改进。可见，该案的技术方案并没有涉及施加到人体的步骤，因此，不属于疾病的诊断和治疗方法。

审查实践中，在评判一项与疾病治疗有关的方法是否属于疾病的治疗方法时，需要从行为主体、所针对的对象、目的和结果等方面加以考量，特别需要注意该方法是否实际影响了医生在治疗中选择各种方法和条件的自由。

在发明创造可能涉及医药生物等领域时，技术方案的主题可能同时会包括诊断和非诊断方法，或者同时包括治疗和非治疗方法。对于这些情形，如果说明书中明确记载该方法（用途）也可以用于治疗人或动物疾病或具有治疗疾病的性质，那么，即使所有活性试验都只涉及不相关领域，例如杀植物病虫害的活性实验，但是，如果不能排除其可同样用于人或动物，该方法（用途）权利要求中依然可能因包括了属于《专利法》第25条第1款第（3）项规定的不授权的情形而无法获得授权；类似的，也不能因为说明书中提供的活性试验都是体外试验，而认定该方法（用途）仅仅是体外实施的。

案例81

【案情介绍】

某案专利权利要求涉及一种用核酸转染细胞的方法，它包括使细胞与权利要求1所说的交联聚乙烯亚胺与核酸构成的组合物接触的步骤……

说明：权利要求1交联聚乙烯亚胺是转运核酸的载体。

【分析与思考】

虽然专利说明书中所有的活性试验都是体外试验，但是说明书同时指出交联聚乙烯亚胺作为基因治疗的载体物质，将核酸（遗传物质）转移入人体细胞内部，通过恢复或增添基因表达等达到治病的目的。该权利要求中没有限定该转染是在体外还是体内进行，也没有限定"核酸"必然不是"具有治疗作用的"核酸，因此该权利要求未排除属于不授权客体的部分。

对于一些涉及具体治疗步骤的疾病治疗方法的权利要求，当申请人在权利要求中采用类似"用于非治疗目的""非治疗性方法"等限定，放弃要求保护所述方法在疾病治疗领域的权利主张时，应当结合原说明书和权利要求书的内容，判断发明要求保护的方法能否应用于非治疗领域。如果其不能应用于非治疗领域，则即使采用"用于非治疗目的""非治疗性方法"等放弃式限定，对权利要求进行修改，也是没有意义的。

此外，其他国家和地区对于疾病的诊断和治疗方法的专利保护状况也略有不同，在大部分西方国家，并不是全部医疗方法发明都不能获得专利。

欧洲：欧洲的判例法国家主要是英国。目前，英国判例法上可以获得专利权的人类治疗方法发明主要有五种：①人没有病，即人没有遭受疾病之苦的情况下对人体实施治疗的方法，例如整容外科方法。②人为一种状况所困。该状况是从一个极端到另一个极端的某个统一体的一部分。其中，远离一个诊断标准的变化被视为疾病，例如秃头、不受精、肥胖等。对这类疾病的医疗方法可以获得专利权。③某些状况本身不是疾病，选择性地治疗这样一些状况的方法可以获得专利权。这类方法包括避孕方法、减少烟瘾的方法等。④某些诊断检测方法可以获得专利权。这类方法不引发进一步的外科或者治疗活动。也就是说，这类方法所针对的人体异样并不需要人体治疗活动，如皮肤上出现需要被杀灭或者清除的外来细菌。⑤治疗小的身体状况的方法可以获得专利权。这类方法中，有效成分被包含在不需处方但可合法出售的产品中。也就是说，这类医疗方法往往是针对小的身体异样的组合物用途发明。实际上，以上五类受专利保护的医疗方法发明的范围并没有确定的边界。法律实践中，法院需要逐案进行权衡。

美洲：美国和新西兰、澳大利亚的国内成文法都没有明确限制或者排除任何类型医疗方法的可享专利性；相反，加拿大和欧洲大陆法国家、日本、中国等世界80多个国家都明确禁止对人体或者动物体的诊断方法、疗法、外科方法授予专利权。例如：大部分WTO成员方、大部分NAFTA成员方、大部分EPC成员方的国内成文法都明确禁止对人体或者动物体的诊断的、疗法的、外科的方法授予专利权。

欧洲专利局：EPC第53条（c）规定，对人体或者动物体的外科或者疗法的治疗方法，以及在人体或者动物体上施行的诊断方法，不能获得欧洲专利；本规定不适用于在这些方法中所使用的产品，尤其是物质或者物质组合。上述规定不能排除全部医疗方法的可享专利性。例如：EPC第54条（5）规定：本条第2款和第3款的规定，不应排除第4款所述的任何物质或者组合物在第53条（c）项所述的任何方法中的任何特定用途的可享专利性，但以这种用途没有包括在现有技术为限。其实，EPC 第 54 条（5）的内容意味着：对于任何物质或者组合物，如果其被用在 EPC 第 53 条（c）的医疗方法中，而且在这些医疗方法中产生了用途发明，那么这些用途发明可以获得专利权。此外，EPC 第 53 条（可享专利性的例外）第（c）规定：对人体或者动物体的外科或者疗法的治疗方法，以及在人体或者动物体上施行的诊断方法，不应认为属于第 1 款所称的能在产业中应用的发明。这一规定不适用于在这些方法中所使用的产品，尤其是物质或者物质组合。

4. 动植物品种

专利法所称的"动物"，是指不能自己合成，只能靠摄取自然的碳水化合物及蛋白质来维系其生命的生物。专利法所称的"动物"不包括人。专利法所称的"植物"，是指可以借助光合作用，以水、二氧化碳和无机盐等无机物合成碳水化合物、蛋白质来维系生存，并通常不发生移动的生物。各种分类阶元的动植物、处于不同发育阶段的动植物体以及植物体的繁殖材料均属于专利法意义上的动物和植物品种。

（1）动物品种。

动物胚胎干细胞、生殖细胞、受精卵和胚胎都属于动物品种。动物的体细胞以及动物组织和器官（除胚胎以外）不属于动物品种。由体细胞经过脱分化形成的全能干细胞能够发育为动物体，属于动物品种范畴。

案例 82

【案情介绍】

某案专利权利要求涉及小鼠干细胞，其特征在于其源自小鼠肝脏，所述干细胞的保藏编号为……

专利说明书中详细描述了该申请中所得到的源自小鼠肝脏的小鼠干细胞具有分化全能性。

【分析与思考】

来源于体细胞的干细胞通常不具有分化全能性，能够被授予专利权。但由于说明书中已经明确描述该权利要求中所述的小鼠干细胞具备分化全能性，能够分化生长成为小鼠，所以即使该干细胞并非胚胎干细胞，其仍然属于动物品种范畴。

（2）植物品种。

植物品种包括处于不同发育阶段的植物体本身，还包括能够作为植物繁殖材料的植物细胞、组织或器官等。特定植物的某种细胞、组织或器官是否属于繁殖材料，应当依据该植物的自然特性以及说明书中对该细胞、组织或器官的具体描述进行判断。

案例83

【案情介绍】

某案专利权利要求1：来自产生黄色种皮种子的油菜植物的植物细胞，其中所述种子平均具有至少68%的油酸（C18∶1）和小于3%的亚麻酸（C18∶3），所述植物平均每公顷至少产生1700 kg种子。

该案专利说明书相关内容：该发明包括本文公开的任一种欧洲油菜品种的种子。该发明还包括通过此类种子产生的欧洲油菜植物，以及此类植物的可再生细胞的组织培养物。还包括从此类组织培养物再生的欧洲油菜植物，尤其当所述植物能够表达所示例的品种的所有形态学和生理学性质时。该发明优选的欧洲油菜植物具有从保藏种子生长形成的植物的重要的和/或标识性的生理和形态学特征。

【分析与思考】

判断特定植物的某种细胞、组织或器官是否属于繁殖材料，不能脱离专利申请本身的内容，应当站在所属领域技术人员的视角，依据该植物的自然特性以及说明书中对该细胞、组织或器官的具体描述进行分析判断。结合该案说明书的描述，该案的发明目的是培养油菜植株并利用其种子榨油，该过程利用了所述植物细胞的全能性将植物细胞再生为整株植物，而不能发育为完整植株的植物细胞显然无法用于榨油，因此该案所述的植物细胞是可以发育为完整植株的植物繁殖材料，属于专利法意义上的植物品种范畴。

案例84

【案情介绍】

某案专利权利要求涉及含有来自植物害虫的，且对植物害虫的生存、生长、增殖非常重要的 DNA 序列的植物，其中所述序列或其片段克隆在合适的载体中，所述序列或其片段相对于启动子的方向，使所述启动子在合适的转录因子与其结合时启动从所述 DNA 序列转录出 RNA 或 dsRNA，其中所述植物害虫是在所述植物上取食的植物害虫。

该案专利说明书相关内容：在该发明的再一方面，提供减轻植物害虫侵染的方法，所述方法包括：步骤1，从所述害虫中鉴定出或者对于其生存、生长、增殖或者对于其生殖重要的 DNA 序列；步骤2，在合适的载体中，以相对于一个或多个启动子的方向克隆得自步骤1的所述序列或其片段，所述启动子在合适的转录因子与其结合时能够从所述序列转录出 RNA 或 dsRNA；步骤3，将所述载体引入所述植物中。因此，有利的是，按照该发明的方法提供一种特别具有选择性的机制，用于减轻害虫侵染，而且在某些情况下用于减轻植物寄生虫侵染，使得当所述害虫在所述植物上摄食时，它将摄入植物中所表达的 dsRNA，以此抑制对于害虫生长、生存、增殖或生殖重要的 DNA 在害虫中的表达。

【分析与思考】

结合该案说明书相关记载，转化有 DNA 序列的植物细胞的最终目的是使所述植物细胞再生出转化植株，进而使得转基因植物能够减轻寄生害虫的侵害，因此通过基因工程的重组 DNA 技术等生物学方法得到的转基因植物仍属于植物品种的范畴。

审查过程中，对于保护主题为动物和植物的专利申请，无论是具体品种，还是各种分类阶元的动植物，无论是主要通过生物学的方法获得的动植物，还是通过基因工程手段获得的转基因动植物，都属于动植物品种的范畴。

5. 原子核变换方法和用该方法获得的物质

原子核变换方法，是指使一个或几个原子核经分裂或者聚合，形成一个或者几个新原子核的过程，例如，磁镜阱法等。其关系到国家的经济、国防、科研和公共生活的重大利益，不宜为单位或私垄断，因此不能被授予专利权。现今世界，除美国、日本等少数国家，大多数国家均不授予这种发明专利权。

（1）原子核变换方法不予专利保护：例如，直接变换方法（原子核裂变、聚变）。

（2）用原子核变换方法获得的物质不予专利保护：例如，用加速器、反应堆以及其他核反应装置生产的各种同位素、化合物。

（3）与实现核变换有间接关系的方法可以给予专利保护，例如，粒子加速方法。

（4）实现核变换方法的装置、设备、仪器等可以给予专利保护，例如，"一种核裂变链式反应动态演示仪""一种氢氧源安全共振预裂解装置"等。

案例85

【案情简介】

某案专利权利要求涉及一种用于生产钼99的装置，该装置借助同位素转换反应用钼100生产高放射性强度的钼99，其特征在于包括：a）一个电子加速器；b）一个转换器，用于将电子束转换成高能高强度的光子束；c）一个钼100靶。

【分析与思考】

该案涉及的装置属于原子核变换方法实现的装置，不属于原子核变换方法，更不是用原子核变换方法获得的物质，因此，属于可被授予专利权的主题。

审查过程中，关于此类主题专利申请，重点在于判断其请求保护的主题，同时，此类主题的专利申请往往涉及国防、军事等相关内容，因而大多数均需要进行保密审查。

五、说明书充分公开

根据《专利法》第 26 条第 3 款的规定，说明书应当对发明或者实用新型作出清楚、完整的说明，以所属技术领域的技术人员能够实现为准。

（一）法条释义

充分公开是专利获得授权的基本条件，其是专利制度"公开换垄断"的基本要件。如果申请人没有充分公开其发明内容，公众无法从披露的技术方案中获取新的技术知识，然而专利申请却获得了国家所赋予的排他性的独占权利，这无疑只让专利申请者获得了利益（专利申请没有披露技术信息，在专利到期后却仍然可以享有其技术秘密的保护，同时在专利保护期内获得超额的垄断利润），损害了公众与社会的利益，阻碍了技术的传播与利用，这显然有悖于《专利法》第1条所规定的"促进科学技术进步"的立法目的。

充分公开要件的目的在于确保专利权人获得的专利保护范围与其说明书公开的发明内容相一致。充分公开要求，可以限制专利权人过早提出专利申请，或提出过宽的权利要求。在先申请原则下，很多发明人在发明技术尚未成熟时，便急于申请专利。对于此类带有预期与推测性质的发明方案，充分公开便是有效的限制手段。专利权人总是希望权利要求的范围足够大从而涵盖尽可能多的技术方案，而其具体的发明内容则被记录在说明书中，如果授予专利权，则意味着申请人通过专利权获得的保护范围超出了其在申请日所实际掌握的发明内容。一方面，被权利要求涵盖但超出说明书公开范围的额外技术方案，专利权人在说明书中并没有告诉公众如何来实施这些额外技术方案，公众并没有因为该专利权而获得额外的科学知识；另一方面，在这些额外技术方案的范围内，如果赋予专利权保护，那么意味着抑制了后续技术研发的动力，因为专利权人已经将这些还没有实现的额外技术方案提前占为己有，后续研发者通过研发而实现这些额外技术方案并获得专利保护的路径被阻碍，其将失去研发的动力并抑制创新。

在我国现行的专利制度框架下，申请人通过说明书向社会公众公开其作出的具有新颖性、创造性和实用性的发明创造，换取国家授予其一定时间期限之内的专利独占权，有利于鼓励其作出发明创造的积极性；公众获得了新的技术信息，既能在其基础上作出进一步改进，避免因重复研究开发而浪费社会资源，又能促进发明创造的实施，有利于发明创造的推广应用。对申请人和公众而言，这是一种双赢的结果，如果说明书没有达到所属技术领域的技术人员能够实现的程度，就会打破上述利益平衡，不会被授予专利权。如果说明书不满足《专利法》第 26 条第 3 款的规定，则可能会无法通过后续修改克服这样的缺陷，因此在提交专利申请的时候说明书就必须满足这一要求。

（二）法条审查

《专利法》第 26 条第 3 款中规定的"能够实现"是对"清楚""完整"的程度的要求。这三个方面是一个整体的要求，而不是三个并列的要求。在说明书有附图的情况下，说明书的文字说明部分与说明书附图的结合也应当满足这样的要求。在申请人对涉及的生物材料提交保藏的情况下，说明书的文字说明部分、说明书附图、被保藏的生物材料三者的结合也应当满足这样的要求。

1. 清楚、完整

（1）主题明确。

说明书应当从现有技术出发，明确地反映出发明或者实用新型想要做什么和如何去做，使所属技术领域的技术人员能够确切地理解该发明或者实用新型要求保护的主题。换句话说，说明书应当写明发明或者实用新型所要解决的技术问题以及解决其技术问题采用的技术方案，并对照现有技术写明发明或者实用新型的有益效果。上述技术问题、技术方案和有益效果应当相互适应，不得出现相互矛盾或不相关联的情形。

（2）表述准确。

说明书应当使用发明或者实用新型所属技术领域的技术术语。说明书的表述应当准确地表达发明或者实用新型为解决技术问题所需采用的技术内容，不得含糊不清或者模棱两可，以致所属技术领域的技术人员不能清楚、正确地理解该发明或者实用新型。

案例86

【案情介绍】

某案专利权利要求保护一种治疗胃病的中药组合物，其特征在于它是由以下重量配比的原料制成的药剂：紫萁贯众2～20份，草果2～10份，八角茴香1～7份，桂皮1～5份，甘草1～5份，鸡内金1～5份，花椒1～5份，小草乌1～5份，藤子暗消0.5～3份，鸡血藤0.5～3份，草果根、茎、叶的蒸馏液2～10份，羊苦胆50～400个。

该中药组合物中含一味药是"藤子暗消"，该案专利说明书未具体指明"藤子暗消"所对应的具体药物。

经查中药领域工具书《中药大辞典》可知，"藤子暗消"是中药异名，它对应两种正名的原料——"南木香"和"羊蹄暗消"。

【分析与思考】

该案专利说明书中没有具体说明"藤子暗消"的性状特征和功能，无法认定其为这两味药中的哪一种；而且，这两味药虽然均可在治疗胃病中使用，但性味不同，在使用中不能随意互换，因此无法认定"藤子暗消"可以同时指代这两种原料。另外，审查过程中申请人提交了一份植物鉴定证明，主张涉案申请中使用的"藤子暗消"是不同于"南木香"和"羊蹄暗消"的第三种中药，但该植物鉴定证明并不足以证明所属领域技术人员在阅读涉案申请说明书时能够获知其中使用的中药材"藤子暗消"是所述第三种中药。基于所属领域技术人员在阅读涉案申请说明书时不能获知"藤子暗消"这一中药异名指代的究竟为何种中药原料，因此无法实现该发明。

专利说明书使用的技术术语应当含义清晰、指向明确，不会造成理解错误。如果描述发明或实用新型所使用的技术术语在所述技术领域中存在歧义，专利说明书中又未对该技术术语的含义予以明确界定，使得所属领域技术人员不能够清楚地理解并实现发明或实用新型，则专利说明书不满足《专利法》第26条第3款的规定。

（3）完整。

凡是与理解和实施发明或者实用新型有关，但所属领域的技术人员不能从现有技术中得到直接、唯一的内容，均应当在说明书中作出清楚、明确的描述。一份完整的说明书应当包含下列各项内容：理解发明或者实用新型不可缺少的内容；确定发明或者实用新型具有新颖性、创造性和实用性所需的内容；实现发明或者实用新型所需的内容。

案例87

【案情介绍】

某案专利权利要求1：保护一种用于改善二维/三维视野的液晶显示装置及其显示方法，包括：

提供液晶显示屏幕单元；及

在所述液晶显示屏幕单元后方设置可调整式背光模块，其中，所述可调整式背光模块包括：

引导单元；

感光单元；

棱镜阵列，设置于该引导单元与该感光单元之间；及

可调整式结构单元，其中，该可调整式结构单元用以改变所述引导单元与所述感光单元之间的空间距离。

根据该案专利说明书的记载，现有技术的液晶显示装置是利用电机方法进行修正或调整的机械可调式结构，调整过程复杂，准确度与稳定度低，仅可应用于正确输入观看者欲停留的位置/角度信息的情况，无法在无须考虑观看者距离显示装置远近的情况下仍能维持一致的高质量画面。该案选择本身具有可调整特性的组成材料作为可调整结构单元，或者再结合现有的机械结构，通过精确控制引导单元与感光单元彼此间的距离，提供最佳化的二维/三维视野效果。

【分析与思考】

该案专利说明书中仅记载组成材料的特性包括电性、膨胀特性、温度特性和压力特性，没有记载具有上述特性的组成材料的具体成分和结构，也没有记载如何将这种材料的特性应用于液晶显示装置中并与其中的部件配合来实现精确地控制引导单元与感光单元彼此间的距离，从而达到最佳

化的二维/三维视野效果，而这些要素对于实现涉案申请的液晶显示装置及显示方法来说是必不可少的。由于对所属领域技术人员来说，根据说明书记载的内容无法具体实施这种可调整式的结构单元，以达到精确地控制引导单元与感光单元彼此间的距离，提供最佳化的二维/三维视野的技术效果，所以涉案申请未对发明作出完整的说明。

如果说明书对于理解和实现发明或实用新型必不可少的技术内容仅表述为相应的功能或者效果，所属领域技术人员无法对应于具体的技术手段，则说明书对技术方案的说明未达到能够实现该发明或者实用新型的程度。

说明书有时会引证其他文件说明发明的相关内容。此时，应将说明书作为一个整体判断其是否符合《专利法》第26条第3款的规定。对于引证文件，重点在于审查其引证是否有效，以及当引证的文件无效时，说明书是否满足公开充分的要求。例如，以下情况视为未引证。

情形1：如果说明书中没有对所引证文件给出明确的指引，以致不能获得该文件，或者虽有引证文件，但其中实际记载的内容与发明不相关或者与引证的内容不相符的，应当视为说明书没有引证该文件。

情形2：如果引证文件是非专利文件或外国专利文件，并且该文件的公开日在申请的申请日（含申请日）之后，则视为说明书没有引证该文件。注意：即使所引证的外国专利文件有中国同族专利文件，且该中国同族专利文件的公开日不晚于本申请的公开日，也视为说明书中没有引证该外国专利文件，这是因为该中国同族专利文件的申请号或者公开号并未在原始说明书中被提及。另外，申请人用中国同族专利文件替换外国专利文件作为引证文件的修改方式不能被接受。

案例88

【案情介绍】

某案专利申请涉及一种用于内燃机的高温催化剂组合物，权利要求1保护一种催化剂，其中提到该催化剂的一种组分是稳定的氧化铝载体颗粒。说明书中在描述如何使氧化铝载体颗粒稳定时仅提到"请参照美国专利申请696946中描述的相关内容",而并未描述该方法的具体步骤,但是在本申请的申请日之前该美国专利申请尚未被公开,而且现有技术中也不存在其他方法来稳定氧化铝载体颗粒。

【分析与思考】

由于构成该申请技术方案的一个必不可少的组分采用了引证其他文件的方式撰写,然而该引用的专利文献在该申请的申请日之前尚未被公开,该领域技术人员在申请日之前得不到该引证文件,从而无法得知如何得到该组分,因此该申请的说明书是不完整的,从而导致该领域技术人员根据说明书中记载的内容不能实现本发明。

情形3:如果引证文件是中国专利文件,并且该文件的公开日晚于申请的公开日或者没有公开,则视为说明书没有引证该文件。

当说明书中的引证文件属于上述"视为未引证情形"时,说明书公开的内容将不包括该引证文件的内容。因此,如果本领域技术人员在缺少引证文件内容的情况下,根据说明书的描述仍能够实现该发明或实用新型,则说明书符合《专利法》第26条第3款的规定。反之,说明书公开不充分。

2. 所属技术领域的技术人员

判断专利说明书是否清楚、完整地公开了技术内容,即发明是否满足充分公开的要求,应当基于所属技术领域的技术人员的知识和能力来进行评价。

所属技术领域的技术人员,也可称为本领域的技术人员,是指一种假设的"人",假定他知晓申请日或者优先权日之前发明所属技术领域所有的普通技术知识,能够获知该领域中所有的现有技术,并且具有应用该日期之前常规实验手段的能力,但他不具有创造能力。如果所要解决的技术问题能够促使本领域的技术人员在其他技术领域寻找技术手段,他也应具有从该其他技术领域中获知该申请日或优先权日之前的相关现有技术、普通技术知识和常规实验手段的能力。

设定这一概念的目的,在于统一审查标准,尽量避免主观因素的影响。《专利法》第26条第3款规定,"以所属技术领域的技术人员能够实现为准",其含义是所属技术领域的技术人员在阅读说明书的内容之后,就能够实现该发明或者实用新型的技术方案,解决发明或者实用新型要解决的技术问题，产生其预期的有益效果。

3. 能够实现

所属技术领域的技术人员能够实现，是指所属技术领域的技术人员按照说明书记载的内容，就能够实现该发明或者实用新型的技术方案，解决其要解决的技术问题，产生其预期的有益技术效果。

说明书应当清楚地记载发明或者实用新型的技术方案，详细地描述实现发明或者实用新型的具体实施方式，完整地公开对于理解和实现发明或者实用新型必不可少的技术内容，达到所属技术领域的技术人员能够实现该发明或者实用新型的程度。

几种常见的所属技术领域技术人员无法实现的情形如下。

情形1：说明书中只给出任务和/或设想，或者只表明一种愿望和/或结果，而未给出任何使所属技术领域的技术人员能够实施的技术手段。

情形2：说明书中给出了技术手段，但对所属技术领域的技术人员来说，该手段是含糊不清的，根据说明书记载的内容无法具体实施。

情形3：说明书中给出了技术手段，但所属技术领域的技术人员采用该手段并不能解决发明或者实用新型所要解决的技术问题。

情形4：申请的主题为由多个技术手段构成的技术方案，对于其中一个技术手段，所属技术领域的技术人员按照说明书记载的内容并不能实现。

情形5：说明书中给出了具体的技术方案，但未给出实验证据，而该方案又必须依赖实验结果加以证实才能成立。当所属领域技术人员依据现有技术的整体状况，结合所属技术领域的常识及其具备的常规技能，无法预期权利要求的技术方案能够具有声称的用途和/或使用效果时，说明书中应当提供相应的实验证据，证明所述技术方案具有所述用途和/或使用效果。

案例89

【案情介绍】

某案涉及生理参数测量领域，其主要用于实现远程的、自助的医疗和保健。该案请求保护一种体内探测智能针头系统的技术方案，该体内探测智能针头系统将压力、温度、血糖等多种传感器通过微加工技术集成到一个针头上，并利用该针头采集压力、温度、血糖、心电等数据后，结合超级计算机进行诊断和治疗。

该案专利说明书相关内容：体内探测智能针头系统的技术方案，针头上通过微加工的技术，刻上压力传感器、温度传感器、血氧传感器、血糖传感器、血脂传感器、光电转换器，刻上测试芯片，做上测量磁场的探头，并且把光纤和输入输出导线一起做在针头上，并在针头上刻上放大电路，当把针头插入人体或插入血管，这时针的内孔充满血液，不同的传感器直接和血液直接接触，温度传感器直接测量血液的温度，压力传感器直接在血液里测量血压，各种传感器多是在血液里直接测量，所以测量稳定，数据可靠，用光纤和光电转换器探头在血液里直接做光谱分析，可以分析血液的各种成分，并且多个探头在不同的特定位置安装，根据各个探头测到不同的强度和分布情况，定量计算血液各种细胞的数量。

【焦点问题】

该案关于"如何利用智能针头系统在血管内测量心电"以及"如何利用智能针头系统实现自动诊断和治疗疾病"的公开是否满足《专利法》第26条第3款的规定？

【分析与思考】

站在该领域技术人员的角度，首先，关于智能针头系统。现有技术中可以检索到集成有多个传感器的针头（未公开心电功能），具体而言，压力等物理参数通过集成的若干个传感器直接检测，而化学参数则是收集血液后在后台处理获取。现有技术表明集成针头的这项技术在一定程度可以实现，但是对于医疗设备而言，诊断意义是必须考虑的，如何将这么多同时检测物理参数和生化参数的传感器集成到一个微小的针头上并保证医疗效果，该申请没有给出任何具体手段，现有技术中也未有如此理想化的基础技术。

其次，关于血管内心电检测。虽然通过检索现有技术，现有技术中涉及动脉腔内心电图检测，可以认为血管内获得心电并不违背自然规律，从而得知利用针头插入血管可以获得广义上的心电图，然而根据该申请的描述，该申请获取的心电图可用于计算机诊断分析，案件的焦点在于通过将针头插入血管获得的心电图是否能够直接用于心电图分析；目前，用于诊断的体表、体内心电具有相应的通过大量的临床实验数据验证的诊断标准，在此基础上才实现计算机诊断，而利用该申请的技术方案得到的"心电图"不同于利用本领域常规体表以及体内心电检测手段所得到的心电图，该领域技术人员不清楚本申请所得到的"心电图"用于对照和分析的参考值，即对于该技术方案得到的"心电图"如何进行诊断分析尚不明确，即该申请并未充分公开如何通过针头直接插入血管内获得心电图并进行诊断分析的技术方案，上述内容也并非该领域技术人员的公知常识，该领域技术人员无法根据说明书记载的内容实施该技术方案。

可见，该案从整体上只给出了任务和设想，未给出具体技术手段，该领域技术人员无法实现。

案例90

【案情介绍】

某案专利权利要求如下。

权利要求1：一种飞行汽车，其特征在于由汽车本体和升空装置3构成。

权利要求2：根据权利要求1所述的飞行汽车，其特征在于所述的汽车本体除了包括普通汽车的四个基本部分如发动机、底盘、车身、电气设备外，还包括升空装置存放箱2、推进器4、气泵和纵轴5和横轴15。

权利要求3：根据权利要求1所述的飞行汽车，其特征在于所述的汽车本体的上层是座舱1，中层是升空装置存放箱2，下层是机械舱6，机械舱6用于放置发动机、底盘、推进器4和气泵等部件；上层的座舱1可升降，通过调节座舱1的升降可以调节升空装置存放箱2的体积；飞行汽车起飞时座舱1升起，升空装置存放箱2体积增大以配合升空装置3的膨胀，飞行汽车在地面时座舱1可以降下来，升空装置存放箱2体积缩小。

权利要求4：根据权利要求1所述的飞行汽车，其特征在于所述的升空装置3由结构和材料都相同的几部分组成，每部分用充气管9和抽气管10与气泵连接，气管所用材料与这几部分的材料一样；气管上有阀门。每部分由两层密度低、柔软坚韧、不透气的材料组成，两层材料形成一大一小两个空腔，其中外层材料和内层材料形成一个小空腔 11，用于充入压缩空气，使每部分膨胀后形成一定的几何形状，这几部分膨胀后，飞行汽车将形成前圆后尖、表面光滑的流线型，并且不会因为大空腔 12 的空气被抽走形成的真空压力而塌缩；内层材料形成一个大空腔 12；外层材料和内层材料之间用密度低、柔软坚韧、弹性小的蜂窝状连接材料 13 连接，这些蜂窝状连接材料 13 能保证外层材料和内层材料不会因为空气压力而分离。

根据该案专利说明书的描述，其使用升空装置使汽车垂直升降并可悬浮在任意高度，从而实现具有飞行功能的汽车。具体而言，由两层密度低、柔软坚韧、不透气的材料组成升空装置，其中外层材料与内层材料之间形成小空腔，内层材料形成大空腔，小空腔中充入压缩空气，大空腔内部"抽成真空"；内外层材料之间用密度低柔软坚韧弹性小的蜂窝状材料连接；小空腔充入压缩空气后能承受大空腔中空气被抽走所形成的"真空压力"，使得升空装置"不会因为真空压力而塌缩"；大空腔内部空气密度小于升空装置外部空气密度，从而获得类似氢气球的与大空腔体积相关的升力。

【分析与思考】

该案涉及的技术方案中，对于小空腔而言，由于其内侧的大空腔被抽真空，内侧的压力小于大气压，而小空腔外侧受到的是大气压的作用，外侧压力比内侧压力大，内外压差会导致小空腔向内收缩，致使内侧的大空腔塌缩，直至大空腔内外压力基本相等。大空腔塌缩后其内部气体压力接近外部大气压，大空腔受到的浮力显然不足以使汽车升空，而小空腔内部的气体密度大于外部的气体密度，因此小空腔受到的浮力不足以克服其自身的重力，升空装置无法悬浮，也就无法实现汽车的飞行。基于说明书中给出的技术手段不能实现汽车的飞行，而这恰恰是权利要求所要求保护的技术方案。

案例 91

【案情介绍】

某案要求保护一种通式化合物。

该案专利说明书中记载所述化合物可以控制血管生成或抑制 TNF -
α、TNF - β、IL - 12、IL - 18 等细胞因子的生成,从而可治疗癌症、与血
管发生相关的病症、疼痛包括但不限于复杂区域性疼痛综合症、黄斑变性
和相关综合症、皮肤病等多种疾病,但未公开任何能够证明该化合物效果
的实验数据。

【分析与思考】

经检索现有技术,该案要求保护的化合物属于结构全新的化合物,现
有技术中并无与其结构相似且具有相同或相类似活性的化合物,故该化合
物能否解决说明书中声称的技术问题、达到预期的技术效果将依赖于实验
结果的证实。但是涉案申请说明书中并未提供任何实验数据,而是仅仅泛
泛地提到该化合物具有多种机理的活性,可以治疗大量的疾病。在这种情
况下,说明书中公开的实际上仅仅是一种结果未定的宽泛的研究方向。

并非所有的专利申请都必须在说明书中给出实验数据才能满足《专利
法》第26条第3款的规定。在大部分情况下,所属领域技术人员根据技术
方案本身足以确定技术方案能够产生的技术效果,申请人无须再通过实验
证据进行证明。只有在某些以实验为主的技术领域,当所属领域技术人员
无法确定技术方案能够产生的效果时,提供表明所述技术方案效果的实验
证据才是必不可少的环节。也就是说,发明必须依赖实验结果加以证实才
能成立,是说明书中必须给出实验数据的前提。

如果所属领域技术人员根据现有技术的整体状况无法确定所要求保护
的技术方案能否产生声称的技术效果,例如对于结构上与已知化合物不接
近的化合物以及已知化合物的全新用途发明,由于现有技术中不存在相关
或类似的技术方案,因此要求保护的技术方案效果的确认就成为发明能够
成立的基础。

公开充分涉及的"能够实现"与实用性涉及的"能够制造或者使用"
存在如下区别。

《专利法》第22条第4款要求,发明必须具备实用性,即"是指该发
明或者实用新型能够制造或者使用,并且能够产生积极效果"。具备实用
性是授予专利权的基本条件之一,不具备实用性就不能被授予专利权。

一项发明创造要获得专利保护,首先必须有用,即能在产业中应用,

而不能是理论的、抽象的、无实际意义的东西。"能够制造或者使用"意味着能在实践中实现，如果发明是产品，则该产品在产业中能够制造出来并且能够解决技术问题；如果发明是方法，则应能够在产业中使用并且能够解决技术问题。"在产业上能够制造或者使用的技术方案"是指符合自然规律、具有技术特征的任何可实施的技术方案。

《专利法》第26条第3款要求专利申请的说明书对发明或者实用新型作出清楚、完整的说明，以"所属技术领域的技术人员能够实现"为准。这是对专利申请说明书的要求，即通常所称的充分公开的要求。在这里，"所属技术领域的技术人员能够实现"是指所属技术领域的技术人员在阅读说明书的内容之后，就能够实现该发明或者实用新型的技术方案，解决发明或者实用新型要解决的技术问题，产生其预期的有益效果。它是衡量说明书是否达到充分公开发明创造的要求的基准，是说明书清楚、完整地说明发明创造的结果。

不具备实用性的方案通常是因为违反客观规律、依赖随机因素或独一无二的自然条件等而无法制造或使用，这种固有的缺陷与说明书公开的程度无关，即使说明书公开得再详细，发明也不具备实用性。而一项实际上可能具备新颖性、创造性、实用性的发明，则有可能因说明书的撰写未能达到充分公开的要求，所属领域技术人员难以实现而不能获得专利权。

案例92

【案情介绍】

某案专利权利要求涉及一种履带提水式高效水力发电系统，其设置在水库大坝（1）上，该系统包括依次沿水库大坝（1）的下游河道一侧且位于河道水位以上、水库大坝（1）顶部两端和水库大坝（1）的上游水库一侧且位于上游水库水位以下设置的定滑轮组（2），绕在所述定滑轮组上随定滑轮组的旋转而沿定滑轮组所形成的轨迹移动的水箱输送链条（4），设置在水箱输送链条（4）上的2个以上的提水水箱（3），设置在水库大坝（1）上顶端的发电机（6），所述发电机（6）通过传动皮带（5）与定滑轮组中位于水库大坝（1）顶部一端的定滑轮连接，所述的下游河道内与设置在所述的水箱输送链条（4）上的提水水箱（3）的底端相对应的设置有挡坎（7）。上述发电系统如图4-7所示。

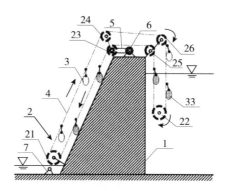

图4-7　发电系统示意图

该案专利说明书中申请人声称欲解决的技术问题是如何避免水流流失过多的动能，同时保证系统建造、维修简单，运行成本低，对周围环境影响较小。

【焦点问题】

该案是否不符合能量守恒定律从而不具有实用性？若具备实用性，说明书的内容是否清楚、完整，该领域技术人员能否实现其技术方案？针对上述问题，存在以下不同的观点。

观点一：系统无法持续性运转，最终会因为能量损耗而停止运动，因此无法保证可以投入产业使用并发出电量，属于实用性问题。

观点二：该系统能否实现运转并发电，需要很多因素的共同作用，即在某一种特定的情况下才可能实现运转，该特定的情况与每个水箱的携水量、系统自身运转摩擦力、空水桶质量、水箱的数量、大坝高度、水箱在链条上的布置距离等诸多因素之间的关系密切相关，而对这些"特殊条件"的设置十分复杂，对于上述条件如何设置，该案的申请文件中并未具体描述，而这些条件的设置也并未记载于现有技术中，为了使该系统运转并发电，该领域技术人员需要付出额外的创造性劳动，即该领域技术人员根据专利说明书中记载的内容无法实现，不符合《专利法》第26条第3

款的规定。

【分析与思考】

第一，关于实用性的问题。

实用性意义上的"不能制造或使用"是指方案本身存在着无法借助自然力实施并有效再现的情形，如存在着违反自然规律等不可克服的缺陷。经过分析该案的技术方案，该水力发电系统不能简单地看作是静态的运动过程，且其也并非一个封闭的系统，因为在运转过程中，水流从远处持续流入上游水库，又从下游河道流出，这一部分的水的重力势能通过水力发电系统得以利用；由于远处的水源源不断地进入上游水库，使得上游水库持续保持在高水位，也就是说，该系统有持续的能量输入，不属于无动力供给也能持续发电的情形，只不过其能量输入的过程不同于常规水力发电——将水流的冲击能量传递并转化。另外，现有技术中已有水不冲击水箱也能将势能转化为电能的发明。该发明只要保证上游水库保持高水位，下游水库保持低水位，则始终有一定重量的水作用于整个系统，这部分水的重量能使链条持续运转起来。

第二，关于公开不充分的问题。

经过对技术方案的分析，可以确定2个水箱的方案无法实现；针对设置其他数量水箱的情况，仅从原理上看，本申请是可以实现的，但是由于申请文件中未对每个水箱携水量、系统自身运转摩擦力、空水桶质量、水箱的数量、大坝高度，水箱在链条上的布置距离等因素之间的关系做出详细说明，在进行了充分检索、浏览大量的现有技术后，该领域技术人员仍然无法根据该申请公开的内容实施该技术方案。也就是说，该领域技术人员需要付出创造性劳动才能保证系统可以持续性地运转，所以该案类似于给出了一种原理性的设想，但是未给出具体手段。

实用性意义上的"不能制造或使用"是指方案本身存在着无法借助任何技术手段实施并有效再现的情形，如存在着违反自然规律等不可克服的缺陷。充分公开的要求是指所属领域技术人员根据说明书的教导，结合本领域的公知常识和常规技术手段即能够实现权利要求界定的技术方案。在该案的实用性判断中，应通过整体理解说明书的内容，从技术方案本身是否存在违背自然规律的情形进行分析。在判断申请是否满足公开要求时，应通过检索充分了解现有技术的整体状况，使自己更接近于本领域技术人员的水平。

六、权利要求书以说明书为依据，清楚、简要地限定其要求保护的范围

根据《专利法》第 26 条第 4 款的规定，权利要求书应当以说明书为依据，清楚、简要地限定要求专利保护的范围。

（一）权利要求应该清楚、简要

1. 法条释义

根据《专利法》第 26 条第 4 款规定：权利要求书应当以说明书为依据，清楚、简要地限定要求专利保护的范围。其中，权利要求应当清楚、简要是对于权利要求书本身的要求。

既然权利要求的作用是用来确定专利权的保护范围的，为了保证其界定的保护范围是确定的，权利要求的内容和表述就应当是清楚、简要的，能使所属技术领域的技术人员确定该权利要求所要求保护的范围与不要求保护的范围之间的界限，并在实践中能够清楚地确定某一项技术方案是否落入该权利要求的保护范围。由于清楚的权利要求在要求保护的范围和不要求保护的范围之间划出了一条明确的界限，因而能比较明确地界定申请人所获得的权利和利益。

权利要求书应当清楚，包含三层含义：每项权利要求的类型应当清楚；每项权利要求的保护范围应当清楚；所有权利要求作为整体也应当清楚。权利要求清楚与否，应当由所属领域的技术人员从技术和法律含义的角度进行分析判断。

（1）主题类型清楚。

一方面，权利要求的主题名称应当能够清楚地表明该权利要求的类型是产品权利要求还是方法权利要求。即，表明权利要求的主题名称必须要么是一种产品，要么是一种方法，不能采用模棱两可的表达方式，也不允许采用混合的主题名称。

另一方面，权利要求的技术内容应当与权利要求的主题名称相适应。此处的"相适应"应理解为包括：首先，"主题名称"应反映出请求保护的技术方案所涉及的技术领域，比如"一种照相机"和"一种汽车"。如果申请人将权利要求写为"一种产品……"或"一种方法……"则该主题名称没有反映出请求保护的技术方案所涉及的技术领域，即权利要求的主题名称不能与权利要求的技术内容相适应。其次，权利要求的类型应当与权利要求的限定特征相适应。如果权利要求保护一种产品，通常应当由其结构或组成特征来描述，如果保护一种方法，通常应当由其工艺过程、操作条件、步骤或者流程等技术特征来描述。

要求权利要求的类型明确，并不意味着产品权利要求的技术特征都必须是产品结构类型，方法权利要求的技术特征都必须是方法步骤类型。在特殊情况下，当产品权利要求无法用结构特征并且也不能用参数特征清楚描述时，允许采用方法特征来表述。方法特征包括原料（包括其配比和/或用量）、制备工艺条件和/或步骤等特征。

（2）保护范围清楚。

每项权利要求的保护范围应当清楚。如果由权利要求中所用词语、标点以及语句构成的表述会导致一项权利要求的保护范围边界不清或不确定，则该权利要求不清楚。权利要求的保护范围应当根据其所用词的含义来理解，其中"含义"应当理解为所属技术领域通常具有的含义。为了使权利要求限定的范围清楚，应当对权利要求中的用词予以规范，词义要确定、无歧义，并且各个技术特征之间的关系也应当清楚，避免不同的人对同一项权利要求的范围理解不一致。

申请文件中对技术术语的定义不应违背该术语通常具有的含义。如果在说明书中存在对权利要求所用术语的清楚定义，然而该术语严重违背或不同于其常规含义，这种定义会使权利要求的保护范围不清楚。因为在理解权利要求的保护范围时，通常需要结合说明书及其附图和申请日前发明所属技术领域内对该术语的常规含义进行考虑，因此，这种具有非常规含义的术语定义会产生混乱。

（3）权利要求书整体清楚。

权利要求书整体清楚是指权利要求之间的引用关系应当清楚。首先，一项权利要求与其引用的权利要求之间，在内容上要有一致性和相关性，不能出现前后内容相互矛盾，或前后内容在整体上无法衔接的情况。其次，撰写多项从属权利要求时，应避免被引用的各项权利要求的内容在逻辑关系上出现混乱或错误，使权利要求不清楚。从属权利要求只能引用在前的权利要求。引用两项以上权利要求的多项从属权利要求，只能以择一方式引用在前的权利要求，并不得作为另一项多项从属权利要求的基础，即在后的多项从属权利要求不能引用在前的多项从属权利要求。

（4）简要。

权利要求书应当简要，是指每一项权利要求应当简要，并且构成权利要求书的所有权利要求作为一个整体也应当简要。这包括以下两方面。

第一，权利要求应当采用构成发明或者使用新型技术方案的技术特征来限定其保护范围。除技术特征外，一般不应在权利要求中写入发明原理、发明目的以及商业用途的描述或明显的宣传用语，否则不仅该权利要求不简要，还可能在后续司法程序中对保护范围造成不必要的限制。

第二，从权利要求书的整体撰写要求来看，权利要求的数目应当合理；各权利要求之间的相同内容应避免重复，因此，权利要求应尽量采用引用在前权利要求的方式撰写；尤其注意的是，权利要求书中不得出现两项或两项以上保护范围实质上相同的权利要求，这会造成权利要求书整体不简要。

2. 法条审查

（1）主题类型不清楚。

① 主题名称不清楚。在类型上区分权利要求的目的是为了确定权利要求的保护范围。按照性质划分，权利要求有两种基本类型，即物的权利要求和活动的权利要求，或者简单地称为产品权利要求和方法权利要求。第一种基本类型的权利要求包括人类技术生产的物（产品、设备）；第二种基本类型的权利要求包括有时间过程要素的活动（方法、用途）。属于物的权利要求有物品、物质、材料、工具、装置、设备等权利要求；属于活动的权利要求有制造方法、使用方法、通信方法、处理方法以及将产品用于特定用途的方法等权利要求。

案例93

【案情介绍】

某案专利权利要求：一个三笔通快速汉语输出系统——新式汉语拼音编码方案，本方案通过对原汉语拼音字母的适当排列与组合，可以在 1~3 码范围内标识全部常用和非常用汉字，并且准确反映其读音。

【分析与思考】

该案专利权利要求的主题并没有清楚地表明权利要求 1 究竟是产品权利要求"一个三笔通快速汉语输入输出系统"，还是方法权利要求"新式汉语拼音编码方案"，因此造成权利要求的主题类型不清楚。

案例94

【案情介绍】

某案专利权利要求的主题为一种全自动化转子生产线的改进方案，用具有一个输入端和一个输出端的 PLC 发送和接收相应的预定信号；还包括增加一用来连续运输的传送单元。

【分析与思考】

该权利要求的主题名称是"改进方案"，而改进方案既可以表示产品，也可以表示方法。由于申请人没有明确权利要求所要求保护的"改进方案"是产品，还是方法，因而导致该权利要求的技术方案不清楚。由于该主题名称采用了模棱两可的表达方式，造成该权利要求的类型不清楚。

类似不清楚的主题类型包括：一种……配方、一种……设计、一种……技术等。

对于主题类型是否清楚的审查，其关键在于判断权利要求的主题名称是否清晰表明该权利要求的类型是产品权利要求还是方法权利要求。

② 主题名称与技术内容不适应。权利要求的技术内容应当与权利要求的主题名称相适应。产品权利要求适用于产品发明或者实用新型，通常应当用产品的结构特征来描述。特殊情况下，当产品权利要求中的一个或多个技术特征无法用结构特征予以清楚地表征时，允许借助物理或化学参数

表征；当无法用结构特征并且也不能用参数特征予以清楚地表征时，允许借助于方法特征表征。使用参数表征时，所使用的参数必须是所属技术领域的技术人员根据说明书的教导或通过所属技术领域的惯用手段可以清楚而可靠地加以确定的。方法权利要求适用于方法发明，通常应当用工艺过程、操作条件、步骤或者流程等技术特征来描述。

上述"相适应"应理解为包括以下几点。

首先，"主题名称"应反映出请求保护的技术方案所涉及的技术领域，比如"一种照相机"和"一种汽车"。如果专利申请将权利要求写为"一种产品……"或"一种方法……"则该主题名称没有反映出请求保护的技术方案所涉及的技术领域，即权利要求的主题名称不能与权利要求的技术内容相适应。

其次，权利要求的类型应当与权利要求的限定特征相适应。如果权利要求保护一种产品，则应当主要由其结构特征来描述，如果保护一种方法，则应当主要由其工艺过程、操作条件、步骤或者流程等技术特征来描述。

主题名称与技术内容相适应主要是权利要求书撰写规范的要求，在实际审查过程中，应更侧重于整体权利要求涉及的技术方案是否清楚，保护范围是否清晰。

案例 95

【案情介绍】

某案专利权利要求 1 要求保护一种电化学检测器，包括多孔基底、基底一侧上的电极和压缩的区域，其中所述压缩的区域是通过压缩基底的一个区域到一定范围形成一个边界而得到的，它能阻止电解质在基底内迁移，该压缩的区域确定，或者与基底的边缘或电极的边缘一起确定预定区域电极上的一个区。

【焦点问题】

该案专利权利要求 1 中既包括产品特征，又包含方法特征，是否会导致该权利要求不清楚？

【分析与思考】

由于该案中压缩的区域是通过压缩基底到一定范围所形成的，用常规的结构特征无法清楚地表征该压缩的区域的结构，相反，用上述方法特征能够清楚地限定出该压缩区域的结构特征及其效果，因此，权利要求1所述使用方法和结构特征同时对该权利要求保护的主题进行限定不会导致权利要求不清楚。

案例96

【案情介绍】

某案专利权利要求：一种奶酪制品，其特征在于，该奶酪制品是通过将由天然奶酪、黄杆菌胶体、角豆树胶和补强填充剂组成的混合物加热到 $65 \sim 120\ ℃$，使该混合物细分散，然后冷却至 $10\ ℃$ 以下，再将冷却后的混合物粉碎成粒状而制得。

【分析与思考】

在某些技术领域（如食品领域），通常很难确定产品的各种成分，因而，对于这些领域的产品发明，在无法用产品本身特征进行清楚限定时，常常允许用其制备方法来表征该产品。在该权利要求中，制备方法是清楚的，因此其限定的产品也是清楚的。

案例97

【案情介绍】

某案专利权利要求涉及一种制备乳液加脂剂的方法，其特征在于产物的固含量为 30 wt%，外观为淡蓝色，pH 为6。

【分析与思考】

权利要求请求保护的是一种制备方法，应当用方法步骤描述其技术方案，清楚限定该方法技术主题，但是该权利要求的特征部分均是产物性状及理化参数，未能与方法类型的权利要求主题相适应。

一般来说，方法权利要求应尽量用工艺过程、操作条件、步骤、流程、所用原料等与方法密切相关的特征进行限定，对于产品权利要求则应尽量用产品本身的结构等特征进行限定。但采用方法特征限定产品权利要求以及采用结构特征限定方法权利要求并不必然导致权利要求的保护主题与限定特征不相适应，进而导致权利要求的类型不清楚。

（2）保护范围不清楚。

① 术语含义不清楚。对于权利要求中使用的技术术语，一般应当认为其含义与该术语在所属技术领域中通常具有的含义相同。

如果权利要求中使用的技术术语是申请人的自造词，或者是申请人在说明书中给出了不同于其通常含义的定义，则一般应当要求申请人将说明书中对该术语的定义表述在权利要求中或者修改权利要求，以使所属技术领域的技术人员仅根据权利要求的表述即可清楚确定请求保护的范围。如果说明书中对某个术语的定义太长或者过于复杂，也可允许申请人不在权利要求中写入该定义。

案例98

【案情介绍】

某案专利权利要求1：一种高盐含甘油高深度有机废水中氯化钠及甘油的分离方法，其特征在于，包括如下步骤。

步骤1：络合。往高盐含甘油废水中加入碱液及硫酸铜或其他金属盐，使废水中所含甘油在碱性条件下与铜离子或其他金属离子发生络合反应，生成甘油铜或其他甘油金属离子络合物。

步骤2：纳滤脱盐。将步骤（1）络合处理后的废水通过纳滤膜进行分级过滤脱盐，得到含甘油铜或含其他甘油金属络合物的纳滤浓缩液以及含氯化钠的纳滤透析液。

步骤3：解络。往步骤（2）纳滤所得的含甘油铜或其他甘油金属络合物的纳滤浓缩液中加入酸溶液调节 pH 至 6~12，使甘油铜或其他甘油金属络合物解络，生成甘油和氢氧化铜或其他金属氢氧化物沉淀。

步骤4：氢氧化铜或其他金属氢氧化物与甘油的分离。将步骤（3）解络所得的含甘油和氢氧化铜或其他金属氢氧化物的废水用经过离心分离，得氢氧化铜或其他金属氢氧化物沉淀和含甘油的离心液，氢氧化铜或其他金属氢氧化物沉淀循环使用制备甘油络合物。

步骤5：纳滤分离甘油。将步骤（4）所得含甘油的离心液用纳滤膜过滤，分离得到纳滤浓缩液和含甘油的纳滤透析液。

其中，说明书涉及的具体实施例为氯化钠浓度为 5% ~ 30% 的废水。

【焦点问题】

权利要求涉及高盐废水这一术语的含义是否清楚？是否需要将说明书中涉及的具体限定补充到权利要求中？

【分析与思考】

经过充分检索现有技术，准确站位本领域人员，现有技术对于"高盐废水"已给出了明确的公知定义，即含盐质量分数至少 1% 的废水。可见，权利要求 1 涉及的"高盐废水"在本领域存在明确的定义或解释，其并不会对权利要求 1 的保护范围的清楚确定造成影响。

案例99

【案情介绍】

某案专利权利要求 1：一种防电磁污染服，它包括上装和下装，其特征在于所述服装在面料里设有由导磁率高而无剩磁的金属细丝或者金属粉末构成的起屏蔽保护作用的金属网或膜。

【焦点问题】

权利要求 1 中"导磁率高"是否属于会导致保护范围不清楚的含义不确定的技术术语？

【分析与思考】

专利权的保护范围由权利要求来限定，如果权利要求中包括含义不确定的词语，且结合涉案专利的说明书、所属领域公知常识以及相关的现有技术，仍不能确定权利要求中该词语的具体含义，则应认为该权利要求保护范围不清楚。所属领域公知，导磁率也可称为磁导率，且磁导率有绝对磁导率与相对磁导率之分，根据具体条件的不同还涉及起始磁导率、最大磁导率等概念。不同概念的含义不同，计算方式也不尽相同。磁导率并非常数，当磁场强度 H 发生变化时，磁导率即会发生相应变化。该案说明书中，既没有记载磁导率在涉案专利技术方案中是指相对磁导率还是绝对磁导率或者其他概念，也没有记载磁导率高的具体范围和包括磁场强度 H 等在内的计算磁导率的客观条件。所属领域技术人员根据涉案专利说明书，难以确定涉案专利中所称的"导磁率高"的具体含义，从而难以进一步界定权利要求的保护范围。

审查实践中，对于术语含义是否确切，是否存在通常含义，其关键在于能否准确站位本领域技术人员的角度，全面掌握相关的普通知识，了解术语在本领域中的通常含义，以避免过度质疑术语不清楚，或者授权权利要求术语存在不清楚的问题。

② 技术特征之间关系不清楚。首先，权利要求中记载的技术特征可以是构成发明技术方案的组成要素，也可以是技术特征之间的相互关系。在判断权利要求是否清楚时，不仅要注意各技术特征是否清楚，还要注意这些技术特征之间的相互关系要清楚（参见案例100）。其次，当权利要求存在多个对象作为并列选择项时，这些并列选择项对于发明所要解决的技术问题以及产生的技术效果应当是等效的，其相互之间应当能够相互替换，否则也会导致权利要求不清楚（参见案例101）。

另外，当权利要求中针对同一技术特征限定出两个不同的范围时，通常会导致该权利要求的保护范围不清楚（参见案例102）。

案例100

【案情介绍】

某案专利权利要求1涉及一种燃气表断电保护电路，具有负极接地的电池组，电池组的正极连接有阀控模块、断电检测模块以及第一二极管（D1），第一二极管（D1）的负极与燃气表的MCU连接，MCU与所述的阀控模块和断电检测模块之间分别连接有控制线，第一二极管（D1）与MCU之间还与第一电容（C1）的正极连接，其特征为：第一二极管（D1）的负极经截断电路与第一电容（C1）正极连接，第一电容（C1）经接地的放电电路与所述MCU连接，其中所述的截断电路包括与第一二极管（D1）负极连接的第二二极管（D2）的负极和继电器（K）输入端，第二二极管（D2）的正极和继电器（K）的输出端连接，第二二极管（D2）的正极还连接有接地的第一导通元件（Q1），第一导通元件（Q1）的输出端接电池组的负极；所述的放电电路包括输入端与所述第一导通元件（Q1）输出端连接第二导通元件（Q2），第二导通元件（Q2）的导通端连接所述 MCU 的输入端，第二导通元件（Q2）的输出端连接 MCU 的输出端并接地。

其中前序部分限定"第一二极管（D1）的负极与燃气表的 MCU 连接"，特征部分进一步限定"第一二极管（D1）的负极经截断电路与第一电容（C1）正极连接，第一电容（C1）经接地的放电电路与所述 MCU 连接"。上述保护电路如图 4-8 所示。

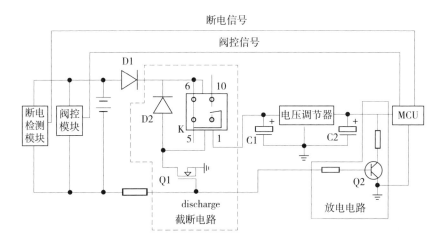

图 4-8 燃气表断电保护电路示意图

【焦点问题】

权利要求 1 中二极管 D1 与 MCU 的连接关系是否清楚？

【分析与思考】

在电子电路领域，"连接"一词表示元件与元件、器件与器件、模块与模块等之间进行电气连接和电信号传递，并不意味着必须"直接连接"而在电路上不能存在其他的中间器件。因此，涉案专利前序部分出现的"连接"一词并不意味着二极管 D1 与 MCU 之间必须"直接连接"，不能存在其他中间器件，上述两个技术特征之间并不矛盾，且与说明书、说明书附图公开的具体实施方式一致。

案例 101

【案情介绍】

某案专利权利要求 1：一种降低石墨烯方阻的掺杂转移方法，其特征在于，包括以下步骤。

步骤 1：将转移膜上的石墨烯薄膜进行清洗后烘烤。

步骤 2：用掺杂试剂对烘烤之后的石墨烯薄膜进行掺杂。

步骤 3：对掺杂之后的石墨烯薄膜进行预处理。

步骤 4：将步骤 1 得到的未掺杂的或者步骤 3 得到的掺杂之后的并预处理的石墨烯薄膜转移至目标衬底上，进行烘烤之后去除转移膜。

步骤 5：重复步骤 1~步骤 4 至少一次。

权利要求 2：根据权利要求 1 所述的降低石墨烯方阻的掺杂转移方法，其特征在于所述步骤（1）中的转移膜的主要结构包括基材和胶层两部分，所述基材为聚乙烯、聚苯二甲酸乙二醇酯、定向聚丙烯、聚丙烯、聚氯乙烯或热释放胶带；所述胶层包括 PU 胶、硅胶或者亚克力胶。

【分析与思考】

从属权利要求 2 关于"所述基材"的限定中出现上位概念"聚丙烯"及下位概念"定向聚丙烯"，使得该权利要求中限定出不同的保护范围。

案例 102

【案情介绍】

某案专利权利要求 1：一种以尿素和氯化胆碱组成的低熔点共融物萃取脱除油品中硫化物的方法，其特征在于，按如下步骤实施。

步骤 1：低熔点共融物的合成：称取氯化胆碱，按摩尔比为（1~3）：（2~5）加入尿素，在 95~110 ℃的油浴中搅拌 1~2 h，形成透明的黏稠液体，即为以尿素为原料的低熔点共融物。

步骤 2：脱硫：将低熔点共融物和二苯并噻吩浓度为 350~550 ppm 的

模拟油混合，两者的体积比为 1：（1~3），在室温下搅拌 20~30 min，然后静止放置 5~10 min，取上层液体，测定其中的硫含量。

所述模拟油中二苯并噻吩浓度为 500 ppm；所述低熔点共融物与模拟油的体积比为（1~2）：1；所述氯化胆碱与尿素的摩尔比为 1：2。

【分析与思考】

该案权利要求 1 中针对"低熔点共融物和二苯并噻吩浓度为 350~550 ppm 的模拟油"的比例进行限定时出现了两个数值范围，分别是："两者的体积比为 1：（1~3）"，以及"两者的体积比为（1~2）：1"。其中，上述两个数值范围的关系并不是包含关系，而是重叠关系，仅在体积比 1：1 时出现交叉重叠，因而导致本领域技术人员难以清楚地确定"低熔点共融物和二苯并噻吩浓度为 350~550 ppm 的模拟油"的比例是"1：（1~3）"还是"（1~2）：1"。

在判断权利要求各技术特征之间的关系是否会导致权利要求的保护范围不清楚时，重点在于判断各技术特征对于权利要求的限定是否存在前后矛盾或者冲突。

③多重保护范围。当"例如"、"优选"、"最好是"、"尤其是"、"可以"、"必要时"等用语与其后的技术特征在一项权利要求中限定出两个或两个以上不同的保护范围时，一般会导致该权利要求不清楚。

案例 103

【案情介绍】

某案专利权利要求 1：一种污水反硝化深度脱氮处理方法，所述方法的特征在于，包括以下几点。

污水处理过程，关闭所述反冲洗系统，通过所述进水系统和所述碳源投加系统使待处理水与碳源在所述反硝化脱氮反应器的底部/顶部的所述预混层混合，再依次经过所述悬浮填料层和所述砂滤层的反硝化处理以及所述砂滤层去除水中悬浮颗粒物质，得到的清水进入反应器的底顶部/底部的所述清水层，再由所述清水层排至所述清水池中。

反冲洗过程，关闭所述进水系统和所述碳源投加系统，并在所述清水层通所述清水池的出水口位置低于反冲洗出水口的位置的情况下，关闭所述清水层通所述清水池的出水阀，然后将水和/或气体从底部至顶部通过所述反硝化脱氮反应器以去除反应器中尤其是填料中的悬浮颗粒物质，其中至少根据水头损失和/或流速变化情况来控制反冲洗周期和时间。

【分析与思考】

该案专利权利要求中均出现"去除反应器中尤其是填料中的悬浮颗粒物质"的表述，涉及"尤其是"用语，导致在一项权利要求中限定出不同的保护范围，即"去除反应器中的悬浮颗粒物质"和"去除填料中的悬浮颗粒物质"两种不同的保护范围。

针对上述多重保护范围不清楚的情况，更多是对权利要求撰写规范的要求。其实，在欧洲专利局等的审查实践中，对于多重保护范围等情况是允许存在的。

（3）权利要求书整体不清楚。

权利要求之间的引用关系应当正确，要使得一项权利要求与其引用的权利要求之间在内容上有连贯性，不能前后矛盾或无法衔接。如果由于引用关系的不正确导致权利要求的内容出现相互矛盾或无法衔接的情形，将造成权利要求的保护范围不清楚。

从属权利要求只能引用在前的权利要求。引用两项以上权利要求的多项从属权利要求只能以择一方式引用在前的权利要求，并不得作为被另一项多项从属权利要求引用的基础，即在后的多项从属权利要求不得引用在前的多项从属权利要求。

案例 104

【案情介绍】

某案专利权利要求 1：用于儿童安全支撑物的基座，其与装配有 ISO-FIX 环的车辆内的成人座椅一起使用，所述基座包括：

主体，其被配置用于定位在成人座椅垫上；

一对 ISOFIX 闭锁件，其连接到所述主体的后部；

足部支持物，其连接在所述主体的前部处或附近，用于延伸通过所述成人座椅垫的前部边沿并邻接所述车辆的地面；

安全支撑结合机构，用于将儿童安全支撑物结合到所述主体；以及

抗回弹构件，其被提供在所述主体的闭锁件端，用于邻接靠在所述成人座椅背上，以阻碍在意外情况下所述主体绕着所述 ISOFIX 闭锁件的回弹旋转。

权利要求15：根据权利要求1所述的基座，进一步包括：

按钮，其可从结合位置运动到释放位置，以从所述儿童安全支撑结合机构释放所述儿童安全支撑物，所述按钮被与一指示器一起提供，当所述安全支撑结合机构正确结合所述儿童安全支撑物到所述主体时，所述指示器用于指示所述按钮处于结合位置；定位器，其用于将所述钩子定位在未结合位置并且将所述按钮定位在释放位置，而当没有儿童安全支撑物结合在所述基座上时，所述指示器不指示结合。

【分析与思考】

权利要求1涉及一种用于儿童安全支撑物的基座，权利要求15引用权利要求1，进一步限定"定位器，其用于将所述钩子定位在未结合位置并且将所述按钮定位在释放位置"。然而，权利要求1中并未出现"钩子"的限定。此外，将权利要求15作为一个整体，所属领域技术人员无法确定"钩子"在基座中的位置或其与其他部件之间的关系。

案例105

【案情介绍】

某案专利权利要求1：一种主汽温度的控制方法，其特征在于，包括以下几方面。

实时学习每级喷水减温后的蒸汽温度目标，根据各级的所述蒸汽温度目标分别控制各级喷水阀门的开度，以使经过各级所述喷水阀门喷水减温后的蒸汽温度达到所述蒸汽温度目标对应的范围，其中，各级所述喷水减温后的蒸汽温度目标根据主汽温度的预设范围设定。

判断输出的主汽温度的实际测量值是否满足所述预设范围。

若否，修正每级的蒸汽温度目标，并学习每级修正后的蒸汽温度目标。

所述修正每级的蒸汽温度目标，并学习每级修正后的蒸汽温度目标的过程具体如下。

判断输出的主汽温度的实际测量值是否大于预设范围。

若是，则通过减小每级当前的蒸汽温度目标来进行修正，并学习每级修正后的蒸汽温度目标，使主汽温度的实际测量值满足预设范围；

若否，则通过增大每级当前的蒸汽温度目标来进行修正，并学习每级修正后的蒸汽温度目标，使主汽温度的实际测量值满足预设范围。

权利要求 2：根据权利要求 1 所述的控制方法，其特征在于，所述实时学习每级喷水减温后的蒸汽温度目标的过程具体为：分别计算每级喷水减温后的温度加权平均值，并实时累计学习，其中，所述温度加权平均值为其所在级的蒸汽温度目标。

权利要求 3：根据权利要求 1 所述的控制方法，其特征在于，所述分别计算每级喷水减温后的温度加权平均值的过程具体为……

【分析与思考】

权利要求 3 是对权利要求 1 的进一步限定，其特征部分限定了"所述分别计算每级喷水减温后的温度加权平均值"，然而在权利要求 1 中并未记载"所述分别计算每级喷水减温后的温度加权平均值"，此处"所述分别计算每级喷水减温后的温度加权平均值"缺乏引用基础。

审查实践中，关于权利要求书整体引用关系是否清楚的问题，关键在于引用的双方是否存在前后逻辑矛盾或不一致，其是否影响本领域技术人员对权利要求保护范围的清晰解读。

（4）保护范围重复。

权利要求书中不得出现两项或两项以上保护范围实质上相同的权利要求。在审查实践中，对于同一权利要求能否出现两项或以上保护范围实质相同的权利要求，更多是撰写形式上的要求，其并不会造成对权利要求保护范围的实质性影响。

（二）权利要求应当以说明书为依据

专利法的立法本意在于为专利权人提供与其所做出的贡献相适应的权利，权利要求请求保护的范围应当与专利权人公开的内容相适应，不能相互脱节，两者之间应当有一种密切的关联。专利法将这种关系表述为"权利要求书应当以说明书为依据"。如果权利要求保护范围相对于说明书公开的内容过大，这将导致申请人可能获得较其应尽的义务更大的权利，因此是不允许的。

1. 法条释义

所谓"权利要求应当以说明书为依据"，是指权利要求应当得到说明书的支持。权利要求书中的每一项权利要求所要求保护的技术方案应当是所属技术领域的技术人员能够从说明书充分公开的内容中得到或者概括得出的技术方案，并且不得超出说明书公开的范围。

说明书公开的范围既包括说明书明确记载的内容，也包括本领域技术人员能够从说明书记载的内容概括得出的技术方案，因此，只要权利要求中所要求保护的技术方案没有超出这两部分内容，就符合《专利法》第26条第4款有关支持的规定。

（1）说明书记载的。

权利要求是说明书记载的技术方案就是指权利要求没有从说明书中扩展，其范围与说明书记载的内容一致，是说明书中直接记载的技术方案。

如果一项权利要求请求保护的技术方案就是说明书中明确公开的一个或多个技术方案，则该权利要求得到了说明书的支持。

（2）由说明书概括得出的。

权利要求也可以由说明书记载的一个或者多个实施方式或实施例概括而成。权利要求的概括应当不超出说明书公开的范围。如果所属技术领域的技术人员可以合理预测说明书给出的实施方式的所有等同替代方式或明显变型方式都具备相同的性能或用途，则应当允许申请人将权利要求的保护范围概括至覆盖其所有的等同替代或明显变型的方式。如果权利要求的概括包含申请人推测的内容，而其效果又难以预先确定和评价，这种概括应当认为是超出了说明书公开的范围。对于权利要求概括得是否恰当，应当参照与之相关的现有技术进行判断。开拓性发明可以比改进性发明有更宽的概括范围，权利要求可以在说明书公开内容的范围内进行合理的扩展。

2. 法条审查

判断权利要求能否得到说明书的支持，是将权利要求请求保护的技术方案与说明书公开的技术内容进行比较，判断权利要求的概括是否超出说明书公开的范围。这一过程需要综合考虑多种因素，如现有技术的整体状况、发明的贡献之处、申请文件记载的内容、技术效果的可预期性等。

说明书公开的范围是所属领域技术人员基于说明书记载的技术内容及其所提供的教导，结合所属领域的整体技术水平能够合理概括得到的解决发明技术问题的内容，不能解决发明技术问题的技术方案不属于发明人对社会做出的贡献，不应当得到保护。

（1）基于现有技术整体状况考量。对于权利要求概括得是否恰当，应当参照与之相关的现有技术进行判断。如果所属领域技术人员在说明书记载内容的基础上，结合其普通技术知识能够确定发明可以采用除实施例之外的其他等同或替代实施方式来完成，且所述这些其他实施方式能解决相同的技术问题，则应允许权利要求概括为涵盖所述其他实施方式。

案例 106

【案情介绍】

某案专利权利要求1：一种碱性 CO_2 气保护低合金耐热钢药芯焊丝，它由药芯和钢制外皮组成，其特征在于，所述药芯占焊丝总重量的14%～16%，药芯各组分占药芯的重量百分比为：TiO_2：25%～40%，MgO：1%～4%，$CaCO_3$：0.4%～0.8%，NaF：1%～3%，Na_2SiF_6：1%～3%，硅锰合金：4.5%～20%，钠冰晶石：2%～4%，长石：4%～10%，特氟隆：0.2%～0.6%，铁合金：20%～35%，纯金属粉末：12%～20%；其中，所述铁合金包括微碳铬铁、钼铁、钛铁和低碳锰铁中的一种或多种，所述纯金属粉包括镁粉和铁粉中的一种或多种。

该案专利说明书公开内容如下（摘选）。

该发明的目的是提供一种碱性 CO_2 气保护低合金耐热钢药芯焊丝。该焊丝属于碱性渣系，可以进行全位置焊接，适用于在 520 ℃ 以下的高温高压管道、合成化工机械、石油裂化设备等的焊接。

为了实现上述目的，本发明采用以下技术方案：

一种碱性 CO_2 气保护低合金耐热钢药芯焊丝，它由药芯和钢制外皮组成，其特征在于，所述药芯占焊丝总重量的 14%～16%，药芯各组分占药芯的重量百分比为：TiO_2：25%～40%，MgO：1%～4%，$CaCO_3$：0.4%～0.8%，NaF：1%～3%，Na_2SiF_6：1%～3%，硅锰合金：4.5%～20%，钠冰晶石：2%～4%，长石：4%～10%，特氟隆：0.2%～0.6%，铁合金20%～35%，纯金属粉末：12%～20%。

如上所述的药芯焊丝，所述铁合金包括微碳铬铁、钼铁、钛铁和低碳锰铁中的一种或多种，所述纯金属粉包括镁粉和铁粉中的一种或多种。

……

为了保证焊丝熔敷金属的力学性能，特别是强度和低温韧性，本发明还在药芯焊丝中加入了各种铁合金，如微碳铬铁、钛铁、钼铁、低碳锰铁等；还加入了纯金属镁粉和铁粉，主要作焊缝的脱氧剂和合金剂。

【焦点问题】

权利要求 1 限定"所述铁合金包括微碳铬铁、钼铁、钛铁和低碳锰铁中的一种或多种，所述纯金属粉包括镁粉和铁粉中的一种或多种"，而说明书实施例 1～4 仅记载了"铁合金是由微碳铬铁、钼铁和低碳锰铁组成，纯金属粉是由镁粉和铁粉组成"，在此基础上，权利要求 1 概括的范围是否得到说明书的支持？

【分析与思考】

首先，该案权利要求 1 请求保护一种碱性 CO_2 气保护低合金耐热钢药芯焊丝，其中限定"铁合金包括微碳铬铁、钼铁、钛铁和低碳锰铁中的一种或多种，纯金属粉包括镁粉和铁粉中的一种或多种"在说明书中有一致性的记载，所属领域技术人员能够从说明书充分公开的内容中得到该技术方案，没有超出说明书公开的范围。虽然实施例 1～4 记载的铁合金是由微碳铬铁、钼铁和低碳锰铁组成，纯金属粉是由镁粉和铁粉组成，但是权利要求与实施例的不一致并不必然导致权利要求得不到说明书的支持，还应该考虑说明书的全部内容。

其次，该发明要解决的技术问题是提供一种碱性 CO_2 气保护低合金耐热钢药芯焊丝，其所达到的技术效果：本发明的碱性低合金耐热钢药芯焊丝，采用纯 CO_2 作为保护气体，具有优良的焊接工艺性能，适合全位置焊接；焊缝熔渣覆盖性好，脱渣容易，熔敷效率高，抗锈性好，焊缝成形美观。而且说明书明确指出"为了保证焊丝熔敷金属的力学性能，特别是强度和低温韧性，该发明还在药芯焊丝中加入了各种铁合金，如微碳铬铁、钛铁、钼铁、低碳锰铁等；还加入了纯金属镁粉和铁粉，主要作焊缝的脱氧剂和合金剂"。据该领域公知，微碳铬铁、钼铁、钛铁和低碳锰铁中都包含焊接母材常规的合金元素铬、钛、钼、锰，加入其中一种或多种均能够提高焊丝中合金元素的含量，补偿焊接过程中烧损的过渡金属，达到提高强度和兼顾低温韧性的目的，即所述铁合金所起的作用相同或相似。镁粉和铁粉均是金属粉，能作为合金剂，并且镁粉和铁粉在焊接过程中均可形成氧化物，即均可作为脱氧剂。由此可见，该领域技术人员可预见采用上述其中一种或几种铁合金、镁粉和铁粉中的一种或两种都能够解决该发明的技术问题，达到相似或相同的技术效果。

此外，根据说明书公开的内容以及结合现有技术可知，并非必须采用这三种铁合金组合和镁粉与铁粉组合才能解决该发明的技术问题，达到其所述技术效果；即并非只有实施例 1～4 的组合才能解决该发明技术问题，达到所述技术效果。

（2）基于发明的贡献之处考量。一般而言，与发明相对于现有技术的改进之处不相关或关联性不大的技术特征通常属于现有技术的范畴，所属领域技术人员容易知晓其替代方式并预见其技术效果；相反，对于那些与发明改进之处密切相关的技术特征，所属领域技术人员通常很难预见其替代方式，如果说明书中针对该技术特征的公开不能达到使所属领域技术人员能够概括得出并预期到其相应技术效果的程度，则权利要求得不到说明书的支持。

案例 107

【案情介绍】

某案专利权利要求 1：一种用于监测空气中氨和苯的交叉敏感材料的

制备方法，其特征是在连续搅拌下将天然石墨缓慢加入温度为 40~50 ℃ 的浓硫酸中，恒温搅拌 2~3 h 后缓慢加入与天然石墨等重量的磷酸铵，继续恒温搅拌 3~4 h，抽滤并将滤出物水洗至中性；将滤饼加入质量分数为 10% 的重铬酸钾浓硫酸溶液中，保持 50~55 ℃ 温度下连续搅拌 1.5 h 后，缓慢加入质量分数为 15%~25% 的过氧化氢水溶液至无气泡为止，继续恒温搅拌 1 h，抽滤并将滤出物水洗至中性，得到氧化石墨烯；将二氯化钯、铋盐、锡盐和钒盐共溶于温度为 35 ℃ 质量分数为 10% 的盐酸水溶液中，超声振荡至澄清，高速搅拌下加入适量乙二胺四乙酸，随后加入氧化石墨烯，保持温度连续搅拌分散 2 h，加入质量分数为 25% 的水合肼水溶液，继续搅拌 1 h 后静置陈化 2~5 h，将沉淀过滤并置于干燥箱内在 95~110 ℃ 温度下干燥 5~10 h，充分研磨后，在箱式电阻炉中以每分钟不超过 5 ℃ 的速度升温至 300~330 ℃，保持此温度焙烧 2~3 h，得到石墨烯负载的 Pd、Bi_2O_3、SnO_2 和 V_2O_5 组成的复合粉体材料。

该案专利说明书相关内容如下。

氨气的常规检测手段主要有：分光光度法、气相色谱法、液相色谱法和电化学法等。这些方法灵敏度都比较高，但操作复杂，必须在实验室完成，无法现场实现。氨气的现场测定方法主要有检测管比色法，这种方法稳定性和灵敏度都不足，无法完成微量氨气的准确测定。测定苯的方法主要有光度法、电化学法、色谱法、化学发光法、气质液质联用法和离子色谱法等。这些方法都需要预先富集和适当处理才能通过分析仪器完成测定，因此耗时长不易现场实现。发明人于 2006 年在《分析试验室》上发表的论文《纳米复合材料催化发光法测定空气中的苯系物》中提及，使用纳米级铜锰铁（原子比 4∶3∶1）复合氧化物作为敏感材料，可以在线检测 1~80 mg/m^3 的苯系物，检出限可达 0.5 mg/m^3，但是甲醛、甲醇、乙醇和丙酮对苯系物的测定有一定干扰；某专利公开了一种监测苯系物的纳米敏感材料，利用这种材料制备的传感器可以监测空气中的微量苯，但甲醛、甲醇、硫化氢和乙酸等也有响应信号；某专利公开了一种氨的纳米复合氧化物敏感材料，利用这种材料制备的氨气传感器对甲醛、甲醇和乙醇也有响应信号；这些都表明敏感材料的选择性有待提高。

该发明的目的是克服以往技术的不足，提供一种对氨和苯同时有较高选择性的催化发光交叉敏感材料及其制备方法。用这种敏感材料制作的监测氨和苯的气体传感器，可以在现场快速、准确测定空气中的微量氨和苯而不受其他共存物的干扰。

……

当制得的复合粉体材料各组分质量分数满足 Pd（2%～4%）、Bi_2O_3（10%～14%）、SnO_2（5%～11%）、V_2O_5（10%～20%）和 C（50%～70%）时，用于作为监测空气中氨和苯的交叉敏感材料具有很高的灵敏性和选择性。

【焦点问题】

权利要求关于交叉敏感材料的各组分配比未作限定，在此基础上，该权利要求是否得到说明书的支持？

【分析与思考】

该案涉及用于监测空气中氨和苯的交叉敏感材料及其制备方法，根据专利说明书的记载，在现场检测空气中微量氨和苯含量的现有技术中均存在影响其选择性的共存物，例如：甲醛、甲醇、乙醇等，导致现有敏感材料的选择性亟须提高。为了可以克服以往技术的不足，本发明提供了一种对氨和苯同时具有较高选择性的催化发光交叉敏感材料，由其制作的监测氨和苯的气体传感器可以在现场快速、准确测定空气中的微量氨和苯而不受其他共存物的干扰。

其中，该发明提供的交叉敏感材料是由石墨烯负载的 Pd、Bi_2O_3、SnO_2 和 V_2O_5 组成的复合粉体材料，且说明书明确记载：当制得的复合粉体材料各组分质量分数满足 Pd（2%～4%）、Bi_2O_3（10%～14%）、SnO_2（5%～11%）、V_2O_5（10%～20%）和 C（50%～70%）时，用于作为监测空气中氨和苯的交叉敏感材料具有很高的灵敏性和选择性（注：灵敏度是用来表征气体传感器对测试气体的敏感程度，气敏材料需要有足够高的灵敏度才能检测到气体；选择性指的是气敏传感器对某种气体的辨别能力，对于有些气敏材料来说，往往对于多种气体都有响应，因此会对气体检测造成一些干扰。这就要求气敏材料要有一定的选择性，只对某种或者某几种特定的气体有响应）。另外，该发明提供了实施例 1～5 进一步佐证上述材料所涵盖的范围，例如，各组分的配比。然而，该权利要求中并未限定该复合材料各组分的配比。

首先，如上所述，该发明提供一种在现场快速、准确测定空气中的微量氨和苯而不受其他共存物干扰的催化发光交叉敏感材料，需要对所述敏感材料的灵敏度和选择性具有一定程度的要求，即具有较高的选择性和灵敏度。

其次，该发明仅在说明书记载了当制得的复合粉体材料各组分质量分数满足 Pd（2%～4%）、Bi_2O_3（10%～14%）、SnO_2（5%～11%）、V_2O_5（10%～20%）和 C（50%～70%）时，用于作为监测空气中氨和苯的交叉敏感材料具有很高的灵敏性和选择性；同时提供实施例 1～5 进行佐证。对于除上述配比之外的其他所述复合粉体材料是否具有满足现场监测空气中氨和苯而不受其他共存物干扰的灵敏性和选择性，该领域技术人员根据说明书记载的信息以及现有技术难以直接确定，需要通过相应的试验加以验证。

可见，由于该权利要求在制备用于监测空气中氨和苯的交叉敏感材料时，未对由石墨烯负载的 Pd、Bi_2O_3、SnO_2 和 V_2O_5 组成的复合粉体材料中的各组分的配比作出限定，导致该权利要求涵盖了申请人推测的内容，且其效果又难于预先确定和评价。

（3）功能性限定的考量。

功能性特征原则上应当理解为能够实现所述功能的所有实施方式。如果所属领域技术人员能够明了该功能还可以通过其他替代方式实现，则所述功能性特征的使用并不会导致权利要求得不到说明书的支持。

案例108

【案情介绍】

某案专利权利要求1：一种管段变直径支撑机构，包括一个主连接板（27）、一个连接板（39）、一个电机（26）、一个主动齿轮（28）、n 个从动齿轮（29）和 n 个相同的变直径机构（40），其中 $n \geq 2$，其特征在于：所述主连接板（27）和连接板（39）均为圆形板，同心平行固定在外界机座上；所述的 n 个变直径机构（40）沿主连接板（27）和连接板（39）

周向均匀分布而径向安置在被支撑的管段内壁与主连接板（27）和连接板（39）之间；所述 n 个变直径机构（40）的内端定位安装在主连接板（27）与连接板（39）之间，并通过 n 个从动齿轮（29）和主动齿轮（28）连接电机（26），而外端分别通过一个辅助轮（33）对管段内壁滚动接触支撑；所述的 n 个变直径机构（40）的内端定位安装的结构是：所述主连接板（27）和连接板（39）中间，沿着主连接板（27）中心，周向均匀分布，固定安装 n 个相同的旋转轴（37），旋转轴（37）的端部与主连接板（27）和连接板（39）是间隙配合，构成转动副；所述电机（26）固定安装在主连接板（27）外侧面，主动齿轮（28）通过与电机轴间隙配合固定安装在连接板（27）内侧面，n 个尺寸相同的从动齿轮（29）分别固定安装在 n 个旋转轴（37）上，并与主动齿轮（28）啮合，实现齿轮传动；n 个相同的变直径机构（40）分别通过旋转轴（37）定位安装在从动齿轮（29）内侧，变直径机构（40）中的一根主动杆（30）与从动齿轮（29）相邻，变直径机构（40）中的一个机架（36）端部通过一个轴承（41）分别安装在旋转轴（37）上，轴承（41）内圈与旋转轴（37）间隙配合，形成转动副，同时，机架（36）伸出的内端上固定安装一个辅助轴（38），该辅助轴（38）的另一端固定安装在连接板（39）上，使得旋转旋转轴（37）转动时，一根主动杆（30）转动，机架（36）固定。

权利要求2：根据权利要求1所述的管段变直径支撑机构，其特征在于所述的变直径机构（40）的结构是：所述主动杆（30）的一端部与机架（36）通过旋转轴（37）铰连，主动杆（30）固定安装在旋转轴（37）上，机架（36）上的一个轴承（41）与旋转轴（37）间隙配合，形成转动副，机架（36）一端部与一根被动杆4（35）的叉端部通过销钉铰连，主动杆（30）的伸出端与被动杆1（31）的叉端部铰接，主动杆（30）的外端与被动杆4（35）的中部铰接；被动杆4（35）的另一中部与一根被动杆1（31）中部通过销钉铰连，被动杆4（35）的伸出端与被动杆3（34）的叉端部铰接；被动杆1（31）的另一中部与被动杆3（34）另一中部通过销钉铰连，被动杆1（31）伸出端与一根被动杆2（32）的叉端部铰接；被动杆3（34）的另一中部与被动杆2（32）的另一端部通过销钉铰连，被动杆3（34）的伸出端呈 U 型，U 型槽中间通过销钉转动连接所述辅助轮（33），辅助轮（33）为柔性材料，与管段内壁接触产生变形，起到支撑和定位的作用。

该案专利说明书相关内容节选如下。

管段变直径支撑机构是一种通过伸展和弯曲实现支撑机构直径的改变。一般包括变直径驱动单元、变直径传动单元、执行机构、支撑部件。

管段变直径支撑机构是一种能够应用于管径变化的管段支撑，尤其在锅炉厂、发电厂都会用到大量的管段，其中部分管段由于制造工艺、功能需要，因此管段直径是变化的，比如大直径的管段内壁需要焊接、打磨焊缝、补焊、喷漆和检测等作业，要求管段变直径支撑机构安装在机器人上能起到对管段定位支撑、自动调整中心的作用。

查阅现有资料，人们通过很多方式使管段加工机器人适应不同直径的管段，当管径是理想状态，为理想的圆时，管段加工机器人不需要通过支撑机构实现机器人中心的自动调整，当管径随着机器人的前进方向变化时，需要支撑机构来实现管段加工机器人的支撑和定位，以便机器人其他功能（如打磨、焊接、喷漆、检测、清洗等）的实现。人们采用的机构大多是集成在管段加工机器人本体上，不能实现支撑机构模块化，根据不同应用场合的需要进行安装，且操作复杂，不同程度上增加了管段机器人的自重、外形尺寸和能耗。

该发明的目的是针对已有技术存在的缺陷，提供一种可靠性高、能耗低、控制简单、模块化的管段变直径支撑机构。为达到上述目的，本发明的构思是：本发明包括主连接板、连接板、电机、主动齿轮、n 个相同的从动齿轮、n 个相同的变直径机构等。主连接板与连接板中间，沿着连接板的中心，周向均匀固定安装 n 个相同的旋转轴，旋转轴上分别固定安装 n 个从动齿轮，从动齿轮上方分别固定安装变直径机构，使机构成为一个整体；电机负责输出动力，固定安装在主连接板反面，主动齿轮固定安装在电机轴上，n 个从动齿轮分别固定在与安装在主连接板正面的旋转轴上，且主动齿轮与从动齿轮啮合。实现齿轮传动。变直径机构中的主动杆、机架、被动杆通过相互运动实现弯曲和伸展的动作，管段变直径支撑机构的直径可变，同时辅助轮随着变直径机构的弯曲和伸展，沿着管段内壁滚动，起到定位支撑作用。

……

所述的变直径机构（40）的驱动方式为欠驱动，即电机（26）通过齿轮系同时带动 n 个相同的变直径机构（40）实现弯曲和伸展。

……

该发明与现有技术相比较，具有如下突出的实质性特点和显著的优点：采用八个相同的变直径机构同时弯曲和伸展实现直径变化，管段变直径支撑机构变直径范围大，且该机构实现模块化，根据实际作业需要安装在管段机器人上，实现机器人中心的调整和定位支撑作用。该机构采用欠驱动方式能耗低，控制简单，可靠性高。上述管段变直径支撑机构如图 4-9 所示。

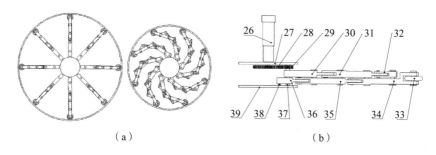

（a）　　　　　　　　　　　　　（b）

图 4-9　管段变直径支撑机构

【焦点问题】

该权利要求中使用的功能性特征"变直径结构"概括了一个较宽的保护范围，所属技术领域的技术人员能否预见该功能性特征所概括的除实施例/实施方式之外的所有方式均能解决其技术问题？

【分析与思考】

首先，权利要求 1 中"变直径机构（40）"作为"管段变直径支撑机构"的支撑部件，其采用功能性限定特征表明其需要实现的功能为：使该部件的直径（长度）在一定范围内可调，从而用以支撑不同直径的管段。上述功能性限定特征"变直径机构"应当理解为覆盖了能够实现该部件直径（长度）可调的所有实施方式，而该领域技术人员可以确定，任何直径（长度）可调的支撑部件均能实现对不同直径管段的支撑。权利要求 2 中限定的技术特征仅是"变直径机构"的一种具体实施方式，并不是实现

"变直径机构"直径（长度）可调的唯一手段；"变直径机构"的其他具体实施方式还包括，诸如采用比权利要求 2 中四个被动杆更多的被动杆（五个以上）相互活动连接或者采用伸缩套管等均能实现支撑部件的直径（长度）变换。

其次，根据原始说明书内容的描述，该申请所要解决的技术问题是：克服现有技术中直接在管段加工机器人本体上根据应用场合安装支撑机构带来的操作复杂、能耗高等缺点，从而提供一种可靠性高、能耗低、控制简单、模块化的管段变直径支撑机构。而根据说明书的描述可知，该申请通过采用"电机（26）通过齿轮系同时带动 n 个相同的变直径机构（40）实现弯曲和伸展"的"欠驱动"方式来驱动变直径机构，从而实现管段变直径支撑机构的可靠性高、能耗低、控制简单等技术效果，而"欠驱动"所需的结构和连接关系已经记载在权利要求 1 中 ["所述的 n 个变直径机构（40）沿主连接板（27）和连接板（39）周向均匀分布而径向安置在被支撑的管段内壁与主连接板（27）和连接板（39）之间；所述 n 个变直径机构（40）的内端定位安装在主连接板（27）与连接板（39）之间，并通过 n 个从动齿轮（29）和主动齿轮（28）联接电机（26），而外端分别通过一个辅助轮（33）对管段内壁滚动接触支撑……变直径机构（40）中的一根主动杆（30）与从动齿轮（29）相邻，变直径机构（40）中的一个机架（36）端部通过一个轴承（41）分别安装在旋转轴（37）上，轴承（41）内圈与旋转轴（37）间隙配合，形成转动副，同时，机架（36）伸出的内端上固定安装一个辅助轴（38），该辅助轴（38）的另一端固定安装在连接板（39）上，使得旋转轴（37）转动时，一根主动杆（30）转动"]。即，权利要求 1 中记载的包含了所有类型的"变直径机构"的技术方案均能解决申请所要解决的技术问题。

可见，对于"变直径机构"这一功能性限定的技术特征，该领域的技术人员能够明了实现该功能的已知方式，并且该功能限定的技术特征所覆盖的除说明书中记载的实施方式以外的其他实施方式也均能解决发明的技术问题，并达到相同的技术效果。

（4）基于申请文件记载的内容考量。

权利要求技术方案与说明书存在一致性表述，并不意味着权利要求实质上必然能够得到说明书的支持。如果所属领域技术人员基于说明书公开的技术内容无法获得权利要求的技术方案或者无法确认权利要求的技术方案能够解决发明的技术问题，则即使权利要求技术方案与说明书的表述一致，权利要求也得不到说明书的支持。

案例 109

【案情介绍】

某案专利权利要求 1：一种用于可见光传感器的光电转换电路，包括：光电二极管阵列（1），暗电流二极管阵列（2），其特征在于还包括滤噪电路（3）。

所述光电二极管阵列（1），其正极接地电位，负极连接滤噪电路（3）的第一输入端。

所述暗电流二极管阵列（2），其正极接地电位，负极连接滤噪电路（3）的第二输入端。

所述滤噪电路（3），用于将光电二极管阵列（1）输出的光电流 I1 与暗电流二极管阵列（2）输出的暗电流 I2 相减，输出不含暗电流的环境光电流 I3；该滤噪电路（3），包含失配校正单元（4）、运算放大器 OP、四个 NMOS 管和六个 PMOS 管，即第一 NMOS 管（M1），第二 NMOS 管（M2），第三 NMOS 管（M3），第四 NMOS 管（M4）；第一 PMOS 管（M5），第二 PMOS 管（M6），第三 PMOS 管（M7），第四 PMOS 管（M8），第五 PMOS 管（M13），第六 PMOS 管（M14）。

所述运算放大器 OP，其同相端接基准电压 VREF，反相端与自身输出端相接，并接到第三 NMOS 管（M3）与第二 PMOS 管（M6）的漏端。

所述第五 PMOS 管（M13）和第六 PMOS 管（M14）的源极接高电位 VDD，其栅极相连并接于第三 PMOS 管（M7）的漏极，第五 PMOS 管（M13）的漏极接失配校正单元（4）的第一输入端，第六 PMOS 管（M14）的漏极接失配校正单元（4）的第二输入端。

所述第三 PMOS 管（M7）和第四 PMOS 管（M8），其栅极相连并接于偏置电压 Vbias，第三 PMOS 管（M7）的漏极接第一 NMOS 管（M1）的漏极，第三 PMOS 管（M7）的源极接失配校正单元（4）的第一输出端，第四 PMOS 管（M8）的漏极接第一 PMOS 管（M5）和第二 PMOS 管（M6）的漏极，第四 PMOS 管（M8）的源极接失配校正单元（4）的第二输出端。

所述第一 PMOS 管（M5）和第二 PMOS 管（M6），其源极相连并接到失配校正单元（4）的第二输出端；第一 PMOS 管（M5）的栅极与来自外部数字逻辑的控制信号 M 连接，其漏极接第二 NMOS 管（M2）与第四 NMOS 管（M4）的漏极；第二 PMOS 管（M6）的栅极与来自外部数字逻辑的控制信号 M 的反相信号 XM 连接。

所述第一 NMOS 管（M1）和第二 NMOS 管（M2），其源极相连并接到暗电流二极管阵列（2）的输出端；第一 NMOS 管（M1）的栅极与来自外部数字逻辑的控制信号 M 的反相信号 XM 连接，其漏极接第三 PMOS 管（M7）的漏极；第二 NMOS 管（M2）的栅极与来自外部数字逻辑的控制信号 M 连接，其漏极接第四 NMOS 管（M4）和第二 PMOS 管（M6）的漏极。

所述第三 NMOS 管（M3）和第四 NMOS 管（M4），其源极相连并接到光电二极管阵列（1）的输出端；第三 NMOS 管（M3）的栅极与来自外部数字逻辑的控制信号 M 连接，其漏极接第二 PMOS 管（M6）的漏极；第四 NMOS 管（M4）的栅极与外部数字逻辑的控制信号 M 的反相信号 XM 连接，其漏极接第二 NMOS 管（M2）与第一 PMOS 管（M5）的漏极。

该案专利说明书相关内容节选如下。

如图 4-10 所示，该发明的滤噪电路 3，包括失配校正单元 4、运算放大器 OP、四个 NMOS 管和六个 PMOS 管，即第一 NMOS 管 M1，第二 NMOS 管 M2，第三 NMOS 管 M3，第四 NMOS 管 M4；第一 PMOS 管 M5，第二 PMOS 管 M6，第三 PMOS 管 M7，第四 PMOS 管 M8，第五 PMOS 管 M13，第六 PMOS 管 M14；

所述失配校正单元 4，包含 4 个 PMOS 管，即第七 PMOS 管 M9，第八 PMOS 管 M10 第九 PMOS 管 M11，第十 PMOS 管 M12；第七 PMOS 管 M9 和第九 PMOS 管 M11 的栅极与外部数字逻辑的控制信号 N 连接，该信号 N 为周期是可见光电流检测周期 $n-1$ 倍的方波，n 为正整数，占空比为 50%；

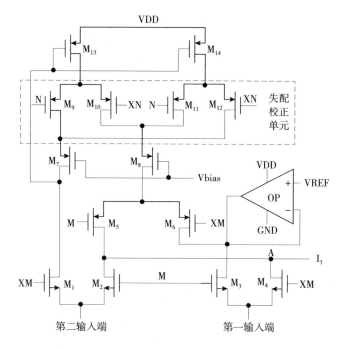

图 4-10　滤噪电路

第七 PMOS 管 M9 的源极与第八 PMOS 管 M10 的源极连接，并作为失配校正单元 4 的第一输入端，第七 PMOS 管 M9 的漏极接第十 PMOS 管 M12 的漏极，作为失配校正单元 4 的第一输出端；第九 PMOS 管 M11 的源极接第十 PMOS 管 M12 源极，作为失配校正单元 4 的第二输入端，第九 PMOS 管 M11 的漏极与第八 PMOS 管 M10 的漏极相连作为失配校正单元 4 的第二输出端；第八 PMOS 管 M10 和第十 PMOS 管 M12 的栅极均与外部数字逻辑的控制信号 N 的反相信号 XN 连接。

所述运算放大器 OP，其同相端接基准电压 VREF，反相端与自身输出端相接，并连接到第三 NMOS 管 M3 与第二 PMOS 管 M6 的漏极；

所述第五 PMOS 管 M13 和第六 PMOS 管 M14，其源极接高电位 VDD，其栅极相连并接于第三 PMOS 管 M7 的漏极，第五 PMOS 管 M13 的漏极接失配校正单元 4 的第一输入端，第六 PMOS 管 M14 的漏极接失配校正单元 4 的第二输入端；

所述第三 PMOS 管 M7 和第四 PMOS 管 M8，其栅极相连并接于偏置电压 Vbias，第三 PMOS 管 M7 的漏极接第一 NMOS 管 M1 的漏极，第三 PMOS 管 M7 的源极接失配校正单元 4 的第一输出端，第四 PMOS 管 M8 的漏极接第一 PMOS 管 M5 和第二 PMOS 管 M6 的漏极，其源极接失配校正单元 4 的第二输出端；

所述第一 PMOS 管 M5 和第二 PMOS 管 M6，其源极接第四 PMOS 管 M8 的漏极；第一 PMOS 管 M5 的栅极与外部数字逻辑的控制信号 M 连接，其漏极接第一 NMOS 管 M2 与第四 NMOS 管 M4 的漏极；第二 PMOS 管 M6 的栅极与来自于外部数字逻辑的控制信号 M 的反相信号 XM 连接。

所述第一 NMOS 管 M1，第二 NMOS 管 M2，第三 NMOS 管 M3，第四 NMOS 管 M4，均用作开关管；第一 NMOS 管 M1 和第二 NMOS 管 M2 源极相连作为滤噪电路 3 的第一输入端，并接到暗电流光电二极管阵列 2 的输出端，第一 NMOS 管 M1 的漏极接第三 PMOS 管 M7 的漏极，第二 NMOS 管 M2 的漏极接第四 NMOS 管 M4 和第二 PMOS 管 M6 的漏极；第三 NMOS 管 M3 和第四 NMOS 管 M4 源极相连作为滤噪电路 3 的第二输入端，并接到光电二极管阵列 1 的输出端，第一 NMOS 管 M1 和第四 NMOS 管 M4 的栅极与来自于外部数字逻辑的控制信号 M 的反相信号 XM 连接，第二 NMOS 管 M2 和第三 NMOS 管 M3 的栅极与来自于外部数字逻辑的控制信号 M 连接，第三 NMOS 管 M3 的漏极接第二 PMOS 管 M6 的漏极，第四 NMOS 管 M4 的漏极接第二 NMOS 管 M2 与第一 PMOS 管 M5 的漏极。

上述第一 PMOS 管 M5，第二 PMOS 管 M6，第三 PMOS 管 M7，第四 PMOS 管 M8，第五 PMOS 管 M13，第六 PMOS 管 M14，第一 PMOS 管 M5 和第二 PMOS 管 M6 的尺寸一致，第五 PMOS 管 M13 和第六 PMOS 管 M14 的尺寸一致，第三 PMOS 管 M7 和第四 PMOS 管 M8 的尺寸一致。Vbias 为第三 PMOS 管 M7 和第四 PMOS 管 M8 提供合适的偏置电压。

……

当 $M=0$ 时，第一 NMOS 管 M1 和第四 NMOS 管 M4 打开，暗电流 I2 经过由第五 PMOS 管 M13，第六 PMOS 管 M14，第三 PMOS 管 M7，第四 PMOS 管 M8 构成的共源共栅电流镜结构，通过第一 PMOS 管 M5 后在输出节点与包含暗电流的可见光转换电流 I1 完成减法运算，得到可见光电流 I3，$I3 = |I1 - I2|$；可见光电流 I3 对可见光周期积分得到可见光电荷量

Q，可见光电荷量 Q 作为整个光电转换电路的输出提供给外部的电荷平衡式模数转换器。第五 PMOS 管 M13 和第六 PMOS 管 M14 具有相同的尺寸，且应严格匹配，以达到镜像电流高精度的要求，然而，在工艺过程中，晶体管的工艺不匹配是不可避免的。

【焦点问题】

权利要求 1 涉及的技术方案与该案专利说明书存在一致性描述，是否可以得出其必然实质上得到说明书的支持？

【分析与思考】

该案权利要求请求保护一种可见光传感器的光电转换电路，其目的在于避免非可见光噪声和暗电流的影响，从而提出采用暗电流二极管阵列和减法滤噪电路以抑制暗电流噪声。权利要求 1 针对滤噪电路的结构组成作了具体限定，其中记载了"第四 PMOS 管 M8 的漏极接第一 PMOS 管 M5 和第二 PMOS 管 M6 的漏极"，而且说明书也存在同样的描述，形式上得到了说明书的支持。然而，该记载的连接关系与说明书附图公开的"第四 PMOS 管 M8 的漏极接第一 PMOS 管 M5 和第二 PMOS 管 M6 的源极"不一致，且权利要求 1 记载的滤噪电路无法形成电流镜结构、不能实现滤噪功能，即无法解决避免非可见光噪声和暗电流影响的技术问题。

（5）基于技术效果的可预期性考量。

权利要求能够合理概括的范围通常与技术效果的可预期程度相关，一般而言，在化学等侧重实验的技术领域中，当产品结构与功能之间的功效关系不明确时，依据现有技术和所属领域技术人员的常识往往难以确定产品结构变化对功能效果的影响，技术效果的可预期程度相对较低。

> **案例 110**

【案情介绍】

某案专利权利要求 1：一种具有抗癌活性的吲哚酮衍生物，其特征在于所述吲哚酮衍生物为下式（Ⅲ）、（Ⅳ）或（Ⅴ）化合物：

(Ⅲ)　　　　　(Ⅳ)　　　　　(Ⅴ)

权利要求 2：权利要求 1 所述衍生物在制备抗癌药物中的用途。

该案说明书记载的内容节选如下。

迄今为止，人们已经开发了多种具有吲哚酮结构的药物化合物。例如，7 - 苯甲酰基吲哚 - 2 - 酮通常被用来合成非甾体抗炎镇痛药物 Amfenac sodium（氨芬酸钠）；而 7 - （对溴苯甲酰基）吲哚 - 2 - 酮通常被用来合成非甾体抗炎镇痛药物 Bromfenac sodium（溴芬酸钠）。

但迄今为止，人们尚未发现吲哚酮衍生物具有抗癌活性，对于其活性靶点和取代基仍未有明确的认识。另一方面，由于吲哚酮类化合物的优异生物活性，因此，寻找具有优异药物或生物活性的新颖吲哚酮衍生物，以及探寻新的合成方法，仍是目前该领域内的研究方法和重点，这也正是该发明得以完成的基础和动力所在。

生物活性测试

采用 MTT 法测定本发明吲哚酮衍生物对肿瘤细胞生长的抑制作用进行初步评价，受试细胞包括人胃癌细胞株（SGC - 7901）、人肺癌细胞株（H446）和人胃癌细胞株（HGC - 27），抗癌药顺铂作为阳性对照药。

活性测试材料

细胞：人胃癌细胞株（SGC - 7901）；人肺癌细胞株（H446）；人胃癌细胞株（HGC - 27）；上述肿瘤细胞株购自中国科学院上海生命科学院细胞库。

试剂：DMEM 培养基（Gibco 公司产品）；MTT（Sigma 公司产品），上海实生细胞生物技术有限公司分装；胎牛血清（Gibco 公司产品）；青霉素 - 链霉素（Gibco 公司产品）；EDTA - 胰酶消化液（Gibco 公司产品）；阳性对照（顺铂）（齐鲁制药有限公司产品），产品批号：1010011DC。

……

测定样品对肿瘤细胞生长的抑制作用

将细胞人胃癌细胞株（SGC-7901）、人肺癌细胞株（H446）、人胃癌细胞株（HGC-27）分别用 EDTA-胰酶消化液消化，并用培养基稀释成 1×10^5 mg/mL，加到96孔细胞培养板中，每孔100 μL，置37 ℃、5% CO_2 培养箱中培养。24 h 后弃去原培养基，加入含测试样品的培养基，每孔 200 μL，每个浓度加3孔，置37 ℃、5% CO_2 培养箱中培养，72 h 后在细胞培养孔中加入 5 mg/mL 的 MTT，每孔 10 μL，置37 ℃孵育4 h，加入 DMSO，每孔 150 μL，用振荡器振荡，使甲䐉完全溶解，用酶标仪在 570 nm 波长下比色。分别以同样条件用不含样品、含同样浓度 DMSO 的培养基培养的上述癌症细胞作为对照，计算样品对肿瘤细胞生长的半数致死浓度（IC50）。

经过上述步骤测量后，该发明化合物的 IC50 如表4-2所示。

表4-2　肿瘤细胞生长抑制试验结果

化合物	对不同癌菌株的 IC_{50} （μg/mL）		
	SGC-7901	H446	HGC-27
A	2.29	7.19	2.44
B	0.75	1.65	0.88
C	0.24	0.60	0.78
D	0.02	0.005	0.03
顺铂	3.78	3.15	4.22

由表3-2可见，该发明的化合物 D（注释：此处的化合物 D 对应于该案专利权利要求1中的化合物 V，化合物 B 和化合物 C 分别对应于该案专利权利要求1中的化合物Ⅲ和化合物Ⅳ）具有特别优异的抗胃癌和抗肺癌活性，其 IC50 值要远低于顺铂，尤其是对于 H446 的抑制活性，比顺铂低了三个数量级，对于 SGC-7901 和 HGC-27 的抑制活性，也比顺铂低了两个数量级，从而在抗癌症药物中具有巨大的应用潜力和临床价值。

【焦点问题】

权利要求2将所述化合物的制药用途概括为抗癌，是否得到说明书的支持？

【分析与思考】

该案专利权利要求2请求保护权利要求1所述衍生物在制备抗癌药物

中的用途；也就是说，权利要求 2 的保护范围涉及所有的癌症。

然而，根据该案专利说明书实施例中的记载，其仅仅通过 MTT 试验验证了权利要求 1~2 中的衍生物对于胃癌和肺癌细胞的抑制效果，而该领域技术人员应当了解，现有技术中存在多种癌症，每种癌症之间、甚至相同癌症的不同表型之间，其致病和治疗原理均可能存在一定差异；而根据该案背景技术部分的记载"迄今为止，人们尚未发现吲哚酮衍生物具有抗癌活性，对于其活性靶点和取代基仍未有明确的认识"，也就是说，现有技术中对于该案专利权利要求 1 涉及的吲哚酮衍生物治疗癌症的机理完全不清楚，并且该案专利说明书也仅仅记载了前述衍生物仅能够抑制胃癌和肺癌细胞生长的前提下，该领域技术人员无法预期该案权利要求 1 涉及的吲哚酮衍生物能够用于治疗任意一种癌症。

七、单一性

根据《专利法》第 31 条第 1 款的规定：一件发明或者实用新型专利申请应当限于一项发明或者实用新型。属于一个总的发明构思的两项以上的发明或者实用新型，可以作为一件申请提出。

根据《专利法实施细则》第 34 条的规定，依照《专利法》第 31 条第 1 款规定，可以作为一件专利申请提出的属于一个总的发明构思的两项以上的发明或者实用新型，应当在技术上相互关联，包含一个或者多个相同或者相应的特定技术特征，其中特定技术特征是指每一项发明或者实用新型作为整体，对现有技术作出贡献的技术特征。

（一）法条释义

1. 总的发明构思

《专利法实施细则》第 34 条给出了判断一件申请中要求保护两项以上的发明是否属于一个总的发明构思的方法。即可以作为一件专利申请提出的属于一个总的发明构思的两项以上的发明在技术上必须相互关联，包含一个或多个相同或者相应的特定技术特征，这种相同或者相应的特定技术特征分别包含在它们的权利要求中。

2. 特定技术特征

《专利法实施细则》第 34 条进一步规定，体现发明或者实用新型属于一个总的发明构思的特定技术特征是指每一项发明或者实用新型作为整体，对现有技术作出贡献的技术特征，也就是从每一项要求保护的发明的整体上考虑，使发明相对于现有技术具有新颖性和创造性的技术特征。

"每一项发明作为整体"是指确定一项技术方案的特定技术特征时，不仅要考虑技术方案本身，还要考虑技术领域、所解决的技术问题和产生的技术效果。对于技术方案，应当将构成该技术方案的各个技术特征，包括技术特征之间的关系作为技术方案整体的组成部分来看待。

需要注意的是，相应的特定技术特征存在于不同的发明中，它们或者能够使不同的发明相互配合，解决相关联的技术问题；或者性质类似可以相互替代，解决相同的技术问题，对现有技术作出相同的贡献。

这里引入的"特定技术特征"是专门为评价专利申请单一性而提出的概念。通过引入"特定技术特征"概念从现有技术的角度切入来评价单一性，从而将判断不同的技术方案是否"属于一个总的发明构思"这样一个抽象的问题具体化为评价这些技术方案是否"具有一个或者多个相同或者相应的特定技术特征"，后者更便于理解，也更加客观。

（二）法条审查

单一性条款的设立，是为了防止申请人将内容上无关或者关系不大的多项发明创造作为一件专利申请提出，为专利申请的处理、检索和审查带来不便，并影响授权后对专利纠纷的审理和处理以及公众有效利用专利文献的便利性。其中，单一性的立法初衷主要是对合案申请进行必要的限制，而非对专利创新价值做出评判。可见，单一性要求只是专利申请与审查中的一个程序性原则，不是审查发明是否可以被授予专利权的实质性条件，缺乏单一性并不影响专利的有效性，因此缺乏单一性不应当作为专利无效的理由。

单一性条款规定"属于一个总的发明构思的两项以上的发明或者实用新型，可以作为一个申请提出"，决定了单一性的审查需要围绕发明构思进行判断。所述发明构思是发明人基于现有技术中存在的技术问题或技术缺陷在谋求解决方案的过程中所提出的技术改进思路，两项以上的发明属于一个总的发明构思通常表现为其在技术问题、技术方案或技术效果等多个方面具有关联性。

单一性判断的要点：属于一个总的发明构思的两项以上的发明或者实用新型，应当在技术上相互关联，这种技术上的关联性是以包含一个或者多个相同或者相应的特定技术特征的形式表现在所述发明创造的权利要求技术方案中的，故单一性审查的关键在于特定技术特征的判断。

1. 相同或相应的特定技术特征

不同技术方案属于一个总的发明构思表现为方案之间包含一个或多个相同或者相应的特定技术特征。相同的特定技术特征因通常以相同或相似的方式记载在技术方案中，故容易做出判断；而对相应的特定技术特征的理解，还应注意的是，如果不同技术方案出于解决共同的技术问题的目的，在同样的发明构思指引下，采用的是性质或功能类似，且相互替代后能够获得相同技术效果的技术特征，则同样应当认为这些技术方案之间存在相应的特定技术特征。

案例 111

【案情介绍】

某案涉及一种中继节点的非接入层过程处理方法及设备，其中部分独立权利要求节选如下。

权利要求 1：一种中继节点 RN 的非接入层 NAS 过程处理方法，其特征在于，包括如下步骤。

RN 在接收到消息后，确定消息中是否通知 RN 网络已经做好的准备。

在通知 RN 网络已经做好的准备时，RN 保持已经建立的分组数据网 PDN 连接。

在没有通知 RN 网络已经做好的准备时，RN 进行去附着 Detach 过程，释放已有的 PDN 连接，并进行附着 Attach 过程重新建立新的 PDN 连接。

权利要求 6：一种中继节点的 NAS 过程处理方法，其特征在于，包括如下步骤。

MME 在接收到 DeNB 发送的初始用户设备 UE 消息后，MME 从归属用户服务器 HSS 获得 RN 的签约数据，所述初始 UE 消息是在 RN 开机与 DeNB 之间建立 RRC 承载后发送的。

MME 在确定接入设备是 RN 后，当自身以及 RN 在 DeNB 上的接入小区支持 RN 时，选择 DeNB 作为 RN 的服务网关/PDN 网关 SGW/PGW。

MME 向 DeNB 发送创建会话请求。

MME 在 DeNB 为 RN 建立默认承载并返回创建会话响应消息后，向 DeNB 在 S1 接口上发送 S1 - AP 消息，并在该消息中携带了 MME 发给 RN 的附着接受消息，通过附着接受消息通知 RN 网络已经做好的准备。

权利要求13：一种中继节点的 NAS 过程处理方法，其特征在于，包括如下步骤。

DeNB 确定是否被选为 RN 的 SGW/PGW；

DeNB 在确定被选为 RN 的 SGW/PGW 后，向 RN 发送网络已经做好准备的指示。

【焦点问题】

权利要求1要求保护一种中继节点 RN 侧的非接入层过程处理的方法，而权利要求6要求保护的是 MME 的非接入层过程处理方法，权利要求13，要求保护一种 DeNB 的非接入层过程处理方法，且对于中继节点 RN，移动性管理实体 MME 以及施主演进基站 DeNB 来说，上述三个对应的方法均可单独分开实施，以解决各自的问题。那么，上述三组权利要求之间是否具有相同或相应的特定技术特征？

【分析与思考】

该案相关背景技术：在未来的移动通信系统中，同样覆盖区域下，要保证连续覆盖，需要更多的基站，为了解决布网成本以及覆盖问题，各厂商和标准化组织开始研究将中继引入到蜂窝系统中，如图 4 - 11 所示，现有的包含中继节点 RN 的 E - UTRAN 网络架构中，RN 通过 DeNB（施主演进基站，也叫宿主演进基站）下的施主小区（donor cell）接入到核心网，每个 RN 可以控制一个或多个小区。

架构中 RN 具有双重身份。

① RN 具有 UE 的身份，RN 启动时类似于 UE 的开机附着过程。RN 具

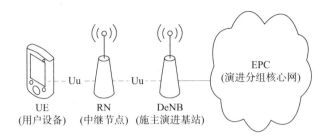

图 4 - 11　E - UTRAN 网络架构图

有自己的 SGW/PGW（服务网关/分组数据网关）和控制节点 MME（移动性管理实体）。

②对于接入 RN 的 UE 来说，RN 具有 eNB 的身份，此时 UE 的下行数据需要从 UE 的 SGW/PGW 发送给 UE 的服务基站，即 RN，然后 RN 在 Uu 口上发给 UE。

RN 启动过程可以描述为：RN 与 DeNB 之间建立 RRC（无线资源控制）连接；RN 向 MME 发送附着请求；MME 从 HSS（归属用户服务器）处获取 RN 的签约数据，对 RN 进行认证；如果认证通过，MME 在 DeNB（S - GW/P - GW 功能部分）中为 RN 建立默认承载，并向 DeNB 发送初始 UE 上下文建立请求消息，在 DeNB 中建立 RN 的上下文；随后 DeNB 向 RN 发送 RRC 连接重配置消息，携带 MME 发给 RN 的附着接受消息；RN 返回 RRC 连接重配置完成，并进行确认。这样，RN 建立了基本的 IP 连接。

然而，在 E - UTRAN 网络中，并不是所有的 DeNB 都支持 RN，即并不是所有的基站都可以配置为 DeNB。在一个 MME 池中，并不一定所有的 MME 都支持 RN。

现有技术的不足在于：RN 在接入过程中并不能知晓网络侧的支持情况，也就不能准确进行后续的启动过程。

该案主要贡献之处在于，MME 在确定接入设备是 RN 后，当自身以及 RN 在 DeNB 上的接入小区支持 RN 时，选择 DeNB 作为 RN 的 SGW/PGW；并通知 DeNB 网络已经做好的准备。DeNB 在确定被选为 RN 的 SGW/PGW 后，向 RN 发送网络已经做好准备的指示。在通知 RN 网络已经做好的准备时，RN 保持已经建立的 PDN 连接；在没有通知 RN 网络已经做好的准备时，RN 进行 Detach 过程，释放已有的 PDN 连接，并进行 Attach 过程重新建立新的 PDN 连接。

通过上述方式，可以让 RN 知道核心网是否已经为 RN 选择了合适的节点，从而 RN 可以根据收到的指示选择相应的 NAS 过程进行后续的启动过程。从而，可以简化 RN 的启动流程，缩短 RN 的启动时间，减少没有必要的信令流程和承载管理。

由此可见，独立权利要求 1、6、13 属于一个总的发明构思"中继节点/RN 的非接入层/NAS 过程处理"，且包含相同或相应的技术特征，即让 RN 获知网络已经做好准备，独立权利要求 1、6、13 之间不属于明显缺乏单一性的情况；而且，独立权利要求 6、13 还包含相同或相应的有关选择 DeNB 作为 RN 的 SGW/PGW 的技术特征。

而且，通过对比独立权利要求 1 与最接近的现有技术，该最接近现有技术仅公开了一种用于移动中继站的切换方法，包括：向服务基站传送切换请求消息，其中该切换请求消息包括该移动中继站的标识符（ID）；从该服务基站接收切换应答消息，其中该切换应答消息指示该服务基站识别到该移动中继站和附着到该移动中继站的移动站的切换请求。因此，可以确定独立权利要求 1 的特定技术特征是向中继节点 RN 发送消息，通知 RN 网络已经做好准备；在通知 RN 网络已经做好的准备时，RN 保持已经建立的分组数据网 PDN 连接；在没有通知 RN 网络已经做好的准备时，RN 进行去附着 Detach 过程，释放已有的 PDN 连接，并进行附着 Attach 过程重新建立新的 PDN 连接。

综上分析可知，在独立权利要求 6、13 中存在与独立权利要求 1 相同或相应的特定技术特征"向中继节点 RN 发送消息，通知 RN 网络已经做好准备"。

2. 特殊领域单一性应用

关于马库什权利要求的单一性：如果一项申请在一个权利要求中限定多个并列的可选择要素，则构成马库什权利要求。当马库什要素是化合物时，满足单一性要求的标准如下。

第一，所有可选择化合物具有共同的性能或作用。

第二，所有可选择化合物具有共同的结构，该共同结构能够构成它与现有技术的区别特征，并对通式化合物的共同性能或作用是必不可少的；或者在不能有共同结构的情况下，所有的可选择要素应属于该发明所属领域中公认的同一化合物类别。"公认的同一化合物类别"是根据本领域的技术知识、不考虑申请记载的内容即可以预期到该类的各化合物对于要求保护的发明来说其表现是相同的一类化合物。也就是说，每个成员都可以互相替代，而且可以预期所要达到的效果是相同的。

案例112

【案情介绍】

某案专利权利要求1请求保护由通式（I）表示的化合物或其可药用盐。

$$R_1 - C_g - N \underset{I}{\bigcirc} N - C_m - R_3 \quad (R_2)$$

该案说明书相关内容：该发明的目的是寻找并开发新的预防和/或治疗与疼痛有关疾病的药物。该发明人通过对4-哌啶基苯胺类化合物进行结构改造，现已发现具有式I所示的4-氨基哌啶类化合物表现出明显的镇痛活性并具有良好的药代动力学性质。

【分析与思考】

该案专利权利要求中通式化合物具有共同的结构单元，即哌啶-4-N-（CH_2）$_n$$CHR_2$-苯基，而现有技术证据中公开的具有类似用途或功效的通式化合物具有的共有结构单元为哌啶-4-基-N-羰基。可见，权利要求所述化合物的共有结构单元能够构成其与该现有技术证据的区别技术特征，且该结构单元对通式化合物的共同性能或作用是必不可少的，因此，可以认定权利要求中所有化合物具有单一性意义上的共同结构。

案例113

【案情介绍】

某案专利权利要求1请求保护一种由如下通式表示的化合物或其药学上可接受的盐。

该案专利说明书记载的相关内容：该发明提供可利用的用于调节细胞分化或增殖的方法和组合物。可用于所述方法和组合物的化合物包括那些由通式（Ⅰ）表示的化合物。

【分析与思考】

该案专利权利要求 1 所示通式化合物均具有"苯基－亚甲基－N（被氨基取代的环烷基）－C（＝O）－特定的苯并噻吩"的主体结构，虽然通式中共有的结构单元［苯基－亚甲基－N－C（＝O）－苯并噻吩］已被现有证据所公开，但该现有证据中公开的包含该共有结构单元的类似结构化合物具有促性腺释放激素抑制活性，而该案通式化合物是用于调节细胞分化或增殖的，两者具有不同的活性或用途，而且没有证据表明所述活性或用途之间存在内在的联系，所属领域技术人员在现有证据所认识的已知性或用途的基础上无法预期到促性腺释放激素抑制活性有助于调节细胞分化或增殖活性，因此，虽然该共有的结构单元本身已被现有技术公开，但并未导致该通式化合物缺乏单一性。

延伸思考：马库什权利要求属于特殊领域权利要求的撰写方式，在审查实践中，其不适宜视为众多并列技术方案的集合，应视为一个整体技术方案来看待。然而，单一性条款判断的基本单元就是权利要求涉及的多个技术方案之间是否存在相同或相应的特定技术特征，既然马库什权利要求应视为一个整体技术方案，那对其进行单一性判断是否合理？

八、修改超范围

根据《专利法》第 33 条的规定：申请人可以对其专利申请文件进行

修改，但是，对发明和实用新型专利申请文件的修改不得超出原说明书和权利要求书记载的范围，对外观设计专利申请文件的修改不得超出原图片或者照片表示的范围。

根据《专利法实施细则》第 43 条第 1 款的规定：依照本细则第 42 条规定提出的分案申请，可以保留原申请日，享有优先权的，可以保留优先权日，但是不得超出原申请记载的范围。

（一）法条释义

1. 修改的时机与方式

针对申请文件的修改主要包括主动修改和被动修改。

第一，主动修改。申请人仅在下述两种情形下可对其发明专利申请文件进行主动修改：发明专利申请人在提出实质审查请求时；在收到国务院专利行政部门发出的发明专利申请进入实质审查阶段通知书之日起的 3 个月内。

在答复专利行政部门发出的审查意见通知书时，不得再进行主动修改。对于实用新型和外观设计而言，由于没有实质审查环节，其主动修改只能在申请日起 2 个月内提出。

第二，被动修改。申请人在收到国务院专利行政部门发出的审查意见通知书后对专利申请文件进行修改的，应当针对通知书指出的缺陷进行修改。此时，申请人通常不能修改通知书未指出的内容。此外，国务院专利行政部门可以自行修改专利申请文件中文字和符号的明显错误。国务院专利行政部门自行修改的，应当通知申请人。

2. 修改的范围

《专利审查指南》明确指出：原说明书和权利要求书记载的范围包括原说明书和权利要求书文字记载的内容和根据原说明书和权利要求书文字记载的内容以及说明书附图能直接地、毫无疑义地确定的内容。

原说明书和权利要求书记载的范围应当理解为原说明书和权利要求书所呈现的发明创造的全部信息，是对发明创造的全部信息的原始固定。这既是先申请制度的基石，也是专利申请进入后续阶段的客观基础。原说明书和权利要求书记载的范围具体可以表现为：原说明书及其附图和权利要求书以文字和图形直接记载的内容，以及所属领域普通技术人员根据原说明书及其附图和权利要求书能够确定的内容。

（二）法条审查

该条款审查的对象主要为修改后的申请文件，比较的对象为原始申请文件。审查实践中，对于"原说明书和权利要求书文字记载的内容"的判断较为容易，但对于"根据原说明书和权利要求书文字记载的内容以及说明书附图能直接地、毫无疑义地确定的内容"的判断则很难做到不受主观认知的影响。对此，审查专利申请文件的修改是否超出原说明书和权利要求书记载的范围，应当考虑所属技术领域的技术特点和常规表达、所属领域普通技术人员的知识水平和认知能力、技术方案本身在技术上的内在必然要求等因素，以准确确定原说明书和权利要求书记载的范围。

另外，在审查专利申请人对专利申请文件的修改是否超出原说明书和权利要求书记载的范围时，应当充分考虑专利申请所属技术领域的特点，不能脱离本领域技术人员的知识水平。

需要注意的是，在判断专利申请文件的修改是否超出原说明书和权利要求书记载的范围的审查过程中，当事人的意见陈述在通常情况下只能作为理解说明书以及权利要求书含义的参考，而不是决定性依据。至于其参考价值的程度大小，则取决于该意见陈述的具体内容及其与说明书和权利要求书的关系。尤其需要注意的是，如果当事人意见陈述的内容超出了原说明书和权利要求书中记载的范围，则该意见陈述将完全丧失参考作用，不能参考该意见陈述对说明书或者权利要求书进行解释。

1. 基于明显错误的修改

对于申请文件中出现的明显错误，应该从本领域技术人员的角度，从技术思路以及方案本身进行考虑，分析原始申请文件的内容，基于申请人在申请日的真实意思表示判断是否可以直接毫无疑义地确定正确的内容，预判申请人可能的修改方向。

案例114

【案情介绍】

某案专利权利要求1涉及一种基于测厚仪测量厚度的辊缝设定值自适应控制方法，其中技术特征部分涉及公式：$S_0 = S_1 - (S_1 - S_2) \times (F_1 - F)/(F_1 - F_2)(S_1 - S_2)$。

该案说明书相关内容：

[0019] 轧制力对应存储自适应系数计算方法：

[0020] $S_0 = S_1 - (S_1 - S_2) \times (F_1 - F)/(F_1 - F_2)(S_1 - S_2)$

……

[0034] 辊缝偏差值为：$(-0.55 - 0.38 - 0.5)/3 = -0.477$（mm）

[0035] ① 直接计算辊缝修正参数

[0036] 通过对比设定值和测量值得到钢板的厚度计算偏差为 -0.477 mm，利用 $S_{cor} = k_{learn} \cdot (h_{meas} - h_{calc})$ 需要考虑之前的修正参数为 0.6 mm，计算出新的修正参数为 $0.6 - 0.477 \times 0.5 = 0.36$（mm）

[0037] ② 考虑轧制力计算修正参数

[0038] 在模型内存有一些轧制力时的修正参数，计算轧制力为 3800 kN 时

[0039] 自适应参数为 0.25 mm，轧制力为 3000 kN 时自适应参数为 0.1 mm；综合计算轧制为 3200 kN 时的修正参数：$0.25 - (0.25 - 0.1) \times (3800 - 3200)/(3800 - 3000) = 0.1375$（mm）

[0040] 计算出轧制力在 3200 kN 时的修正参数：$0.1375 - 0.477 \times 0.55 = -0.1$（mm）

[0041] 结合上面①、②两种方法计算的辊缝修正参数，计算最终的辊缝修正参数

[0042] $0.36 \times 0.4 - 0.1 \times 0.6 = 0.084$（mm）。

该案涉及一种辊缝自适应计算方法，使设定的辊缝更加接近实际辊缝需求，解决轧件的厚度和目标值之间出现偏差的问题，具体是基于测厚仪测量厚度的偏差，结合利用厚度比较值生成的自适应参数与考虑受轧制力

影响生成自适应参数两个因素生成最终辊缝修正参数。然而权利要求书及说明书中存在如下问题。

问题1：权利要求1中技术特征" $S_0 = S_1 - (S_1 - S_2) \times (F_1 - F)/(F_1 - F_2)(S_1 - S_2)$"，由于"$(F_1 - F_2)(S_1 - S_2)$"中间为空格，且没有任何符号连接，导致了该公式不清楚。

问题2：说明书发明内容的记载与权利要求一致，但是实施例中计算过程与权利要求不一致，部分计算错误，各段算式计算结果上下矛盾不连贯，如：说明书第20、39、40段均计算的是轧制力为3200 kN时的修正参数，但计算公式不一致，且第40段的计算公式无法推断，若42段是基于36和40段的计算结果，其计算过程是错误的；34段，参数名称错误，第36段计算公式和结果均错误。

【焦点问题】

该案专利说明书中存在计算错误的地方，通过分析可以判断正确的内容，此时对于权利要求书的修改是否超范围？

【分析与思考】

权利要求中涉及的公式："$S_0 = S_1 - (S_1 - S_2) \times (F_1 - F)/(F_1 - F_2)(S_1 - S_2)$"是否具有修改依据。针对权利要求文字记载的公式，基于等式左右量纲的分析，该公式左右是不相等的。那么，站在本领域技术人员的角度，基于原始申请文件整体表达的技术信息探寻申请人的真实意思表达，可以直接地、毫无疑义地得出说明书第39段的表述应为申请人原始的真实表达，即可确定该权利要求中不清楚的计算公式应为 $S_0 = S_1 - (S_1 - S_2) \times (F_1 - F)/(F_1 - F_2)$。

对于明显错误的修改，不能因为存在其他理论上的修改可能就得出修改超范围的结论，而应当站在本领域技术人员的视角，基于原始申请文件整体表达的技术信息探寻申请人的真实意思表示。

2. 基于不同技术方案的重新整合

对于将原始申请文件中不同技术方案的技术特征重新组合形成新的技术方案的修改方式，应着重考虑技术特征之间的关联性。如果原始申请文件已经表明某些特征之间只能以某种特定的方式组合才能解决其技术问题，实现其技术效果，则需要将这些相互关联的特征及其特定的组合方式作为一个整体来看待，不能将其割裂、抽离、组合形成新的技术方案，并达到新的技术效果，否则就会超出原始申请文件记载的范围。

案例115

【案情介绍】

某案修改后的专利权利要求如下。

权利要求1：一种终端，其特征在于，包括终端本体、与所述终端本体正面连接的侧壁面、与所述正面相对的背面、摄像头模组以及驱动结构，所述摄像头模组包括安装基座、第一摄像头和第二摄像头，所述安装基座与所述驱动结构连接，安装基座开设有贯穿其第一端面以及第二端面的通槽，所述安装基座上设置有一旋转体，所述旋转体安装于所述通槽中，所述第一摄像头和所述第二摄像头设置在所述旋转体上。

所述驱动结构设置在所述终端本体内。

所述终端本体的侧壁面设有一收纳所述摄像头模组的收容腔，所述摄像头模组具有一外侧壁面，当所述摄像头模组完全容纳在所述收容腔内时，所述外侧壁面与所述终端本体的侧壁面处于同一平面，且所述外侧壁面的边缘线与所述收容腔的槽口边缘线重合。

所述驱动结构与所述摄像头模组连接，以驱动所述摄像头模组从所述收容腔内移动至终端本体外部，或驱动所述摄像头模组从终端本体外部进入所述收容腔内。

当所述驱动结构驱动所述第一摄像头移动至终端本体外部时，所述第一摄像头朝向所述终端本体正面的一侧，所述第二摄像头朝向所述终端本体背面的一侧，通过所述旋转体可使所述第一摄像头旋转至朝向所述终端本体背面的一侧，所述第二摄像头朝向所述终端本体正面的一侧。

相关的原始权利要求书节选如下。

权利要求1：一种终端，其特征在于，包括终端本体、摄像头模组以及驱动结构。

所述驱动结构设置在所述终端本体内。

所述终端本体设有一收纳所述摄像头模组的收容腔。

所述驱动结构与所述摄像头模组连接，以驱动所述摄像头模组从所述收容腔内移动至终端本体外部，或驱动所述摄像头模组从终端本体外部进入所述收容腔内。

权利要求2：如权利要求1所述的终端，其特征在于，所述终端本体包括正面以及与所述正面连接的侧壁面，所述收容腔设置在所述侧壁面上。

权利要求3：如权利要求2所述的终端，其特征在于，所述摄像头模组包括安装基座和第一摄像头，所述第一摄像头设置在所述安装基座上，所述安装基座与所述驱动结构连接。

当所述驱动结构驱动所述第一摄像头移动至终端本体外部时，所述第一摄像头朝向所述终端本体正面的一侧。

权利要求4：如权利要求3所述的终端，其特征在于，所述终端本体还包括与所述正面相对的背面，所述摄像头模组还包括第二摄像头，所述第二摄像头设置在所述安装基座上。

当所述第一摄像头朝向所述终端本体的正面时，所述第二摄像头朝向所述终端本体背面的一侧。

权利要求5：如权利要求3所述的终端，其特征在于，所述终端本体还包括与所述正面相对的背面，所述安装基座设有一旋转体；

所述第一摄像头设置在所述旋转体上，以使所述第一摄像头可旋转至朝向所述终端本体背面的一侧。

权利要求6：如权利要求5所述的终端，其特征在于，所述安装基座开设有贯穿其第一端面以及第二端面的通槽，所述旋转体安装于所述通槽中。

其中，所述第一端面朝向所述终端本体的正面，所述第二端面朝向所述终端本体的背面。

该案专利说明书及其附图节选如下。

[0004] 目前，终端一般都带摄像功能，因此，需要为终端设置非显示区域，并在非显示区域开设摄像头安装孔，以安装摄像头模组。可见，在终端尺寸固定的情况下，由于需要针对摄像头模组设置非显示区域以开设摄像头安装孔，大大限制了终端的大屏幕画面显示。

......

［0011］ 该发明实施例提供的终端，包括终端本体、摄像头模组以及驱动结构，该驱动结构设置在终端本体内；终端本体设有一收纳摄像头模组的收容腔；驱动结构与摄像头模组连接，以驱动摄像头模组从收容腔内移动至终端本体外部，或驱动摄像头模组从终端本体外部进入收容腔内。该方案将摄像头模组隐藏在终端内部的收容腔，使其从外观上不可见，当需要使用时再将该摄像头模组驱动至终端外部进行拍摄，使得终端的显示屏无须再针对摄像头模组的开孔设置不显示信息的非显示区域，有效扩大显示屏的显示区域，从而实现大屏幕画面的显示效果。

......

［0014］ 为了更完整地理解该发明及其有益效果，下面将结合附图来进行以下说明，其中在下面的描述中相同的附图标号表示相同部分。

......

［0021］ 图7为该发明实施例提供的摄像头模组第二种结构示意图。

［0022］ 图8为该发明实施例提供的摄像头模组第三种结构示意图。

［0023］ 图9为图8中摄像头模组的分解示意图。

......

［0031］ 在该专利文档中，下文论述的图1到图14以及用来描述该发明公开的原理的各实施例仅用于说明，而不应解释为限制该发明公开的范围。所属领域的技术人员将理解，该发明的原理可在任何适当布置的装置中实施。将详细说明示例性实施方式，在附图中示出了这些实施方式的实例。此外，参考附图详细描述根据示例性实施例的终端。附图中的相同附图标号指代相同的元件。

......

［0034］ 图1为该发明实施例提供的终端的立体图。

......

［0046］ 参考图4，图4为该发明一实施例中摄像头模组30的结构示意图。在一些实施例中，摄像头模组30包括安装基座31和第一摄像头32，第一摄像头32设置在安装基座31上，所述安装基座31与驱动结构20连接。当驱动结构20驱动第一摄像头32移动至终端本体10外部时，该第一摄像头32朝向终端本体正面12（如显示屏12）的一侧。

[0047] 继续参考图4，该摄像头模组30具有一外侧壁面301，该侧壁面301可与安装基座31垂直设置。在一些事实方式中，该安装基座31可位于外侧壁面301的中心部分或边缘部分。

......

[0050] 在一些实施例中，终端本体10还包括与其正面12相对的背面。实际应用中，壳体14的背面142可作为终端本体10的背面142。参考图7，该摄像头模组30还包括第二摄像头33，第二摄像头33设置在安装基座31上。当第一摄像头32朝向终端本体10的正面时，第二摄像头32朝向终端本体10背面142的一侧。

[0051] 其中，壳体14的背面。

[0052] 参考图8和图9，在一些实施例中，该安装基座31设有一旋转体34。第一摄像头32设置在旋转体34上，以使第一摄像头32可旋转至朝向终端本体10背面142的一侧。

[0053] 在一些实施例中，安装基座31开设有贯穿其第一端面311以及第二端面312的通槽313，旋转体34安装于通槽313中。其中，第一端面312朝向终端本体10的正面（如显示屏12），第二端313面朝向终端本体10的背面142（即壳体14的背面142）。

......

[0059] 该方案将摄像头模组收纳在终端内部的收容腔，使其从外观上不可见，当需要使用时再将该摄像头模组驱动至终端外部进行拍摄，使得终端的显示屏无须再针对摄像头模组的开孔设置不显示信息的非显示区域，有效扩大显示屏的显示区域，从而实现大屏幕画面的显示效果。上述手机终端和摄像头模组如图4-12所示。

【焦点问题】

修改后的权利要求1主要涉及"所述第一摄像头和所述第二摄像头设置在所述旋转体上"与"当所述驱动结构驱动所述第一摄像头移动至终端本体外部时，所述第一摄像头朝向所述终端本体正面的一侧，所述第二摄像头朝向所述终端本体背面的一侧，通过所述旋转体可使所述第一摄像头旋转至朝向所述终端本体背面的一侧，所述第二摄像头朝向所述终端本体正面的一侧"，即第一摄像头和第二摄像头分别设置在旋转体的正面和背

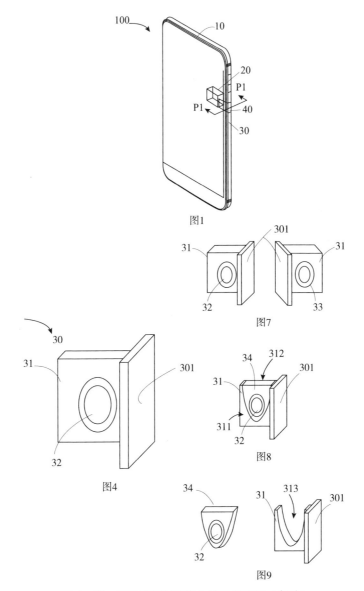

图4-12　手机终端和摄像头模组系列图（部分）

面上，通过旋转体的旋转可以切换两者的相对位置。上述修改是否存在超
范围问题？

【分析与思考】

根据该案专利说明书附图可知，第一种摄像头模组中的摄像头32朝向
终端本体正面12进行拍摄；而根据该案原专利权利要求4~5，原说明书第

21~23，50~53 段，图 4-12 可知，该案的终端本体 10 设置正面 12 和背面 142，为了实现背面的拍摄功能，该案设置了两种具体实施例，其一为图中的第二种摄像头模组结构，其二为图中的第三种摄像头模组结构。具体而言，对于第二种摄像头模组结构，在安装基座 31 上前后设置第一摄像头 32 和第二摄像头 33，从而实现当第一摄像头 32 朝向终端本体 10 正面时，第二摄像头 33 朝向背面 142；而对于第三种摄像头模组结构，该案仅提及第一摄像头 32 设置在旋转体 34 上，通过旋转体 34 的旋转使得第一摄像头 32 朝向背面。

首先，根据修改后的权利要求 1 技术方案，第一摄像头 32 和第二摄像头 33 同时前后设置在安装基座 31 的旋转体 34 上，并且通过旋转体 34 的旋转前后切换两个摄像头。对此，申请人在意见陈述中声称可实现旋转体机制发生故障仍可进行前后拍摄，以及灵活调配拍摄质量等新的技术效果。然而，上述将两种独立实施例进行组合所形成新的技术方案及其声称的技术效果在原申请文件中没有文字记载，也不能根据原申请的说明书和权利要求书文字记载的内容以及说明书附图直接地、毫无疑义地确定。

其次，该案专利说明书出现大量泛泛而谈的描述，例如"对于本领域技术人员来讲，在不付出创造性劳动的前提下，还可以根据这些附图获得其他的附图"与"应注意，实际装置中可存在许多替代或额外的功能关系、物理连接或逻辑连接"等，然而，上述描述并未涉及具体的结构元件或连接关系，因而上述修改的技术方案仍然无法由上述描述直接地、毫无疑义地确定。另外，对于说明书中提及的"附图中的相同附图标号指代相同的元件"（参见说明书第 14、31 段），仅仅示意性表达出相同的附图标记代表相同功能、位置的元件，并不意味着相同附图标记的元件结构必然完全相同，例如图 3-12 的安装基座 31 有所不同，图中的有的安装基座 31 上还设置有通槽 313 的结构，因而不同实施例中相同附图标记的元件具体结构可以有所不同，不同附图标记元件之间的连接关系也不一定相同，应根据说明书中具体实施例的记载进行分析判断。

综上，修改后的权利要求 1 涉及将原始申请文件中不同的技术方案进行重新整合形成了新的技术方案，而且原始申请文件记载的不同技术方案均可解决其技术问题，实现其技术效果。而整合后的技术方案以及其达到的新的技术效果均未记载在原始申请文件中，也不能根据原申请文件记载的内容直接地、毫无疑义地确定。

3. 基于本领域公知常识的技术特征修改

虽然原始申请文件没有直接的文字记载，但本领域技术人员在阅读该申请文件后，基于该领域的基本原理或技术上固有的内在联系，能够确定某技术特征是客观存在的，则该技术特征应当属于所属领域技术人员根据说明书和权利要求书能够直接、毫无疑义确定的内容。

案例 116

【案情介绍】

某案修改后的专利权利要求节选如下。

权利要求 1：一种加压蒸煮装置，是将原料连续地加压蒸煮的加压蒸煮装置，其特征在于，具备：网，一边输送原料一边在蒸煮罐内循环移动；清洗喷嘴，在原料的加压蒸煮中对网喷射蒸汽。

上述清洗喷嘴设在对网从原料装载面的背面侧朝向蒸煮罐的底部侧喷射蒸汽的位置上；从上述清洗喷嘴喷射的蒸汽作为加压蒸煮的蒸汽的一部分；将用于加压蒸煮的蒸汽和用于清洗的蒸汽同时喷射，使从上述清洗喷嘴喷射的蒸汽也有助于加压蒸煮。

权利要求 5：一种加压蒸煮装置的清洗方法，是将原料连续地加压蒸煮的加压蒸煮装置的清洗方法，其特征在于，上述加压蒸煮装置具备一边输送原料一边在蒸煮罐内循环移动的网；在原料的加压蒸煮中，对网从原料装载面的背面侧朝向蒸煮罐的底部侧喷射蒸汽，将网眼堵塞在网中的原料去除；从上述清洗喷嘴喷射的蒸汽作为加压蒸煮的蒸汽的一部分；将用于加压蒸煮的蒸汽和用于清洗的蒸汽同时喷射，使从上述清洗喷嘴喷射的蒸汽也有助于加压蒸煮。

其中，修改后的权利要求 1 增加了新的技术特征"将用于加压蒸煮的蒸汽和用于清洗的蒸汽同时喷射"，原申请文件中未记载上述技术特征。

该案专利说明书公开的相关内容节选如下。

[0009] 研究的结果开发出的该发明的加压蒸煮装置，是将原料连续

地加压蒸煮的加压蒸煮装置，其特征在于，具备：网，一边输送原料一边在蒸煮罐内循环移动；清洗喷嘴，在原料的加压蒸煮中对网喷射蒸汽；上述清洗喷嘴设在对网从原料装载面的背面侧喷射蒸汽的位置上。

[0010] 此外，开发出的该发明的加压蒸煮装置的清洗方法，是将原料连续地加压蒸煮的加压蒸煮装置的清洗方法，其特征在于，上述加压蒸煮装置具备一边输送原料一边在蒸煮罐内循环移动的网；在原料的加压蒸煮中，对网从原料装载面的背面侧喷射蒸汽，将网眼堵塞在网中的原料去除。

[0011] 根据该发明，不仅省去在运转后手工清洗的工夫，还能够为了网清洗而使用蒸煮原料用的加压蒸汽的一部分，所以能够实现装置的高效率化。进而，因原料的网眼堵塞而发生的烤焦等带来的异物混入，以及蒸煮不充分的原料被排出等问题被消除，作为结果，蒸煮原料的品质也提高。

……

[0063] 在该实施方式中，将用于加压蒸煮的蒸汽的一部分作为清洗用的蒸汽使用。经由清洗用蒸汽管 9 喷射的蒸汽被用于网 4 的清洗，并且也有助于加压蒸煮。因此，即使在加压蒸煮中清洗网 4，也不会使加压蒸煮的能量效率降低，能够进行网 4 的清洗。即，根据该实施方式，能够不增加投入的能量而追加清洗功能，能够实现装置的高效率化。

[0064] 此外，由于在加压蒸煮中清洗网 4，所以每当网 4 通过清洗喷嘴 11 的下侧时，网 4 的网眼堵塞就被除去。因此，网 4 的网眼堵塞成为暂时的，能够防止网 4 的网眼堵塞发展。因而，网眼堵塞的原料的烤焦带来的异物混入、下层部的原料浸渍在积存于网 4 上的水分中、蒸煮不充分的原料被排出的问题被消除，结果蒸煮原料的品质也提高。

……

[0074] ［实施例 1］

[0075] 以下，一边说明实施例一边更具体地说明该发明。如图 4-13 所示，有关实施例 1 的加压蒸煮装置是与图 4-13 的加压蒸煮装置 1 同样的结构。在图 4-13 中，使原料 20 为作为酱油的原料的脱脂大豆，将其以 10 ton/Hr的能力蒸煮处理。脱脂大豆的蒸煮时间为 3 min，蒸煮压力为 0.20 MPa，此时的蒸煮温度为 133 ℃。

[0076] 在图 4-13 中，经由转子旋转的原料投入侧旋转阀 5 从原料

投入口 6 投入的脱脂大豆被供给到蒸煮罐 2 内。脱脂大豆堆积到网 4 上，在到被向原料排出口 8 移送为止的 3 min 期间中被蒸煮处理。蒸煮脱脂大豆的加压蒸汽量为 5500 kg/Hr。将其中的 5150 kg/Hr 从蒸煮用蒸汽管 3、将 350 kg/Hr 从清洗用蒸汽管 9 分别供给到蒸煮罐 2 内。从清洗用的清洗喷嘴 11 的喷射口 14 喷射的蒸汽的压力为比原料的蒸煮压力 0.20 MPa 高 0.10 MPa 的 0.30 MPa。

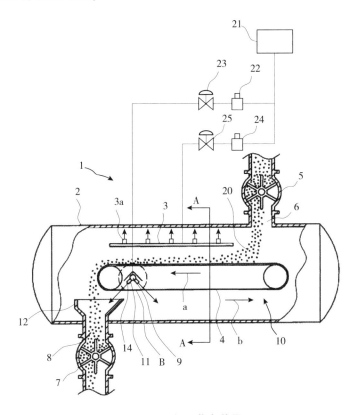

图 4-13　加压蒸煮装置

[0079] 如该实施例那样，在使加压蒸煮的原料为脱脂大豆的情况下，网 4 上的脱脂大豆的一部分在加压蒸煮中进入到网 4 的网眼中，使网 4 网眼堵塞。如果将网眼堵塞在网 4 中的脱脂大豆长时间放置，则脱脂大豆变性为凝胶状，使网 4 的网眼堵塞进一步恶化。

[0080] 该实施例由于在加压蒸煮中将网 4 清洗，所以网 4 的网眼堵塞在加压蒸煮中每当网 4 循环移动时被除去。在运转了该实施例之后，目

视检查网 4 的网眼堵塞，没有看到网 4 的网眼堵塞，可以确认网 4 的网眼堵塞在加压蒸煮中被除去。所述清洗部件如图 4–14 所示。

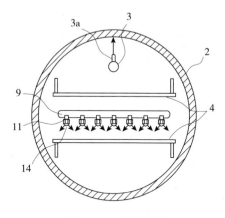

图 4–14　清洗部件

【焦点问题】

修改后的权利要求 1、5 新增的技术特征"将用于加压蒸煮的蒸汽和用于清洗的蒸汽同时喷射"是否会导致权利要求 1 的技术方案超范围？

【分析与思考】

该案的基本构思：基于现有技术存在问题：第一，目前的加压蒸煮装置的清洗通常在运转后喷射高压清洗水，需要劳力和时间；第二，当从网上侧喷射高压水清洗时，原料进入下侧网中不能除去到网外，残留在网上，由此造成在长期蒸煮后烤焦的原料成为异物在运转中混入蒸煮原料等。为了克服上述问题，该案提供了一种实现清洗的省力化、高效率化，还有品质提高的加压蒸煮装置及加压蒸煮装置的清洗方法。

其中，该案加压蒸煮装置是"将原料连续地加压蒸煮的加压蒸煮装置，其具备：网，一边输送原料一边在蒸煮罐内循环移动；清洗喷嘴，在原料的加压蒸煮中对网喷射蒸汽；上述清洗喷嘴设在对网从原料装载面的背面侧喷射蒸汽的位置上"。

该案加压蒸煮装置的清洗方法是"将原料连续地加压蒸煮的加压蒸煮装置的清洗方法，上述加压蒸煮装置具备一边输送原料一边在蒸煮罐内循环移动的网；在原料的加压蒸煮中，对网从原料装载面的背面侧喷射蒸汽,将网眼堵塞在网中的原料去除"。

同时,该案特别强调,"将用于加压蒸煮的蒸汽的一部分作为清洗用的蒸汽使用。经由清洗用蒸汽管9喷射的蒸汽被用于网4的清洗,并且也有助于加压蒸煮。因此,即使在加压蒸煮中清洗网4,也不会使加压蒸煮的能量效率降低,能够进行网4的清洗"。可知该申请原料加压蒸煮是一个连续过程,原料在连续蒸煮过程中要接收蒸汽的能量,接收的蒸汽一部分来自蒸煮用蒸汽管,一部分来自清洗用蒸汽管;在加压蒸煮装置运行中既完成了对原料的蒸煮又同时实现了对网的清洗,也就是说,喷射清洗蒸汽对网进行清洗与喷射蒸汽对原料蒸煮是在原料连续加压蒸煮过程中同步完成的。

更具体而言,在对网清洗时,该实施方式如图4-13、图4-14所示,与设在蒸煮用蒸汽管3上的蒸煮喷嘴3a另外地具备设在清洗用蒸汽管9上的清洗喷嘴11。并且,通过从清洗喷嘴11的喷射口14喷射的蒸汽,在原料20的加压蒸煮中将网4自动清洗,将堵塞在网4的网眼中的原料20除去。此外,由于在加压蒸煮中清洗网4,所以每当网4通过清洗喷嘴11的下侧时,网4的网眼堵塞就被除去。

首先,据该领域技术人员所知,在原料连续加压蒸煮过程中,通常需要保持压力的恒定,而压力大小与设备内的蒸汽量是直接相关的,由于原料不断进出加压蒸煮设备,会连续不断地吸收带走蒸汽,因此,需要在蒸煮过程中连续不断补充蒸汽以维持稳定的压力。就该案而言,要将原料蒸煮均匀,保证其品质,需要保持总蒸煮蒸汽流量稳定以维持稳定压力;也就是说,连续加压蒸煮过程中用于蒸煮蒸汽应该是连续不间断喷射的。如果间歇停开加压蒸煮蒸汽,必然引起设备内压力的较大波动,从而无法保证原料的蒸煮品质。

其次,根据专利说明书相关记载,"每当网4通过清洗喷嘴11的下侧时,网4的网眼堵塞就被除去"从而实现"网的自动清洗",由于传输网连续不断循环运行,蒸煮过程是连续进行的,因此清洗蒸汽在运行中必须保持连续不间断喷射才能保证"每当网4通过清洗喷嘴11的下侧时,网4的网眼堵塞就被除去"的效果,否则如果清洗蒸汽间断喷射的话,无法保证"有网眼堵塞"被及时除去,从而无法达到"每当网4通过清洗喷嘴11

的下侧时，网 4 的网眼堵塞就被除去"的技术效果。

此外，实施例 1 明确指出："蒸煮脱脂大豆的加压蒸汽量为 5500 kg/Hr，将其中的 5150 kg/Hr 从蒸煮用蒸汽管 3、将 350 kg/Hr 从清洗用蒸汽管 9 分别供给到蒸煮罐 2 内。从清洗用的清洗喷嘴 11 的喷射口 14 喷射的蒸汽的压力比原料的蒸煮压力 0.20 MPa 高 0.10 MPa 的 0.30 MPa。"也就是说，加压蒸汽量、蒸煮压力是恒定的，如果用于加压蒸煮的蒸汽和用于清洗的蒸汽间歇喷射或者两者的质量流速为变速的，那么其将无法保证加压蒸汽量、蒸煮压力在连续蒸煮的过程中始终保持恒定状态。显然，只有当蒸煮用蒸汽管和清洗用蒸汽管同时喷射运行的时候，二者相加为 5500 kg/Hr，从而满足蒸煮脱脂大豆的加压蒸汽量为 5500 kg/Hr，并且使得蒸煮压力保持在 0.20 MPa；进一步佐证了"蒸煮蒸汽和清洗蒸汽在整个原料连续加压过程中同时喷射"的结论。

综上，所述权利要求新增的技术特征"将用于加压蒸煮的蒸汽和用于清洗的蒸汽同时喷射"是本领域技术人员基于原始申请文件以及该领域的基本原理或技术上固有的内在联系，能够确定该技术特征是原始申请文件中客观存在的，也就是本领域技术人员根据原申请文件能够直接地、毫无疑义确定的内容。

4. 基于必要技术特征的删除

如果删除技术方案中的必要技术特征，则修改后的技术方案将不能解决其技术问题，该方案超出了原说明书和权利要求书记载的范围，是不允许的。

案例 117

【案情介绍】

某案修改后的专利权利要求节选如下。

权利要求 1：一种采矿机用可伸缩装运机构，包括铲板部、切割部机架、升降油缸、切割部、刮板输送机、主机轨道、支撑轮，其特征在于铲板部与切割部通过销轴和升降油缸铰接，铲板部与刮板输送机通过销轴连接，刮板输送机的支撑轮与采矿机主机轨道连接。

原始相关权利要求节选如下。

权利要求1：一种采矿机用可伸缩装运机构，包括铲板部、切割部机架、升降油缸、切割部、刮板输送机、主机轨道、支撑轮，其特征在于：铲板部与切割部通过销轴和升降油缸铰接，铲板部与切割部机架通过销轴与滑道滑动连接，铲板部与刮板输送机通过销轴连接，刮板输送机的支撑轮与采矿机主机轨道连接。

该案专利说明书相关内容节选如下。

该发明的目的在于提供一种采矿机用可伸缩装运机构，解决了装运机构与切割部可以同步进行伸缩运动，保证铲板部与切割断面之间距离不变，能及时清运切割断面附近的物料，提高整机的工作效率。

该发明的目的是这样实现的：一种采矿机用可伸缩装运机构，包括铲板部、切割部机架、升降油缸、切割部、刮板输送机、主机轨道、支撑轮，铲板部与切割部通过销轴和升降油缸铰接，铲板部与切割部机架通过销轴与滑道滑动连接，铲板部与刮板输送机通过销轴连接，刮板输送机的支撑轮与采矿机主机轨道连接；所述装置的工作原理是，装运机构升降运动是由升降油缸提供动力，铲板沿着切割部机架上下滑动，刮板输送机随着铲板部的升降进行以支撑轮为轴心的小角度转动，装运机构的伸缩运动是由切割部机架提供铲板向前和向后的力，从而带动整个装运机构进行伸缩运动，刮板输送机的支撑轮在主机轨道上前后运动。

该发明的要点在于它的结构及工作原理。其工作原理是，装运机构升降运动是由升降油缸提供动力，铲板沿着切割部机架上下滑动，刮板输送机随着铲板部的升降进行以支撑轮为轴心的小角度转动，装运机构的伸缩运动是由切割部机架提供铲板向前和向后的力，从而带动整个装运机构进行伸缩运动，刮板输送机的支撑轮在主机轨道上前后运动。

如图4-15所示，一种采矿机用可伸缩装运机构，包括铲板部1、切割部机架2、升降油缸3、切割部4、刮板输送机5、主机轨道6、支撑轮7，铲板部1与切割部4通过销轴和升降油缸3铰接，铲板部1与切割部机架2通过销轴与滑道滑动连接，铲板部1与刮板输送机5通过销轴连接，刮板输送机5的支撑轮7与采矿机主机轨道6连接。所述装置的工作原理是，装运机构升降运动是由升降油缸3提供动力，铲板沿着切割部机架2

上下滑动，刮板输送机5随着铲板部1的升降进行以支撑轮7为轴心的小角度转动，装运机构的伸缩运动是由切割部机架2提供铲板向前和向后的力，从而带动整个装运机构进行伸缩运动，刮板输送机5的支撑轮7在主机轨道6上前后运动。

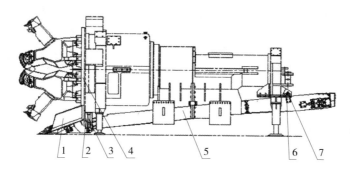

图4-15　采矿机用可伸缩装运机构

【焦点问题】

修改后的权利要求1删除了技术特征"铲板部与切割部机架通过销轴与滑道滑动连接"，是否会导致其超出原始申请文件记载的范围？

【分析与思考】

对于修改后的权利要求1将技术特征"铲板部与切割部机架通过销轴与滑道滑动连接"删除后，即该修改后的权利要求1对铲板部与切割部机架之间连接关系未作具体限定，也就是说两者的连接关系可以是任意方式。然而，根据该案原专利说明书、权利要求书的记载，该案所要解决的技术问题为"装运机构与切割部可以同步进行伸缩运动，保证铲板部与切割断面之间距离不变"，所采取的技术手段主要包括"铲板部与切割部机架通过销轴与滑道滑动连接"，装运机构的伸缩运动原理为"装运机构的伸缩运动是由切割部机架提供铲板向前和向后的力，从而带动整个装运机构进行伸缩运动"。由此可见，该案装运机构与切割部的同步可伸缩运动是在采取铲板部与切割部机架间通过销轴与滑道滑动连接技术手段的基础上实现的，由于二者间滑动连接限制了铲板部其他方向的运动自由度，而只能沿滑道上下运动，保证了装运机构与切割部伸缩运动的同步。也就是说，该技术特征"铲板部与切割部机架通过销轴与滑道滑动连接"是解决该案所要解决的技术问题的必要技术特征，该领域技术人员依据原申请文件记载的信息并不能直接地、毫无疑义地确定包含铲板部与切割部机架任意连接方式的技术方案。

5. 基于引证文件的修改

当原始申请文件中引证了申请日前公开的专利文件，且对所引证的文件及引用部分给出了明确指引时，应当认为本申请说明书中记载了所述引证文件引用部分的内容，该内容可以作为修改的依据，否则不能作为修改的依据。

案例 118

【案情介绍】

某案修改后的专利权利要求如下。

权利要求1：一种热固树脂砂型砂芯制备工艺，其特征在于，包括以下步骤。

步骤1：混砂。在宝珠砂中依序加入固化剂、树脂，其中树脂加入量为砂量的0.8%～1.8%，固化剂加入量为树脂量的15%～50%。

步骤2：填砂。用射砂机将上述混合均匀的型砂或者芯砂射入型盒或者芯盒；采用的工艺参数为射砂压力0.4～0.75 Mpa，射砂时间1～8 s。

步骤3：砂型或者砂芯固化、脱模。将所述步骤（2）砂型或者砂芯加热至110～160 ℃，并在该温度下保温2～28 min，脱模；其中，所述步骤1中的树脂为按照专利文献A实施例1得到的热固性环保酚醛树脂，即首先按成分及重量百分比称取原材料，其中含腰果酚70%、氢氧化钾10%、乙醇20%；腰果酚经检测水分和灰分合格后，放入反应釜，加热升温至40～60 ℃时，加入氢氧化钾，加热升温至100～120 ℃后保温0.5～1.5 h，继续升温至280～350 ℃，保温1.5～3.5 h，腰果酚在碱性条件下高温自聚到8万～10万 MPa·s，然后温度降至40～60 ℃，加入乙醇调pH至6～8，然后调试黏度。

原始相关权利要求如下。

权利要求1：一种热固树脂砂型砂芯制备工艺，包括以下步骤。

步骤1：混砂。在宝珠砂中依序加入固化剂、树脂，其中树脂加入量为砂量的 0.8% ~ 1.8%，固化剂加入量为树脂量的 15% ~ 50%。

步骤2：填砂。用射砂机将上述混合均匀的型砂或者芯砂射入型盒或者芯盒；采用的工艺参数为射砂压力 0.4 ~ 0.75 Mpa，射砂时间 1 ~ 8 s；

步骤3：砂型（芯）固化、脱模。将所述步骤（2）的砂型（芯）加热至 110 ~ 160 ℃，并在该温度下保温 2 ~ 28 min，脱模，其中，所述步骤（1）中的树脂为专利文献 A 中的热固性环保酚醛树脂。

该案专利说明书相关内容概括如下。

背景技术：现有砂型制作工艺都需要 200 ~ 300 ℃ 高温加热，需要耗费的能源较多。

解决的技术问题为：提供一种节约能耗、铸件质量好且对环境友好的热固树脂砂型砂芯制备工艺。

【焦点问题】

修改后的权利要求1明确引证专利文献 A 中的实施例1，并具体加入专利文献 A 的实施例1的制备方法，该修改方式是否超出原申请文件记载的范围？

【分析与思考】

在确认该申请已经对相关文件做出明确唯一引证的前提下，被引证文件的内容被视为专利申请原始公开的一部分。在此基础上，对申请人做出的任何可能的修改，审查员应当判断修改是否未超出原始说明书和权利要求书记载的范围，符合《专利法》第 33 条的规定。就该案而言，如果申请人将被引证文件记载的有关的制备方法补入该申请权利要求和/或说明书的相应部分，只要修改后的技术方案根据原始公开的内容可以直接地、毫无疑义地确定，这种修改并不超出原始说明书和权利要求书记载的范围即可。

对于该案涉及引证文件的后续修改，因为该申请的引证文件是引证的整个专利授权文本，并没有明确指引引证具体哪一技术方案，因此将引证文件实施例1的内容补入权利要求的做法有失妥当，只有权利要求1是对所有技术方案的总体概括。

关于修改是否超出原申请文件记载的范围的判断，其关键在于站在该领域技术人员角度，结合原申请文件记载的信息，确定其原始记载的范围，尤其是关于"根据原说明书和权利要求书文字记载的内容以及说明书附图能直接地、毫无疑义地确定的内容"的判断。

权利要求专利申请文件的修改限制与专利保护范围之间既存在一定的联系，又具有明显差异。发明专利申请人在提出实质审查请求时以及在收到国务院专利行政部门发出的发明专利申请进入实质审查阶段通知书之日起3个月内进行主动修改时，只要不超出原说明书和权利要求书记载的范围，在修改原权利要求书时既可以扩大也可以缩小其请求保护的范围。在无效宣告请求的审查过程中，发明或者实用新型专利的专利权人修改其权利要求书时要受原专利的保护范围的限制，不得扩大原专利的保护范围。

九、必要技术特征

根据《专利法实施细则》第20条第2款的规定，独立权利要求应当从整体上反映发明或者实用新型的技术方案，记载解决技术问题的必要技术特征。

（一）法条释义

独立权利要求应当从整体上反映发明或者实用新型的技术方案，记载解决技术问题的必要技术特征。必要技术特征是指，发明或者实用新型为解决其技术问题所不可缺少的技术特征，其总和足以构成发明或者实用新型的技术方案，使之区别于背景技术中所述的其他技术方案。判断某一技术特征是否为必要技术特征，应当从所要解决的技术问题出发并考虑说明书描述的整体内容。

1. 要解决的技术问题

这里的"技术问题"应当是指说明书中描述的发明所要解决的技术问题。该技术问题可以是：说明书中明确记载的技术问题；通过阅读说明书能够直接确定的技术问题，例如，虽然说明书中没有写明"本发明要解决的技术问题是……"，但是，从申请人在背景技术部分提到的现有技术存在的缺陷，可以判断出发明所要解决的技术问题是克服该现有技术存在的缺陷；根据说明书记载的技术效果或技术方案能够确定的技术问题。需要注意的是，不应当用技术方案中的孤立技术特征推导整个技术方案所要解决的技术问题。

有些情况下，一件专利申请说明书中描述的所要解决的技术问题有多个，其说明书所描述的实施例可能记载了能够解决所有技术问题的技术特征。这种情况下，在判断必要技术特征时，应当判断其独立权利要求所限定的技术方案就某一个技术问题的解决来说是否完整。

2. 完整的技术方案

《专利法实施细则》第 20 条第 2 款要求独立权利要求从整体上反映发明或者实用新型的技术方案，确保独立权利要求技术方案在解决技术问题意义上的完整性。因此，包括所有的必要技术特征，形成完整的技术方案是独立权利要求应当满足的最低条件，即独立权利要求中不能缺少解决其技术问题所必不可少的技术特征，但也没有必要加入那些可有可无或能使技术效果更佳或获得附加技术效果的技术特征。

（二）法条审查

在审查实践中，判断某一技术特征是否为必要技术特征，最主要的争议点通常集中在以哪一技术问题为基础作出判断。在此基础上，进一步判断该技术特征与该技术问题之间的对应关系，一般来说，与所述技术问题无直接对应关系的技术特征通常不属于解决该技术问题的必要技术特征。

案例 119

【案情介绍】

某案专利权利要求 1：一种在多读写器环境下读取电子标签数据的方法，其特征在于，包括如下步骤。

步骤 1：对电子标签被激活后发送回波信号的信号通道进行信号强度检测，依据得到的信号强度值，判断在该信号通道上是否存在干扰或碰撞，如是，执行下一步骤；否则，执行步骤 5。

步骤2：依据所述信号强度值，确定当前阈值，并取得与所述当前阈值对应的延迟时间值。

步骤3：使所述读写器进入等待状态，并开始延迟计时。

步骤4：判断计时是否达到所述延迟时间值，如是，执行下一步骤；否则，重复本步骤。

步骤5：使所述读写器在设定的读写时间内开始发送激励信号，并取得电子标签数据。

该案说明书节选如下。

实施该发明的适用于多读写器环境下单读写器读取电子标签数据的方法及装置，具有以下有益效果：由于在开机时，使该读写器延迟随机时间才发出激活信号并与其作用范围内的标签进行通信，在检测到电子标签的回波通道不存在干扰或碰撞时，直接发出激活信并与其作用范围内的标签进行通信，在检测到电子标签的回波信号通道存在干扰或碰撞（别的读写器发出的信号或标签回波信号）时，将使得该读写器延迟一定时间才发出激活信号并与其作用范围内的标签进行通信，使得该读写器的读取电子标签数据的时间与其他读写器读取时间或电子标签发送回波的时间避开，从而解决了一定空间内读写器之间相互干扰或碰撞的问题；同时，使得当多台使用该方法及装置的读写器同时工作时，不需使用任何同步装置及主控制器就可以达到多读写器环境下更有效率的读取电子标签，避免了现有技术中需要对多台读写器同时控制的情况。所以其实现较为简单、成本较低。

【焦点问题】

该案中关于如何确定信号强度值及判断信号通道存在干扰和碰撞是否属于权利要求1的必要技术特征？

【分析与思考】

该案涉及的现有技术中，解决多读写器干扰或碰撞的方法需要同步控制多个读写器在不同时间工作，这虽然可以提高信道利用率，但其实现较复杂，同时需要硬件及软件的配合。本申请所要解决的技术问题是：在多读写器环境下如何更有效率地读取电子标签数据。为解决上述技术问题，该申请提出在检测到电子标签的回波信号通道存在干扰或碰撞（别的读写器发出的信号或标签回波信号）时，将使得该读写器延迟一定时间才发出激活信号并与其作用范围内的标签进行通信。

那么，如何确定信号强度值及判断信号通道存在干扰和碰撞是否属于该发明解决其技术问题必不可少的技术特征，也就是说，权利要求1是否缺少解决技术问题的必要技术特征"在设定时间内对电子标签的回波信号通道的信号进行采样，并计算采样得到的信号的峰值平均，得到其信号强度值；然后，判断得到的信号强度值是否小于设定的最小阈值，如是，判断回波信号通道不存在干扰或碰撞；否则，判断回波信号通道存在干扰或碰撞"。

实际上，权利要求1中已经记载了"步骤1：对……信号通道进行信号强度检测，依据得到的信号强度值，判断在该信号通道上是否存在干扰或碰撞"，即，权利要求1已经明确了在读取电子标签数据之前要检测信号强度值和判断是否存在干扰或碰撞，当存在干扰时，执行延迟一定时间、更有效率的读取电子标签数据的步骤；至于有关如何检测信号强度和如何判断是否存在干扰和碰撞的技术特征，其本身是该领域的常用技术手段，其实际解决的技术问题是如何检测信号强度和如何判断是否存在干扰，并不是该申请所要解决的技术问题——如何更有效率的读取电子标签数据，因此有关如何检测信号强度和如何判断是否存在干扰和碰撞的技术特征并非权利要求1中的必要技术特征。

如果说明书声称发明创造解决多个彼此相互独立的技术问题，即使独立权利要求的技术方案仅能解决部分技术问题，通常情况下，并不认为所述独立权利要求必然缺少必要技术特征。

案例120

【案情介绍】

某案专利权利要求节选如下。

权利要求1：一种离心铸型复合式端盖，包括铸型端盖（1），所述铸型端盖（1）通过销钉（2）紧固在金属铸型（3）的两端，其特征在于：还包括附加端盖（4），所述附加端盖（4）置于所述铸型端盖（1）的上方，两者之间设有旋转卡扣装置，使所述附加端盖（4）与所述铸型端盖（1）活动连接。

权利要求3：根据权利要求1所述的一种离心铸型复合式端盖，其特征在于：所述附加端盖（4）的直径小于所述铸型端盖（1）的直径，所述附加端盖（4）中央设有通孔A（8），所述铸型端盖（1）中央设有通孔B（9），所述通孔A（8）与所述通孔B（9）相连通，且所述通孔A（8）的直径小于所述通孔B（9）的直径。

该案说明书相关内容节选如下。

背景技术：离心铸造可使铸件在离心力的作用下凝固成型，广泛应用于多种铸件的生产，尤其应用于复合轧辊的生产。普通复合轧辊是指由轧辊工作层和芯部（包括辊颈部分）构成的轧辊，部分复合轧辊还包括位于工作层和芯部之间的过渡层。复合轧辊既能满足轧机对轧辊工作层耐磨性、抗热疲劳性等性能的要求，同时又保证了芯部和辊颈的强韧性。复合轧辊在轧钢过程中作为主要消耗工艺件，其消耗的主要是辊身的工作层。正常情况下复合轧辊使用到报废极限时（即工作层消耗完）或者出现较大的缺陷时，轧辊就整体报废，辊芯部分按照废钢处理，对轧制成本影响很大。

目前在复合轧辊离心铸造工艺中，离心铸型两端安装普通铸型端盖，仅具有封堵作用，可防止液态金属飞溅，功能单一。使用现有的普通铸型端盖进行复合轧辊离心铸造的方法，生产出的复合轧辊工作层通常比较薄，不能满足需要轧辊工作层的轧钢生产的需求，轧辊消耗加快，报废率增加，提高了轧制成本；同时上述铸造方法为增加复合轧辊工作层的高温耐磨性，在工作层浇注材料中添加高硬度碳化物元素及加入提高基体抗回火稳定性元素，增加了生产成本。

有益效果：与现有技术相比，该发明的优点是：第一，附加端盖与铸型端盖连接成为离心铸型复合式端盖，通过朝不同方向整体旋转附加端盖，使附加端盖两端的凸出卡口与铸型端盖上的螺栓卡合紧固或松脱分离，即可完成附加端盖的安装或拆除，操作简单方便；第二，附加端盖与铸型端盖连接成的复合式端盖，增加了工作层液态金属在金属铸型内的充填面积，用离心铸型复合式端盖进行复合轧辊离心铸造的方法，在离心铸造时形成加厚的轧辊工作层，满足轧钢生产等需求，延长轧辊的使用寿命，降低报废率和轧制成本，增加了产品的市场竞争力；第三，工作层凝固后，停止金属铸型的运转，拆除附加端盖，保留铸型端盖，再合箱静态浇注轧辊芯部和辊颈，在形成加厚工作层的同时不会影响轧辊芯部和辊颈的铸造和加工尺寸。

【焦点问题】

技术特征"所述附加端盖（4）的直径小于所述铸型端盖（1）的直径，所述附加端盖（4）中央设有通孔A（8），所述铸型端盖（1）中央设有通孔B（9），所述通孔A（8）与所述通孔B（9）相连通，且所述通孔A（8）的直径小于所述通孔B（9）的直径"是否构成权利要求1解决本申请所要解决的技术问题的必要技术特征？

【分析与思考】

根据该申请说明书记载可知，该发明所要解决的技术问题为"现有离心铸型端盖功能单一，并且使用该端盖制造的轧辊工作层薄、制作成本高"。而权利要求1中所记载的技术方案同背景技术中的技术方案相比，增加了端盖可以拆装组合的功能，所以，权利要求1解决了"现有离心铸型端盖功能单一"的技术问题。因此，权利要求1所涉及的技术方案能够解决该发明所要解决的技术问题之一。

判断某一技术特征是否为必要技术特征，应当从所要解决的技术问题出发并考虑说明书描述的整体内容，不应简单地将实施例的技术特征直接认定为必要技术特征。

案例121

【案情介绍】

某案专利权利要求1：一种铁矿烧结烟气中二氧化碳的富集回收方法，其特征在于：将烧结机中的烧结烟气沿烧结机长度方向依次分为头部烟气、中部烟气和尾部烟气，头部烟气占烟气总体积的50%～55%，中部烟气占烟气总体积的20%～30%，尾部烟气占烟气总体积的20%～25%；将烧结机中的头部烟气经脱水预处理后与尾部烟气混合作为循环烟气、并向循环烟气中加入一定量的 O_2，调节含氧量至满足烧结要求后送至烧结机的烟罩中进行铁矿烧结，将烧结机中的中部烟气导出，进行 CO_2 的分离和回收处理。

该案说明书公开的内容节选如下。

[0002] 烧结为高炉炼铁提供 75% 以上的含铁炉料，是钢铁企业的重要原料加工工序，也是典型的高能耗、高污染环节，其工序能耗为钢铁企业总能耗的 9%~12%，仅次于炼铁工序而居第二位。煤基固体燃耗占烧结总能耗的 80%，化石燃料燃烧是 CO_x、SO_x、NO_x 等多种污染物产生的主要来源，是引起温室效应、酸雨和臭氧层破坏三大环境问题的主要原因。当前，烧结烟气污染物 SO_x 治理技术已经商业化，NO_x 治理处于示范或试运行阶段，但 CO_x 的治理技术尚处于开发的起步阶段。因此，开发 CO_x 的高效控制技术，是烧结清洁生产的重点课题。

[0003] 当前烧结烟气 CO_2 减排主要是通过提高能量利用效率以降低化石燃料消耗，从而减少烧结过程中 CO_2 的产生。但固体燃耗的降低是有限度的，要从根本上控制 CO_2 的排放量，就必须对烧结烟气中的 CO_2 进行回收和利用。目前回收 CO_2 主要是通过分离、捕集的方法，分为吸收吸附法、膜分离法和低温分离技术等，但由于烧结烟气中 CO_2 浓度低（一般仅 6%~10%）且烟气量大，使得回收难度大、工艺流程复杂、处理成本高、能耗大。因此，控制烧结烟气 CO_2 排放的关键是对其进行富集使得易于回收。

[0004] 对于低浓度烟气的 CO_2 富集技术，其研究主要集中在煤燃烧领域，主要方法有燃烧前捕集和化学链燃烧技术等。由于铁矿烧结的固体燃料分布在烧结料层中，燃烧前捕集和化学链燃烧由于化学能转换难以在烧结料层中实现，这两种富集 CO_2 的技术都不能直接应用。在烧结领域，没有专门针对富集烟气中 CO_2 的研究报道，只有烟气循环烧结技术附带有富集 CO_2 的作用。但由于烟气循环的比例大多在 35% 左右，使得 CO_2 富集程度有限，浓度一般只能从 6%~10% 提高到 10%~20%，达不到 CO_2 高效分离、捕集的浓度要求。

[0005] 该发明要解决的技术问题是克服现有技术存在的不足，提供一种分离效率高、成本较低、能基本实现烧结烟气零排放，并且不

会影响烧结矿的产量和质量指标的铁矿烧结烟气中二氧化碳的富集回收方法。

[0006] 为解决上述技术问题,该发明采用以下技术方案。

一种铁矿烧结烟气中二氧化碳的富集回收方法,将烧结机中的烧结烟气沿烧结机长度方向依次分为头部烟气、中部烟气和尾部烟气,头部烟气占烟气总体积的50%~55%,中部烟气占烟气总体积的20%~30%,尾部烟气占烟气总体积的20%~25%;将烧结机中的头部烟气经脱水预处理后与尾部烟气混合作为循环烟气、并向循环烟气中加入一定量的O_2,调节含氧量至满足烧结要求后,送至烧结机的烟罩中进行铁矿烧结,将烧结机中的中部烟气导出进行CO_2的分离和回收处理。

[0007] 控制所述循环烟气的温度为110~130 ℃、水蒸气的体积浓度为4%~8%,所述O_2的加入量就是要控制循环烟气中O_2的体积浓度为24%~30%。

[0008] 所述头部烟气采用冷凝方式进行脱水预处理,所述循环烟气的温度通过调节头部烟气冷凝后的温度进行控制,所述循环烟气中水蒸气的体积浓度通过调节头部烟气冷凝后水蒸气的体积浓度进行控制。

[0009] 所述中部烟气进行CO_2的分离和回收处理是指先将中部烟气进行除尘、脱硫,然后冷凝脱水至CO_2的体积浓度达到85%~90%,再通过压缩液化获得质量百分数大于97%的液态CO_2。

[0010] 所述中部烟气是通过烧结机中部风箱下的中部循环烟道导出,再依次经除尘器、抽风机、脱硫系统、冷凝装置和压缩液化装置完成CO_2的分离和回收处理。

……

[0015] 上述烧结机中烧结烟气的划分原则为:头部烟气为从点火段到废气温度开始上升的风箱,占烧结机长度的50%~55%;中部烟气为废气温度上升后高SO_2、高粉尘的风箱,占烧结机长度的20%~30%;尾部烟气为O_2含量开始上升到烧结结束的风箱,占烟气总体积20%~25%。

[0016] 与现有技术相比,该发明的优点在于:该发明利用烧结烟气的特点,将烧结机中的烧结烟气分为头部烟气、中部烟气和尾部烟气,通

过将占烟气总量70%~80%的头部烟气和尾部烟气进行循环，使未循环的中部烟气中CO_2浓度大幅提高，中部烟气经脱水后CO_2浓度达到85%~90%，中部烟气可直接压缩液化分离得到高纯度具有经济价值的液态CO_2，解决了烧结烟气CO_2浓度低、难以回收的问题，具有分离效率高、成本相对较低的特点；通过对头部烟气进行脱水预处理，使得循环烟气中水蒸气的含量满足烧结的要求，同时通过兑入氧气使得循环烟气达到一定程度的富氧，能够满足烧结过程燃料燃烧对O_2含量的要求，并保证了整个烧结过程采用无N_2烧结，最终保障烧结矿的产量和质量指标不受影响。该发明还可进一步将CO_2回收时残余的少量以O_2为主的气体汇合至循环烟气中，不仅可补充循环烟气的氧含量，并且基本实现了烧结烟气的零排放。

【焦点问题】

该案中涉及的"如何进行CO_2的分离和回收处理"是否构成权利要求1解决其技术问题的必要技术特征？

【分析与思考】

该案背景技术指出："目前回收CO_2主要是通过分离、捕集的方法，分为吸收吸附法、膜分离法和低温分离技术等，但由于烧结烟气中CO_2浓度低（一般仅6%~10%）且烟气量大，使得回收难度大、工艺流程复杂、处理成本高、能耗大。因此，控制烧结烟气CO_2排放的关键是对其进行富集使得易于回收。"

"对于低浓度烟气的CO_2富集技术，其研究主要集中在煤燃烧领域，主要方法有燃烧前捕集和化学链燃烧技术等。由于铁矿烧结的固体燃料分布在烧结料层中，燃烧前捕集和化学链燃烧由于化学能转换难以在烧结料层中实现，这两种富集CO_2的技术都不能直接应用。"

"在烧结领域，没有专门针对富集烟气中CO_2的研究报道，只有烟气循环烧结技术附带有富集CO_2的作用。但由于烟气循环的比例大多在35%左右，使得CO_2富集程度有限，浓度一般只能从6%~10%提高到10%~20%，达不到CO_2高效分离、捕集的浓度要求。"

可见，由于烧结烟气中CO_2浓度低，不适于采用常规的分离捕集方法，如吸收吸附法、膜分离法、低温分离技术等来回收CO_2，因而需要将烧结

烟气中的 CO_2 进行富集，提高浓度后再通过常规分离捕集方法回收 CO_2。而现有的富集低浓度烟气的 CO_2 富集技术如燃烧前捕集和化学链燃烧不能直接用于铁矿烧结烟气的 CO_2 富集。

因此，该案解决的技术问题是：如何富集提高烧结烟气中 CO_2 浓度，使得烧结中烟气 CO_2 浓度达到常规 CO_2 分离捕集的浓度要求。

该案为解决该技术问题所采用的技术手段是："将烧结机中的烧结烟气分为头部烟气、中部烟气和尾部烟气，通过将占烟气总量 70%～80% 的头部烟气和尾部烟气进行循环，使未循环的中部烟气中 CO_2 浓度大幅提高。"即通过将头尾部烟气循环，令循环烟气量达到 70%～80%，而中部烟气未被循环，使得中部烟气的 CO_2 得到富集，其浓度大幅提高，达到了 CO_2 常规分离回收的浓度要求。因此，该案技术方案的关键在于如何富集烧结烟气的 CO_2，提高其浓度以便后续的分离捕集，并不在于如何对已经富集了的烧结烟气的 CO_2 进行分离回收。对于达到所需 CO_2 浓度的烧结烟气，常规的分离回收方法都能实现 CO_2 分离回收。

该案原权利要求 1 中明确记载了"一种铁矿烧结烟气中二氧化碳的富集回收方法，其特征在于：将烧结机中的烧结烟气沿烧结机长度方向依次分为头部烟气、中部烟气和尾部烟气，头部烟气占烟气总体积的 50%～55%，中部烟气占烟气总体积的 20%～30%，尾部烟气占烟气总体积的 20%～25%；将烧结机中的头部烟气经脱水预处理后与尾部烟气混合作为循环烟气、并向循环烟气中加入一定量的 O_2 调节含氧量至满足烧结要求后送至烧结机的烟罩中进行铁矿烧结，将烧结机中的中部烟气导出进行 CO_2 的分离和回收处理"，即通过将烧结烟气分为三个部分，其中头部和尾部烟气循环，循环量占了总烟气的 70%～80%，循环比例大幅提高，而占烟气总体积 20%～30% 的中部烟气不循环，使得中部的烟气 CO_2 得到富集，达到了 CO_2 高效分离、捕集的浓度要求，进一步的，将中部烟气导出进行 CO_2 的分离和回收。因此，权利要求 1 的技术方法已经实现了富集烧结烟气中 CO_2，提高烧结烟气中 CO_2 浓度，并对烧结烟气中 CO_2 进行了分离回收，因而权利要求 1 的技术方案已经完整，能够解决本申请要解决的技术问题。至于如何分离回收已经富集提高了 CO_2 浓度的烧结烟气中的 CO_2，该领域技术人员可知采用本领域常规的 CO_2 分离回收技术即可。

　　因此，该案原专利权利要求 1 从整体上反映了发明的技术方案，记载了解决技术问题的必要技术特征，能够解决本申请要解决的技术问题。

　　在是否缺乏必要技术特征的判断中，首先需要准确确定该申请所要解决的全部技术问题，然后进一步分析各技术特征与所述技术问题之间的对应关系，最后判断该技术特征是否属于解决技术问题的必要技术特征。

第五章

专利复审程序

第一节　概　述

国务院专利行政部门设立专利复审与无效审理部（原名为专利复审委员会）。根据《专利法》第41条的规定，专利申请人对国务院专利行政部门驳回申请的决定不服的，可以自收到通知之日起三个月内，向国务院专利行政部门请求复审。国务院专利行政部门复审后，作出决定，并通知专利申请人。专利申请人对专利复审与无效审理部的复审决定不服的，可以自收到通知之日起三个月内向人民法院起诉。

复审程序，是指专利申请人对国务院专利行政部门驳回其专利申请不服时，请求专利复审与无效审理部对其专利申请进行再次审查的程序。专利复审与无效审理部的专职人员由国务院专利行政部门指定的技术专家和法律专家组成。复审程序是专利申请人对国务院专利行政部门对其专利申请作出驳回决定不服而启动的救济程序，同时也是专利审批程序的延续。在复审过程中，专利复审与无效审理部一般仅针对驳回决定所依据的理由和证据进行审查，不承担对专利申请全面审查的义务；同时，为了提高专利授权的质量，避免不合理地延长审批程序，专利复审与无效审理部也可以依职权对驳回决定未提及的明显实质性缺陷进行审查。

目前，我国的专利审查采用独任审查方式，专利初步审查与实质审查环节一般由一名审查员完成。由于专利审查涉及前沿技术和法律适用相结合的复杂问题，因而难以确保审查员作出的审查决定都是准确无误的，设立合议制的复审程序可以更好地确保审查的合法性和准确性。其中，复审程序中涉及的前置程序为申请人提供了可以通过修改文件和/或陈述理由，以期可能获得实质审查的审查员撤销驳回决定的快捷补救途径。可见，通过复审程序，申请人可以通过诸如修改专利申请文件和/或陈述理由等方式克服专利申请存在的形式或实质性缺陷，以获得专利授权。另外，我国专利审查制度中设置复审程序也有利于减少后续法院诉讼的司法负担。

第二节 专利复审请求的条件

专利复审请求的条件主要包括请求针对的对象（专利申请被驳回）、提出请求的期限、请求的文件要求以及相关费用等。

一、请求客体与请求人资格

对国务院专利行政部门作出的驳回决定不服的，其中驳回决定包括初步审查与实质审查阶段作出的驳回决定，专利申请人可以向专利复审与无效审理部提出复审请求。如果是对国务院专利行政部门作出的其他决定或者其他通知不服而提出的复审请求，则不予受理。

复审请求人必须为驳回决定所针对的专利申请的申请人，如复审请求人不是被驳回的专利申请的申请人的，其复审请求不予受理。被驳回的专利申请属于共同申请的，则复审请求人必须为全部申请人，如果复审请求人仅为部分申请人的，则专利复审与无效审理部应当通知复审请求人在指定期限内补正；期满未补正的，其复审请求视为未提出。

二、请求期限

提出复审请求的期限为自收到专利行政部门作出的驳回决定之日起三个月内。提出复审请求的期限不符合上述规定的，复审请求不予受理。但在专利复审与无效审理部作出不予受理的决定之后，复审请求人提出恢复权利请求的，如果符合《专利法实施细则》第6条和第99条第1款有关恢复权利的规定，则允许恢复，复审请求予以受理；不符合规定的，不予恢复。

提出复审请求的期限届满但在专利复审与无效审理部作出不予受理

的决定之前，复审请求人提出恢复请求的，可对所述两请求合并处理；该恢复请求符合《专利法实施细则》第6条和第99条第1款有关恢复权利的规定的，复审请求应当予以受理；不符合该有关规定的，不予以受理。

三、请求文件要求

复审请求人应当提交复审请求书，说明理由，必要时还应当附具有关证据。复审请求书应当使用专利行政部门规定的标准格式，如果格式不符合要求的，专利复审与无效审理部会通知复审请求人在指定的期限内补正，期满未补正或在指定期限内补正但经两次补正后仍存在同样缺陷的，该复审请求视为未提出。

四、请求费用

提出复审请求的，请求人应在收到驳回决定之日起三个月内缴纳复审请求费，否则该复审请求视为未提出。

复审请求人在规定期限内未缴费或未缴足费用的，该复审请求视为未提出，但可以根据《专利法实施细则》第6条和第99条第1款有关恢复权利的规定，请求恢复权利。在收到驳回决定之日起3个月后才缴足复审费，并且在作出视为未提出决定前提出恢复权利请求的，可对上述两请求合并处理；该恢复权利请求符合《专利法实施细则》第6条和第99条第1款有关恢复权利的规定，该复审请求应当予以受理；不符合上述规定，则该复审请求视为未提出。

目前复审请求费用如下：发明案件复审请求费为1000元/件，实用新型和外观设计案件复审请求费为300元/件。

第三节　专利复审的基本流程和内容

一、形式审查

专利复审与无效审理部在收到复审请求后，首先进行形式审查，以决定是否予以受理。形式审查的内容包括请求针对的对象、提出请求的期限、请求的文件要求、相关费用以及委托手续等。根据审查结果的不同，分别做出"补正通知书""复审请求视为未提出通知书""复审请求不予受理通知书""复审请求受理通知书"并发给当事人。

其中，经形式审查不符合《专利法》及其实施细则和《专利审查指南》有关规定需要补正的，专利复审与无效审理部应当发出补正通知书，要求复审请求人在收到通知书之日起十五日内进行补正。

复审请求视为未提出的或者不予受理的，专利复审与无效审理部应当发出复审请求视为未提出通知书或者复审请求不予受理通知书，通知当事人。

经形式审查符合《专利法》及其实施细则和《专利审查指南》有关规定的，专利复审与无效审理部应当发出复审请求受理通知书，通知当事人。

二、前置审查

专利复审与无效审理部将经过形式审查合格的复审请求书，包括请求人可能提供的证明文件和修改后的申请文件，连同原申请案卷全部转交给作出驳回决定的专利行政部门原审查部门进行审查，该程序称为"前置审查"。除特殊情况外，原审查部门应当在收到案卷后一个月内完成，并作出前置审查意见书，其中前置审查意见分为下列三种类型。

（1）复审请求成立，同意撤销驳回决定。

（2）复审请求人提交的申请文件修改文本克服了申请中存在的缺陷，

同意在修改文本的基础上撤销驳回决定。

（3）复审请求人陈述的意见和提交的申请文件修改文本不足以使驳回决定被撤销，因而坚持驳回决定。

复审请求人提交修改文本的，原审查部门应当按照《专利法》第33条和《专利法实施细则》第61条第1款的规定进行审查。经审查，原审查部门认为修改不符合上述规定的，应当以修改文本为基础进行前置审查。原审查部门认为修改不符合上述规定的，应当坚持驳回决定，并且在详细说明修改不符合《专利法》第33条和《专利法实施细则》第61条第1款的规定的意见的同时，说明驳回决定所针对的申请文件中未克服的各驳回理由所涉及的缺陷。

复审请求人提交新证据或者陈述新理由的，原审查部门应当对该证据或者理由进行审查。

原审查部门在前置审查意见中不得补充驳回理由和证据，但下列情况除外：①对驳回决定和前置审查意见中主张的公知常识补充相应的技术词典、技术手册、教科书等所属技术领域中的公知常识性证据；②认为审查文本中存在驳回决定中未指出，但足以用已告知过申请人的事实、理由和证据予以驳回的缺陷的，应当在前置审查意见中指出该缺陷；③认为驳回决定指出的缺陷仍然存在的，如果发现审查文本中还存在其他明显实质性缺陷或者与驳回决定所指出缺陷，可以一并指出。

前置审查意见为同意撤销驳回决定的，专利复审与无效审理部不再进行合议审查，应当根据前置审查意见作出复审决定，通知复审请求人，并且由原审查部门继续进行审批程序。原审查部门不得未经专利复审与无效审理部作出复审决定而直接启动审批程序。

三、合议审查

若前置审查意见认为复审请求人陈述的意见和提交的申请文件修改文本不足以使驳回决定被撤销，因而坚持驳回决定的，应由专利复审与无效审理部成立合议组，对复审请求进行合议审查。

理由与证据的审查：在复审程序中，合议组一般仅针对驳回决定所依据的理由和证据进行审查。除驳回决定所依据的理由和证据外，合议组发现审查文本中存在下列缺陷的，可以对与之相关的理由及其证据进行审查，并且经审查认定后，应当依据该理由及其证据作出维持驳回决定的审查决定。

（1）足以用在驳回决定作出前已告知过申请人的其他理由及其证据予以驳回的缺陷。

（2）驳回决定未指出的明显实质性缺陷或者与驳回决定所指出缺陷性质相同的缺陷。

在合议审查过程中，必要时，合议组可以引入技术词典、技术手册、教科书等所属技术领域中的公知常识性证据。

修改文本的审查：在提出复审请求、答复复审通知书（包括复审请求口头审理通知书）或者参加口头审理时，复审请求人可以对申请文件进行修改，但修改应当符合《专利法》第 33 条和《专利法实施细则》第 61 条第 1 款的规定。

根据《专利法实施细则》第 61 条第 1 款的规定，复审请求人对申请文件的修改应当仅限于消除驳回决定或者合议组指出的缺陷。下列情形通常不符合上述规定。

（1）修改后的权利要求相对驳回决定针对的权利要求扩大保护范围。

（2）将与驳回决定针对的权利要求所限定的技术方案缺乏单一性的技术方案作为修改后的权利要求。

（3）改变权利要求的类型或者增加权利要求。

（4）针对驳回决定指出的缺陷未涉及的权利要求或者说明书进行修改。但修改明显文字错误，或者修改与驳回决定所指出缺陷性质相同的缺陷的情形除外。

在复审程序中，复审请求人提交的申请文件不符合《专利法实施细则》第 61 条第 1 款规定的，合议组一般不予接受，并应当在复审通知书中说明该修改文本不能被接受的理由，同时对之前可接受的文本进行审查。如果修改文本中的部分内容符合《专利法实施细则》第 61 条第 1 款的规定，合议组可以对该部分内容提出审查意见，并告知复审请求人应当对该文本中不符合《专利法实施细则》第 61 条第 1 款规定的部分进行修改，并提交符合规定的文本，否则合议组将以之前可接受的文本为基础进行审查。

审查方式：针对一项复审请求，合议组可以采用书面审理、口头审理或者书面审理与口头审理相结合的方式进行审查。

根据《专利法实施细则》第63条第1款的规定，有下列情形之一的，合议组应当发出复审通知书（包括复审请求口头审理通知书）或者进行口头审理。

（1）复审决定将维持驳回决定。

（2）需要复审请求人依照《专利法》及其实施细则和《专利审查指南》有关规定修改申请文件，才有可能撤销驳回决定。

（3）需要复审请求人进一步提供证据或者对有关问题予以说明。

（4）需要引入驳回决定未提出的理由或者证据。

针对合议组发出的复审通知书，复审请求人应当在收到该通知书之日起一个月内针对通知书指出的缺陷进行书面答复；期满未进行书面答复的，其复审请求视为撤回。复审请求人提交无具体答复内容的意见陈述书的，视为对复审通知书中的审查意见无反对意见。

针对合议组发出的复审请求口头审理通知书，复审请求人应当参见口头审理或者在收到该通知书之日起一个月内针对通知书指出的缺陷进行书面答复；如果该通知书已指出申请不符合《专利法》及其实施细则和《专利审查指南》有关规定的事实、理由和证据，复审请求人未参加口头审理且期满未进行书面答复的，其复审请求视为撤回。

复审决定的类型：复审请求审查决定（简称复审决定）分为下列三种类型。

（1）复审请求不成立，维持驳回决定。

（2）复审请求成立，撤销驳回决定。

（3）专利申请文件经复审请求人修改，克服了驳回决定所指出的缺陷，在修改文本的基础上撤销驳回决定。

复审决定对原审查部门的约束力：复审决定撤销原审查部门作出的驳回决定的，专利复审与无效审理部应当将有关案卷返回原审查部门，由原审查部门继续审批程序。原审查部门应当执行专利复审与无效审理部的决定，不得以同样的事实、理由和证据作出与该复审决定意见相反的决定。

复审程序的终止分为下列情形：①复审请求因期满未答复而被视为撤回的，复审程序终止；②在作出复审决定前，复审请求人撤回其复审请求的，复审程序终止；③已受理的复审请求因不符合受理条件而被驳回请求的，复审程序终止。

复审决定作出后复审请求人不服该决定的，可以根据《专利法》第41条第2款的规定在收到复审决定之日起三个月内向人民法院起诉；在规定的期限内未起诉或者人民法院的生效判决维持该复审决定的，复审程序终止。

主要参考文献

[1] 国家知识产权局. 专利审查指南：2010［M］. 2019 年修订. 北京：知识产权出版社，2020.

[2] 国家知识产权局专利局初审及流程管理部. 专利申请须知［M］. 6 版. 北京：知识产权出版社，2019.

[3] 林建军. 专利申请与审查［M］. 2 版. 北京：知识产权出版社，2011.

[4] 曹阳. 专利实务指南与司法审查［M］. 北京：法律出版社，2019.

[5] 国家知识产权局专利复审委员会. 以案说法：专利复审、无效典型案例指引［M］. 北京：知识产权出版社，2018.

[6] 尹新天. 中国专利法详解［M］. 缩编版. 北京：知识产权出版社，2012.

[7] 黄敏. 发明专利申请文件的审查与撰写要点［M］. 北京：知识产权出版社，2015.